AutoCAD 基础项目教程
——工程平面制图 入门提高
（机械、建筑类）

主　编　胡志鹏

副主编　孙　晗　王向卫　林　君

编　者　宋　巍　王　舟　丁宇涛　邓　莉

　　　　唐　涵　徐铮铮

主　审　刘家騑

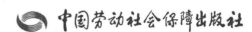

中国劳动社会保障出版社

图书在版编目（CIP）数据

AutoCAD 基础项目教程：工程平面制图入门提高：机械、建筑类/胡志鹏主编. —北京：中国劳动社会保障出版社，2014

ISBN 978 - 7 - 5167 - 1422 - 5

Ⅰ. ①A… Ⅱ. ①胡… Ⅲ. ①工程制图-AutoCAD 软件-教材 Ⅳ. ①TB237

中国版本图书馆 CIP 数据核字（2014）第 185659 号

中国劳动社会保障出版社出版发行

（北京市惠新东街 1 号　邮政编码：100029）

*

中国标准出版社秦皇岛印刷厂印刷装订　　新华书店经销

787 毫米×1092 毫米　16 开本　20.5 印张　483 千字

2014 年 8 月第 1 版　　2022 年 2 月第 10 次印刷

定价：42.00 元

读者服务部电话：(010) 64929211/84209101/64921644

营销中心电话：(010) 64962347

出版社网址：http://www.class.com.cn

序　言

　　AutoCAD 计算机辅助设计广泛应用于机械、建筑、制造、服装、装饰美化等多个领域，并且成为了工程技术人员和设计人员不可缺少的计算机辅助工具。本书根据 AutoCAD 课程的性质和教学特点，结合高职和中职教育的特点及学生的基本状况，能使学习者在较短时间内掌握 AutoCAD 的基本知识和操作技能。全书理论与实例相结合，结构紧凑，内容翔实，以实例操作为引导，将命令贯穿其中，突出实用性和可操作性。

　　目前市场上的 AutoCAD 计算机辅助设计教材很多，但是这些教材仅仅体现为教材内容上的增减变化，往往过分强调知识的系统性，基础理论分量太重，应用技能比例偏轻，还没有从根本上反映出高等职业技术教育教材的特征与要求，仍然强调"是什么""为什么"，而没有突出"如何做"的问题，不能很好地体现以学生能力培养为中心，难以实现培养"有大学文化水平的高技能人才"的教学目标。

　　本书由四川航天职业技术学院多年从事计算机辅助设计教学的一线教师依据其在教学、设计和实训指导的丰富经验历经 3 年编写而成。全面综合，充分体现了理论知识以"必需、够用"的特点，突出应用能力和创新素质的培养，从理论到实践，再从实践到理论，较全面地介绍了计算机辅助设计的知识和操作。

　　作为一本探索性的 AutoCAD 计算机辅助设计教材，本书中难免存在一些不妥之处。因此，真诚地期望广大读者批评指正和提出宝贵的改进建议，使这本书不断完善。

二〇一四年八月十二日于成都航天城

前　　言

今天的计算机已经渗透到我们生活、工作的各个领域，在计算机产业快速发展的环境下，计算机辅助设计技术也得到了广泛的应用和飞速的发展。计算机辅助设计之所以能在市场占据不可动摇的地位，其原因在于它大大地提高了设计工作的质量和效率。对于二维平面辅助设计，Autodesk 公司推出的 AutoCAD 软件是至今为止最为成功、普及应用最广的计算机辅助设计软件之一。毫无疑问，Autodesk 公司推出的 AutoCAD 在二维平面设计以及三维转二维视图图纸查看方面在所有的该类软件中占主导地位，很多其他二维设计软件要想得到发展，不得不在文件类型上同 Auto-CAD 兼容。经过 10 多次的升级，现阶段的 AutoCAD 功能日趋完善，操作简单方便，深入并广泛应用于机械、建筑、制造、服装、装饰美化等多个领域，并且成为了工程技术人员和设计人员不可缺少的计算机辅助工具。

为了符合市场发展和需求，目前各个高职院校的机械、建筑或设计等专业都开设了 AutoCAD 课程，但不少 AutoCAD 教材更多的是注重于理论方面的讲解，造成实例与理论的鸿沟过大，部分教材还存在实例与学生专业有差别，还有部分教材的实例选择过难，打击了初学者的学习积极性，等等因素造成了学生不能很好掌握相关的操作技能，导致解决实际问题时感到困难甚至无从下手。根据国家职业技能鉴定中级制图员考试及 AutoCAD 软件应用能力认证一级考试大纲要求，结合编者多年高职、中职教学经验，编写了该教材。

本教材采用实例、项目任务教学方式。每个章节和模块采用项目驱动，让学生通过【项目展示】来确定自己的【学习目标】，再进行相应的【项目分析】来掌握完成该项目所必须的【知识点】，进而通过【操作技能】的掌握来完成该项目，最后要求同学们总结复习知识点和技能点，完成【项目小结】的基础上来进行【项目扩展练习】。所有的项目着重点在绘图基础技能的掌握，通过项目反复练习熟悉各个选项及其可能遇到的情况，项目扩展练习和综合项目的往往是多个项目知识点的叠合，通过练习达到进一步对知识和技能点的掌握和理解。本教材重视操作技能的掌握，又能通过操作技能的练习及时地反馈出理论知识点。本书能够将操作技能同理论点紧密联系，尽可能地提高同学们的实际操作能力。每个项目除了项目本身可以做实训材料，项目的扩展练习也是同学们练习的好材料。另外每一章的最后一个综合项目训练可以作为老师检查学生技能和知识点掌握的具体情况。因此本书可以作为机械类专业、建筑类专业或设计类专业的教材或参考书，也可作为培训教材或自学用书。

本教材一共设定六个章节，教学计划安排如下：

章节	内容	计划安排	课时总数
第一章	AutoCAD 基础	理论 4 课时　操作 2 课时	6
第二章	基础图形绘制	理论 8 课时　操作 8 课时	16
第三章	图形的修改和编辑	理论 6 课时　操作 6 课时	12
第四章	文字创建与尺寸标注	理论 2 课时　操作 2 课时	4
第五章	机械类和建筑类专业图形绘制	理论 4 课时　操作 20 课时	24（建议另作实训课时）
第六章	简单的三维图形绘制	理论 2 课时　操作 2 课时	4

目　　录

第一章　AutoCAD 基础 ……………………………………………………（ 1 ）

项目一　AutoCAD 的初步认识 ……………………………………………（ 1 ）

项目二　同类计算机辅助设计软件 ………………………………………（ 7 ）

项目三　AutoCAD 软件的环境 ……………………………………………（ 9 ）

项目四　AutoCAD 操作基础 ………………………………………………（ 22 ）

项目五　绘图前期准备 ……………………………………………………（ 30 ）

项目六　综合训练 …………………………………………………………（ 43 ）

练习题 ………………………………………………………………………（ 43 ）

第二章　基础图形绘制 …………………………………………………（ 47 ）

项目一　线 …………………………………………………………………（ 47 ）

项目二　圆 …………………………………………………………………（ 56 ）

项目三　矩形 ………………………………………………………………（ 64 ）

项目四　正多边形 …………………………………………………………（ 73 ）

项目五　椭圆 ………………………………………………………………（ 80 ）

项目六　多段线 ……………………………………………………………（ 88 ）

项目七　曲线 ………………………………………………………………（ 96 ）

项目八　圆弧　椭圆弧 ……………………………………………………（103）

项目九　综合训练 …………………………………………………………（111）

练习题 ………………………………………………………………………（116）

第三章　图形的修改和编辑 ……………………………………………（120）

项目一　修改中的"复制" …………………………………………………（120）

项目二　填充的应用 ………………………………………………………（132）

项目三　"修改"的其他应用 ………………………………………………（139）

项目四　修改Ⅱ、特性及其特性匹配 ……………………………………（151）

项目五　综合训练 …………………………………………………………（155）

练习题 ………………………………………………………………………（160）

第四章　文字创建与尺寸标注 …………………………………………（165）

项目一　尺寸标注 …………………………………………………………（165）

项目二　标题栏的绘制 ……………………………………………………（194）

项目三　块的创建和使用 ……………………………………………………（199）

项目四　偏心块的尺寸标注 …………………………………………………（207）

项目五　套筒的尺寸标注 ……………………………………………………（210）

项目六　综合训练 ……………………………………………………………（214）

练习题 …………………………………………………………………………（217）

第五章　机械类和建筑类专业图形绘制 ……………………………………（219）

项目一　三视图的绘制（机械类）…………………………………………（219）

项目二　泵盖剖视图的绘制（机械类）……………………………………（221）

项目三　轴类零件图的绘制与打印（机械类）……………………………（225）

项目四　齿轮啮合装配图的绘制（机械类）………………………………（229）

项目五　叉架类零件图的绘制（机械类）…………………………………（232）

项目六　箱体类零件图的绘制（机械类）…………………………………（236）

项目七　简单的建筑平面图（建筑类）……………………………………（241）

项目八　绘制建筑立面图（建筑类）………………………………………（248）

项目九　绘制建筑剖面图（建筑类）………………………………………（255）

项目十　绘制墙身节点和楼梯详图（建筑类）……………………………（260）

项目十一　综合训练 …………………………………………………………（263）

练习题 …………………………………………………………………………（269）

第六章　简单的三维图形绘制 ………………………………………………（271）

项目一　三维绘图前期准备 …………………………………………………（271）

项目二　三维实体建模 ………………………………………………………（277）

项目三　三维实体编辑 ………………………………………………………（293）

项目四　集 ……………………………………………………………………（305）

项目五　渲染、着色、抽壳 …………………………………………………（312）

项目六　其他三维图形转 AutoCAD 二维 …………………………………（317）

项目七　综合训练 ……………………………………………………………（319）

第一章 AutoCAD 基础

项目一 AutoCAD 的初步认识

 学习目标

◆ 了解 CAD 的概念、发展历程
◆ 理解 AutoCAD 的基本功能和优势
◆ 掌握 AutoCAD 的安装

 **项目分析**

该项目为 CAD 的认知项目，使用软件的前提是掌握软件的安装、修复和卸载方法。

 知识点

一、CAD 的概念和发展情况

CAD 即计算机辅助设计（Computer Aided Design）。目前世界上应用最广的 CAD 软件是由美国 Autodesk 公司开发的 AutoCAD，占 37%。

20 世纪 50 年代在美国诞生了第一台计算机绘图系统，开始出现具有简单绘图输出功能的被动式的计算机辅助设计技术。60 年代初期出现了 CAD 的曲面片技术，中期推出商品化的计算机绘图设备。70 年代，完整的 CAD 系统开始形成，后期出现了能产生逼真图形的光栅扫描显示器，以及手动游标、图形输入板等多种形式的图形输入设备，促进了 CAD 技术的发展。80 年代，随着强有力的超大规模集成电路制成的微处理器和存储器件的出现，工程工作站问世，CAD 技术在中小型企业逐步普及。80 年代中期以来，CAD 技术向标准化、集成化、智能化方向发展。一些标准的图形接口软件和图形功能相继推出，对 CAD 技术的推广、软件的移植和数据共享起了重要的促进作用；系统构造由过去的单一功能变成综合功能，出现了计算机辅助设计与辅助制造连为一体的计算机集成制造系统；固化技术、网络技术、多处理机和并行处理技术在 CAD 中的应用，极大地提高了 CAD 系统的性能；人工智能和专家系统技术引入 CAD，出现了智能 CAD 技术，使 CAD 系统的问题求解能力大为增强，设计过程更趋自动化。

在工程和产品设计中，计算机可以帮助设计人员担负计算、信息存储和制图等工作。在设计中通常要用计算机对不同方案进行大量的计算、分析和比较，以决定最优方案；各种设计信息，不论是数字的、文字的或图形的，都能存放在计算机的内存或外存里，并能快速地检索；设计人员通常用草图开始设计，将草图变为工作图的繁重工作可以交给计算机完成；由计算机自动产生的设计结果，可以快速做出图形显示出来，方便设计人员及时对设计进行判断和修改；利用计算机可以进行与图形的编辑、放大、缩小、平移和旋转等有关的图形数据加工工作。CAD 能够减轻设计人员计算、画图等重复性劳动，专注于设计本身，缩短设计周期和提高设计质量。如今它广泛用于建筑、机械、电子、航天、服装、造船等现代化工业的生产领域。

CAD 涉及的基本技术主要包括交互技术、图形变换技术、曲面造型和实体造型技术等。计算机设计自动化是计算机自身的 CAD，旨在实现计算机自身设计和研制过程的自动化或半自动化。研究内容包括功能设计自动化和组装设计自动化，涉及计算机硬件描述语言、系统级模拟、自动逻辑综合、逻辑模拟、微程序设计自动化、自动逻辑划分、自动布局布线，以及相应的交互图形系统和工程数据库系统。

二、AutoCAD 的基本功能

1. 辅助设计类软件基本功能的实现要求

（1）设计组件重用（Reuse of design components）。

（2）简易的设计修改和版本控制功能（Ease of design modification and versioning）。

（3）设计的标准组件的自动产生（Automatic generation of standard components of the design）。

（4）设计是否满足要求和实际规则的检验（Validation/verification of designs against specifications and design rules）。

（5）无须建立物理原型的设计模拟（Simulation of designs without building a physical prototype）。

（6）装配件（一堆零件或者其他装配件）的自动设计（Automatic design）。

（7）工程文档的输出，如制造图纸、材料明细表（Bill of Materials）。

（8）设计到生产设备的直接输出（Direct output）。

（9）到快速原型或快速制造工业原型的机器的直接输出（On – line output）。

2. AutoCAD 的基本功能

（1）平面绘图：能以多种方式创建直线、圆、椭圆、多边形、样条曲线等基本图形对象。提供了正交、对象捕捉、极轴追踪、捕捉追踪等辅助绘图功能。正交功能使用户可以很方便地绘制水平、竖直直线，对象捕捉可帮助拾取几何对象上的特殊点，而追踪功能使画斜线及沿不同方向定位点变得更加容易。

（2）编辑图形：AutoCAD 具有强大的编辑功能，可以移动、复制、旋转、阵列、拉伸、延长、修剪、缩放对象等。另外图形的编辑功能包括了尺寸标注和书写文字，以及图层管理。标注尺寸和书写文字功能可以创建多种类型尺寸，标注外观可以自行设定；能轻易在图形的任何位置，沿任何方向书写文字，可设定文字字体、倾斜角度及宽度缩放比例等属性。图层管理功能是指图形对象都位于某一图层上，用户可设定图层颜色、线型、线宽等特性。

（3）三维绘图：可创建 3D 实体及表面模型，能对实体本身进行编辑。

（4）网络功能：可将图形在网络上发布，或是通过网络访问 AutoCAD 资源。

（5）数据交换功能：AutoCAD 提供了多种图形图像数据交换格式及相应命令。

（6）二次开发：AutoCAD 允许用户定制菜单和工具栏，并能利用内嵌语言 AutoLISP、Visual LISP、VBA、ADS、ARX 等进行二次开发。

三、AutoCAD 的优势

与传统的手工绘图、设计相比，AutoCAD 的优势表现在以下方面：

1．效率高

在熟练掌握 AutoCAD 的基本操作技能后，无论是在抄图、制图还是设计方面都能极大地提高工作效率，比传统绘图的速度快了很多。

2．更改和更新方便

电子版的绘图无论是重新排版还是更新内容都比较方便，所提供的预览效果能直观地显示最终方案。

3．美观、精确

CAD 的一大特点就是精确性，随着计算机硬件和软件的发展，影响精度的字长的设定和输出设备都在发生日新月异的进步。与传统手工绘图相比，AutoCAD 能更轻松地进行全局或者局部的编辑使图样更加美观。

4．保存和传送的便利

CAD 的结果保存过程简单轻松，而且可以进行多个备份。在网络发达的今天，电子版本的图样在传送方面更加迅捷。

 技能操作

AutoCAD 的安装

单用户非工作站的 AutoCAD 版本对硬件系统的要求不高，这里用 AutoCAD 2008 作为安装实例。

安装硬件条件：

1．操作系统：32 位 Windows。

2．Web 浏览器：IE 6.0 以上版本。

3．处理器：Pentium Ⅲ、AMD、Pentium Ⅳ（建议使用 Pentium Ⅳ），主频 800 MHz 以上。

4．内存：512 MB 以上。

5．图形加速卡：128 MB 以上。1 024 × 768 VGA 真彩色（最低要求），Open GL 兼容三维视频卡（可选）。必须安装支持硬件加速的 DirectX 9.0c 或更高版本的图形卡。从 ACAD. msi 文件进行的安装不能安装 DirectX 9.0c 或更高版本的图形卡。这种情况下，需要手动安装用于硬件加速的 DirectX 以进行配置。

6．硬盘：需要 750 MB 以上的空间。

安装步骤如下：

步骤 1：打开 AutoCAD 2008 的安装文件夹。

步骤 2：在 AutoCAD 2008 的安装文件夹中找到并执行安装文件 setup. exe，进入设置初始化，完成设置初始化后进入安装向导界面，选择安装产品，如图 1—1 所示。

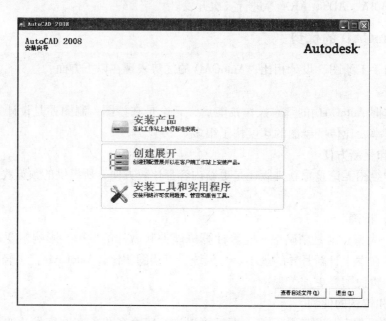

图 1—1　选择安装产品

单击"下一步"按钮进入产品安装选择界面，再单击"下一步"按钮，进入接受许可协议界面，选择国家及"我接受"后单击"下一步"按钮，如图 1—2 所示。

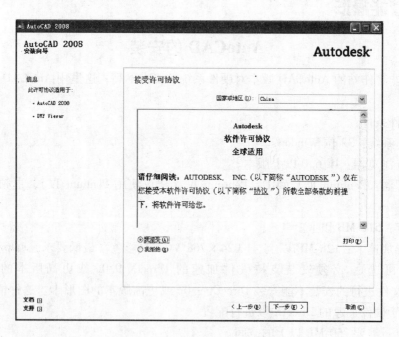

图 1—2　接受许可协议界面

完成"个性化"产品的填写，选择要配置的产品为"AutoCAD 2008"后进行相关配置，完成后单击"安装"按钮，进入配置选项界面：配置 1：选择默认文字编辑器和是否创建桌面快捷方式；配置 2：选择许可类型；配置 3：选择安装内容和安装路径。最后进入正在安装界面，如图 1—3 所示。

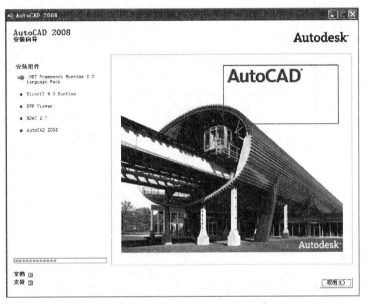

图 1—3　安装界面

安装结束后单击"完成"按钮，退出安装界面。

步骤 3：注册并激活 AutoCAD 2008。

安装完成后重启计算机，再启动 AutoCAD 2008，可以从桌面快捷方式进入，也可以从安装文件夹或者开始菜单中进入，其文件名称为"AutoCAD 2008 – Simplified Chinese"，第一次启动要求注册激活，请按以下步骤完成：

1）选择激活产品，进入下一步。

2）进入 Autodesk 公司官方注册网站 https：//register. autodesk. com 注册并购买激活码，激活产品，激活成功如图 1—4c 所示，也可以选择试用 30 天再购买。

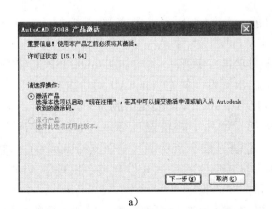

a）

b）

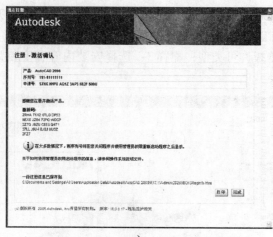

c)

图 1—4

a）激活界面　b）选择激活方式　c）激活成功界面

项目小结

AutoCAD 作为专业软件，安装的过程比较简单，要注意的是 AutoCAD 所生成的制图临时文件存放位置的设定。

项目拓展练习

一、知识点

AutoCAD 的发展重要历程：

1. AutoCAD V1.0：1982.11 正式出版，容量为一张 360 KB 的软盘，无菜单，命令需要记忆，其执行方式类似 DOS 命令。

2. AutoCAD V2.17 ~ V2.18：1985 年出版，出现了 Screen Menu，命令不需要记忆，AutoLISP 初具雏形，容量为两张 360 KB 软盘。

3. AutoCAD V2.6：1986.11，新增 3D 功能，AutoCAD 已成为美国高校的 inquired course。

4. AutoCAD R3.0：1987.6，增加了三维绘图功能，并第一次增加了 AutoLISP 汇编语言，提供了二次开发平台，用户可根据需要进行二次开发，扩充 AutoCAD 的功能。

5. AutoCAD R10.0：1988.10，进一步完善 R9.0，Autodesk 公司已成为千人企业。

6. AutoCAD 2000（AutoCAD R15.0）：1999.3，增加了轻松设计环境、布局、设计中心、快速标注、自动跟踪与捕捉、流线型输出、定制等数十个功能，全面支持 Internet，增加了 Visual Basic 语言和 Visual LISP 语言。提供了更开放的二次开发环境，出现了 Visual LISP 独立编程环境。同时，3D 绘图及编辑更方便。

7. AutoCAD 2001：2000.5，增强了图形数据的网络发布和搜索功能，增加了网络会议功能。

8. AutoCAD 2006（R16.2）：2006.3.19，推出最新功能：创建图形；动态图块的操作；选择多种图形的可见性；使用多个不同的插入点；贴齐到图中的图形；编辑图块几何图形；数据输入和对象选择。

9. AutoCAD 2007（R17.0）：2006.3.23，拥有强大直观的界面，可以轻松而快速地进行外观图形的创作和修改，致力于提高 3D 设计效率。

10. AutoCAD 2008：2007.12.3，提供了创建、展示、记录和共享构想所需的所有功能。将惯用的 AutoCAD 命令和熟悉的用户界面与更新的设计环境结合起来，使用户能够以前所未有的方式实现并探索构想。

11. AutoCAD 2009：2008.5，软件整合了制图和可视化，加快了任务的执行，能够满足个人用户的需求和偏好，能够更快地执行常见的 CAD 任务，更容易找到那些不常见的命令。

12. Portable AutoCAD Mechanical 2013：2012 - 12。

13. AutoCAD 2014：2013 年 4 月。

二、拓展练习

1. 习题

（1）AutoCAD 为用户提供了哪些功能？

（2）与传统的手工制图、设计相比，AutoCAD 有哪些优势？

2. 操作练习

（1）安装 AutoCAD 软件，并进行注册和激活。

（2）正确卸载、修复 AutoCAD 软件。（可通过卸载执行文件、控制面板、第三方软件管理平台进行操作）

项目二　同类计算机辅助设计软件

 学习目标

◆ 了解工程类其他计算机辅助设计软件

◆ 根据各个专业情况，查询相关的辅助设计软件

 项目分析

除了 AutoCAD 以外还有不少计算机辅助设计类软件，现做简单介绍。

 知识点

一、CAM 简介

一般情况下 CAD 和 CAM 作为计算机辅助设计和计算机辅助制造经常被"捆绑"在一

起。从 20 世纪 70 年代至今，CAD/CAM 技术得到了长足的发展。起初 CAD/CAM 系统基本上是由不同的应用厂家（如一些著名的飞机、汽车制造公司）根据自己的需要独立开发的，集成度不高。Master CAM 是美国专门从事 CNC 程序软件开发的专业公司设计开发的。随着技术的逐渐成熟和市场需求的日益增多，开始有了专门的 CAD/CAM 软件开发商，目前商品化的 CAD/CAM 系统一般都经过了几十年的研发完善，功能都比较齐全。但在竞争激烈的市场中，合并、买断技术是家常便饭，因此，这些系统往往存在多种数据结构，无法很好地集成起来，导致系统的膨胀速度远远大于功能的增强速度。积重难返，想实现完全集成并不是一朝一夕的事，随着面向对象（Object Oriented，OO）技术应用的引进，目前这些软件开发商都正在致力于这方面的改进，集成化技术是当前软件开发的一个重要发展方向。另外，基于 Web 的协同设计也是当前软件开发商试图使 CAD/CAE/CAM 软件进入 Internet 的一种模式，虽然还存在诸如高质量图形的表示、面向浏览器端的数据传输以及浏览技术等问题，但不少开发商都在开展这方面的研究工作。相信不远的将来有望得到性价比更优的 CAD/CAM 软件系统。

二、UG

UG（Unigraphics）软件数易其主，从麦道飞机到通用汽车到 EDS，后独立出来成立 UGS 公司。2001 年 5 月 EDS 公司又将其收归麾下，并且收购了 IDEAS 软件开发商 SDRC 公司。当时市面上 UG 最高独立版本为 UG V18，IDEAS 最高独立版本为 IDEAS VS，合并后重新命名为 UG NX。UG 最擅长 NC 编程技术，提供了十分丰富的自由曲面加工功能，在实体造型、曲面造型方面的功能也相当强大。IDEAS 软件最擅长有限元及其前处理（网络划分）技术，还是前沿阵营中重新改写源代码以实现集成化的第一家。它提出变量化设计的概念，在参数化造型方面有独到的技术；提出数字化产品模型概念，即可在开发过程中实时地对多种设计概念进行有效评估（包括产品形状、特性和成本等），使得质量控制成为辅助设计的一个重要过程，它是并行环境下产品信息管理的一种好途径。这两个软件合并后，取长补短，市场占有率跃居世界首位。UG NX 提供了一种面向产品生命周期管理（Product Lifecycle Management，PLM）的有效解决方案，包括实体造型、有限元分析和用 C 编程方面的工作都有过人之处。UG NX 提出以下几点创新：

（1）知识驱动自动化可以从复杂产品中找出可复用的工程信息。

（2）集成化协同环境可以很好地把设计团队的理念表达出来。

（3）开放式设计系统实现了整个供应链中的无缝信息通信。

（4）各种生产过程验证手段把面向制造扩展到面向整个工程生命周期，从概念设计到最终产品均在一个集成化数字环境中完成建模、仿真、优化、归档、组装及测试工作。

三、CATIA

CATIA 软件由 IBM/Dassault 开发，属于最老牌的软件系统之一。CATIA 也集成了 CAD/CAE/CAM 功能，广泛用于飞机、汽车制造企业。CATIA 软件具有强大的自由曲面功能，在所有软件中首屈一指。IBM/Dassault 在把 CATIA 软件从工作站移植到微机平台时，采用面向对象技术重新改写源码，真正实现了 CAD/CAE/CAM 的无缝集成。CATIA 软件最新工作站版为 CATIA V4RZ，微机版为 CATIA V5RG。因为重写源码的缘故，工作站版的文件在微机版上目前只能浏览而不能存储，略微感到不便，将来或可解决。借助 IBM 在电子商务的优势，CATIA 软件提供了一套完全的电子商务 PLM 解决方案。

四、Pro/E

Pro/E 软件由 PTC 公司开发。正如公司的名称（Parametric Technology，参数化技术）一样，Pro/E 软件是第一个完全基于参数化技术的 CAD/CAE/CAM 软件，在国内的应用面较广。Pro/E 软件的独到之处在于只要很好地完成了模型的参数化约束，那么随后的变更将十分方便，非常适用于产品概念设计这种需要经常引发变动的过程。Pro/E 提供的是一种比较理想化的设计模式，从概念的提出之日起就引来各方面的关注，但由于有的现实工程问题十分复杂，有时很难给出一种理想的表达，这样仅提供参数化设计模式的 Pro/E 就显得力不从心。对于不是以自由曲面为主的系列化产品，如果能很好地制定参数约束方案，并在 Pro/E 中实现，一般来说效率较高，模型的可复用性能较好。最新版本 Pro/E Wildfire 也不例外地提出是基于 Web 服务的。

五、国产 CAD 类软件（中望 CAD、CAXA）

随着 CAD 的运用推广和发展，国内也出现越来越多的 CAD 厂家，为国企和外企提供 CAD 服务，他们有完全自主的开发版权，给工程设计带来许多方便。发展好的公司还向国外提供 CAD 服务，将产品出口他国，其中最突出的就是广州中望龙腾股份有限公司了，其自主设计的中望 CAD 具有良好性能，深受使用者的喜爱。

CAXA 电子图板是由北京数码大方科技有限公司自主开发研制，基于 PC 平台，主要面向机械制造业的全中文二维、三维复杂形面加工的 CAD/CAM 软件。它具有 2 ~ 5 轴数控加工编程功能，较强的三维曲面拟合能力，可以完成多种曲面造型，可适应模具加工的需求并具备数控加工刀具路径仿真、检测和适合多种数控机床的通用后置处理功能。

 项目拓展练习

1. 找一款国产 CAD 软件，并进行安装和试运行。
2. 查阅相关资料，看看相关 CAD 软件及其应用领域。
3. （长期作业）因为 CAD 软件在技能操作方面多有相似甚至相同之处，在学习 Auto-CAD 的过程中，可同时了解一款国产同类软件，进行长期的对比和使用体验。

项目三　AutoCAD 软件的环境

 **学习目标**

◆ 理解 AutoCAD 界面的各个部分及其功能作用
◆ 掌握 AutoCAD 的进入和退出方法
◆ 掌握自定义操作环境设置和绘图环境设置

 **项目分析**

软件使用和学习的基础是掌握软件的操作界面和基本的操作环境设置。不管是哪一个专业，都务必熟练掌握 AutoCAD 的重要部件的功能应用和文件文档的输入输出。

 知识点

一、进入、退出 AutoCAD

1. 进入 AutoCAD

对已经安装 AutoCAD 的用户可以通过以下几种方式进入 AutoCAD：

（1）双击桌面图标 进入。

（2）单击"开始"→"所有程序"→"Autodesk"→选择需要进入的 AutoCAD 版本。

（3）在已经安装并添加到注册表的情况下，可以鼠标右键→新建→选中新建的文件为 AutoCAD 文件。

（4）还可以单击"开始"→"运行"，输入 AutoCAD 的程序名称直接运行 AutoCAD。

2. 退出 AutoCAD

退出 AutoCAD 的方法有以下几种。

（1）单击菜单栏的"文件"→"退出"。

（2）执行命令 quit 或者 exit。

（3）按组合键 Alt + F4 强行退出。

二、AutoCAD 界面介绍

以 AutoCAD 2008 为例，界面如图 1—5 所示。

1. 标题栏

AutoCAD 2008 的标题栏位于工作界面的最上方，其中中括号中显示当前图形的文件名和文件类型（一般为 DWG）。单击标题栏右边的按钮可以最小化、最大化或关闭程序窗口。

2. 菜单栏

菜单栏包含了 AutoCAD 的全部功能和操作，它位于标题栏的下方，包括文件、编辑、视图、插入、格式、工具、绘图、标注、修改、窗口和帮助。每一主菜单都有其下拉菜单。下拉菜单中后面有"..."符号的菜单项表示选中该命令时将会弹出一个对话框。下拉菜单中后面有"▶"符号的菜单项表示选中该命令时将会弹出下级菜单。

要选取某个菜单命令，应将鼠标移到该菜单命令上，使它醒目显示，然后单击它。有时，某些菜单项是暗灰色的，表明在当前特定的条件下这项功能不能使用。如无意中隐藏了菜单栏，可在命令状态下用键盘输入"MENU"命令，在弹出的对话框中打开"acad"文件，菜单栏会恢复。

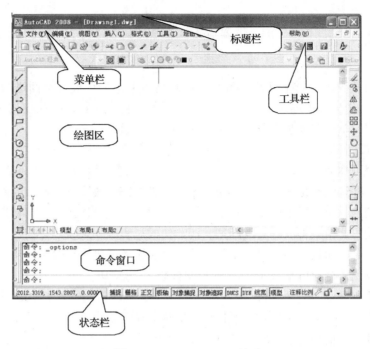

图1—5 AutoCAD 2008 界面

3．工具栏

工具栏由一系列图标按钮构成，每一个图标按钮表示一条 AutoCAD 命令。单击某一个按钮，即可调用相应的命令。如果把鼠标停顿在某个按钮上，屏幕上就会显示该按钮的名称，并在状态栏中给出该按钮的简要说明。

最常用的工具栏有"标准"工具栏、"绘图"工具栏、"修改"工具栏、"图层"工具栏、"对象捕捉"工具栏和"样式"工具栏，主要的绘图命令、编辑命令都在其中，它们的位置可以根据需要移动。初学者应记住这些工具栏的名称，以便无意中关闭了这些工具栏时可再将它们打开。

AutoCAD 2008 中的所有工具栏均可打开和关闭。将鼠标指向任意工具栏，然后单击右键，弹出的快捷菜单中列出了所有工具栏名称，工具栏名称前面有"√"符号的表示已经打开。单击工具栏名称即可打开或关闭相应的工具栏。

4．绘图区

在 AutoCAD 的工作界面中最大的空白区域就是绘图区，也称为绘图窗口，所有的绘图结果都会显示在这个窗口中。绘图区是用户绘图的工作区域。开始进入绘图状态时，在绘图区显示十字光标，当光标移出绘图区指向工具栏、菜单栏等项时，光标显示为箭头形状。在绘图区左下角显示坐标系图标，图标左下角为世界坐标系的原点。坐标系也可以由用户自己定义。

在图样比较大的情况下，需要查看未显示部分的时候可以通过拖动窗口右边和下面的滚动条来移动图样。此外，绘图区的左下方还有"模型"和"布局"选项卡（见图1—6），主要用于在模型空间和图纸空间之间进行切换。

模型　布局1　布局2

图1—6　"模型"和"布局"选项卡

AutoCAD 的默认状态是在模型空间，一般的绘图工作都在模型空间进行。单击"布局1"或"布局2"选项卡可进入图纸空间，图纸空间主要完成打印、输出图形的最终布局。如进入图纸空间，单击"模型"选项卡即可返回模型空间。

5. 命令窗口

命令窗口也可称为命令提示区，它是一个文本区，是显示用户与 AutoCAD 对话信息的地方。命令窗口默认状态是显示三行，用户也可以根据需要改变其大小。绘图时应时刻注意这个区的提示信息，根据提示确定下一步的操作，避免造成错误操作。在初期的学习中要重视这个部分，绘图的结果可以查看绘图区，而绘图的过程则要观察命令窗口。命令窗口不仅提供了操作的命令，而且反馈了操作步骤的信息，甚至还提供执行命令的步骤，提示下一步如何操作。所以说命令窗口是 AutoCAD 的控制核心之一。

在 AutoCAD 中，选择"视图"→"显示"→"文本窗口"，或者按快捷键 F2 可以打开 AutoCAD 的文本窗口，该窗口中记录了执行过的操作命令，当然也可以用来输入新命令或者复制历史命令和提示信息。

6. 状态栏

状态栏在工作界面的最下方，用来显示当前的操作状态，如图1—7 所示。AutoCAD 的状态栏不同于其他一般软件的状态栏。相比其他软件，AutoCAD 的状态栏能进行更多的操作和绘图环境的设定。合理地应用状态栏能提高绘图效率和绘图质量。状态栏各个按钮的功能如下：

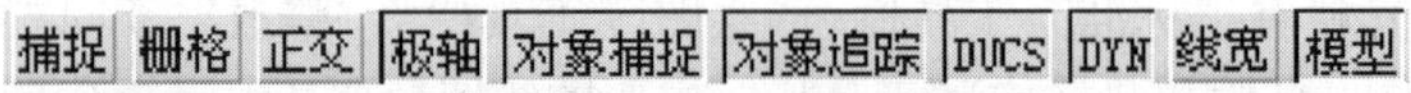

捕捉　栅格　正交　极轴　对象捕捉　对象追踪　DUCS　DYN　线宽　模型

图1—7　状态栏

（1）捕捉：单击此按钮，光标只能在 X、Y 轴或极轴方向移动固定的距离；默认情况下只能捕捉栅格点（X、Y 的自动捕捉点距为 10）。因为打开捕捉以后光标会被强制移动到能被捕捉的有规律的点上，使用起来不方便，感觉像是鼠标出了问题，所以建议初学者关闭该模式。

（2）栅格：打开栅格显示时，屏幕上将布满小点。栅格的作用是在绘图时辅助定位和显示图纸幅面大小。用鼠标右键单击状态栏上的"栅格"按钮，在弹出的快捷菜单中单击"设置"命令，打开"草图设置"对话框，在"栅格间距"区中设置 X、Y 轴捕捉的间距。打开该模式，可以观察图幅大小。一般情况下也不需要打开这个功能。

（3）正交：为快速而准确地绘制水平、垂直线段而设置的一种模式。在绘制水平或垂直线段时可打开该模式。该模式也会强制光标的方向控制，除了水平和垂直方向，其他方向无法追踪到位，所以也建议初学者一般不要打开正交模式。

（4）极轴：绘图时，系统将根据设置显示一条追踪线，用户可以在该追踪线上根据提示精确移动光标指针或输入数据，从而进行精确绘图。

利用"草图设置"对话框的"极轴追踪"选项卡，可以设置角度增量，默认情况下，角度量为 90°，系统设有 4 个极轴，与 X 轴的夹角分别为 0°、90°、180° 和 270°。极轴经常和对象追踪捆绑使用，控制了对象和鼠标指针的方向。也可以通过添加附加角度追踪其他非 90° 倍数角。

（5）对象捕捉：所有几何对象都有一些决定其形状和方位的关键点。绘图时，利用对象捕捉功能可以自动捕捉这些关键点。利用"草图设置"对话框的"对象捕捉"选项卡，可以设置对象捕捉模式，通常选择"端点""中点""圆心""象限点""交点""切点""垂足"7 种捕捉模式为固定对象捕捉模式。

绘图时一般要将"对象捕捉"模式打开，以便捕捉一些特殊点。值得强调的是，"对象捕捉"与前面提到的"捕捉"是完全不同的两种模式，初学者一定要注意它们的区别。

（6）对象追踪：通过捕捉对象上的关键点，并沿正交方向或极轴方向拖动光标，可以显示光标当前的位置与捕捉点之间的关系。若找到符合要求的点，直接单击即可，也可以输入数据。

（7）DUCS：打开或关闭动态用户坐标系。

（8）DYN：打开或关闭动态输入。

（9）线宽：在绘图时如果线条有不同的线宽，单击该按钮，可以在屏幕上显示出不同线宽的对象。其设置可以通过其快捷菜单中的"设置"命令完成。

（10）模型：用于在模型空间与图纸空间之间切换。

 技能操作

自定义绘图环境和操作环境

根据用户的绘图习惯、图形设计对象自身的特点、软件使用的平台环境等因素，AutoCAD 可以设置多种不同的环境。主要的环境设置包括两个方面：一是绘图环境的设置；二是操作环境的设置。

一、绘图环境

绘图环境一般情况下是软件的使用环境和界面环境。例如，更改软件基本色调可以通过操作系统"显示属性"中的"外观"选项卡进行相应调整，其他选项还有调整色彩方案、字体大小，以及在"效果"中控制过渡效果、阴影类型和边缘平滑等，如图 1—8 所示。

在 AutoCAD 中，用户可以对 AutoCAD 系统和绘图环境进行各种设置，以满足绘图特定的需求和习惯。AutoCAD 提供了"选项"对话框，用来完成各种设置工作。该命令的调用方式为：

方式 1：菜单："工具"→"选项"。

图 1—8 "显示属性"对话框

方式 2：快捷菜单：不运行任何命令，也不选定任何对象，在绘图区单击右键弹出快捷菜单，选择"选项"。

方式 3：命令行：options（或别名 op、pr）。

方式 4："页面设置"对话框中的"选项"按钮。

调用该命令后，将弹出"选项"对话框，该对话框由多个选项卡组成，分别用来进行相应的设置，下面针对常用的一些设置分别进行介绍。

1. "文件"选项卡

指定 AutoCAD 搜索支持文件、驱动程序、菜单文件和其他文件的文件夹等。选项卡中的列表以树状结构显示了 AutoCAD 所使用的文件夹和文件，其中主要项目有支持文件搜索路径、工作支持文件搜索路径、设备驱动程序文件搜索路径等，如图 1—9 所示。

图 1—9　"文件"选项卡

2. "显示"选项卡（重点）

用于调整 AutoCAD 的所有显示内容，包括窗口元素（AutoCAD 绘图环境显示设置）、显示精度（对象显示效果的设置）、布局元素（布局显示设置）、显示性能（控制影响 AutoCAD 性能的显示设置）、十字光标大小（控制十字光标的尺寸，有效值的范围从全屏幕的 1%～100%，缺省尺寸为 5%）和参照编辑的褪色度，如图 1—10 所示。

3. "打开和保存"选项卡（重点）

用于设定文件的打开、保存情况的选项卡。包括文件保存、文件打开、文件安全措施、外部参照和 ObjectARX 应用程序的选项设定，如图 1—11 所示。

4. "打印和发布"选项卡

用于设置打印选项和发布及其发布日志的选项。

5. "系统"选项卡

主要用于控制系统的性能、定点的设备以及数据。

6. "用户系统配置"选项卡

用于设置 AutoCAD 中优化性能的选项，包括 Windows 标准操作、坐标数据输入的优先级、插入比例、字段、关联标注、超链接等。

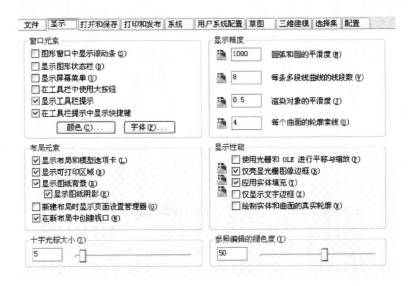

图 1—10　"显示"选项卡

图 1—11　"打开和保存"选项卡

7. "草图"选项卡（重点）

主要针对捕捉和追踪等相关编辑操作的选项设置。如图 1—12 所示。

（1）自动捕捉设置：控制与对象捕捉相关的设置。

1）标记：控制自动捕捉标记的显示。

2）磁吸：打开或关闭自动捕捉磁吸。磁吸将十字光标的移动自动锁定到最近的捕捉点上。

3）显示自动捕捉工具栏提示：控制自动捕捉工具栏提示的显示。

4）显示自动捕捉靶框：控制自动捕捉靶框的显示。当捕捉对象时，在十字光标内部将出现一个方框，这就是靶框。

5）颜色：指定自动捕捉标记的颜色。

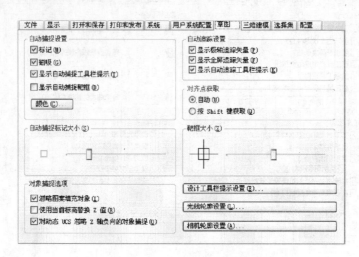

图1—12 "草图"选项卡

（2）自动追踪设置：控制与自动追踪方式有关的设置。

1）显示极轴追踪矢量：将极轴追踪方式设置为开或关。

2）显示全屏追踪矢量：控制追踪矢量的显示。追踪矢量是辅助用户以特定角度或根据与其他对象的特定关系来绘制对象的构造线。如果选择此选项，AutoCAD 将以无限长直线显示对齐矢量。

3）显示自动追踪工具栏提示：控制自动追踪工具栏提示的显示。

（3）对齐点获取：控制在图形中显示对齐矢量的方法。

1）自动：当靶框移到对象捕捉上时，自动显示追踪矢量。

2）按 Shift 键获取：当按 Shift 键并将靶框移到对象捕捉上时，显示追踪矢量。

（4）靶框大小：设置自动捕捉靶框的显示尺寸。取值范围为 1~50 像素。

8. "三维建模"选项卡

主要用于三维建模制图环境设置。

9. "选择集"选项卡

主要用于设置夹点选项、拾取框和选择集模式。

10. "配置"选项卡

其中包含了特定的系统配置信息，用于保存环境设置或者载入需要的环境设置。

案例： 改变绘图的二维模型空间背景颜色（将默认的黑色改为白色）

步骤 1： 单击"工具"→"选项"命令，打开"选项"对话框，单击"显示"选项卡，在"窗口元素"窗格中单击"颜色"按钮，将弹出"图形窗口颜色"对话框，如图 1—13 所示。

步骤 2： 在打开的对话框中，选择背景为"二维模型空间"，选择"界面元素"为统一背景。

步骤 3： 在"颜色"下拉列表中选择白色。

步骤 4： 查看预览效果并单击"应用并关闭"按钮。

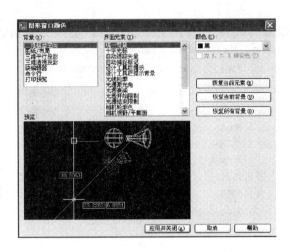

图 1—13 "图形窗口颜色"对话框

二、操作环境

操作环境不同于绘图环境，如果说绘图环境主要集中表现在界面效果、视觉形式和系统配置，那么操作环境则更重视不同用户的绘图习惯或不同制图对象的参数设定。操作环境的设置往往决定了绘图的效率，总体来说操作环境分为两个部分：一是状态栏的控制，二是图层的设定。图层的设定将在项目五中学习。

如前所述，AutoCAD 的状态栏不同于其他软件的状态栏，AutoCAD 的状态栏不仅仅显示了当前鼠标坐标位置和文档状态，还可以通过下排多个按钮来设定操作环境。

状态栏的控制有两个方面：

A. 状态的点选（需要打开或关闭什么状态，单击它就可以了）。例如，要打开或关闭 DYN，用鼠标点击 DYN 就可以了。如下所示：

<u>DYN</u> 打开的样式　　DYN 关闭的样式

还可以通过命令窗口查看状态的开关：

> *命令*：<极轴　关>
>
> *命令*：<极轴　开>
>
> *命令*：<动态 UCS　关>
>
> *命令*：<动态 UCS　开>

B. 状态的设置（对状态栏按钮的内部设置）。方法是将鼠标移至状态栏的状态点选处（注意不要移至空白处了），如图 1—14 所示。

然后单击鼠标右键，选择"设置"，弹出"草图设置"对话框，如图 1—15 所示。

图 1—14　状态设置

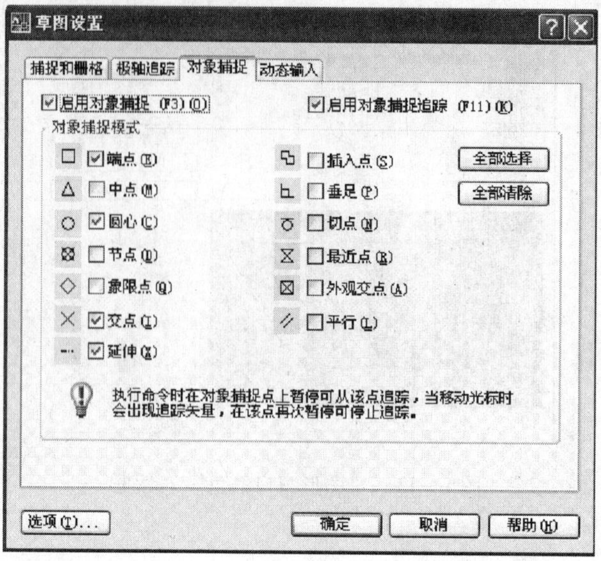

图1—15　"草图设置"对话框

1. 设置捕捉和栅格

捕捉点是屏幕上不可见的网点，用以控制光标移动的最小步距。当捕捉功能

打开时，光标便不能连续移动，而只能在捕捉点之间跳动，并停留在捕捉点，这样可以保证使用光标或箭头键精确定点。调用的方式包括菜单"工具"→"草图设置"命令，以及键盘命令 dsettings（或 ds）。

栅格是一种点阵，相当于坐标纸上的方格。栅格不是图形的一部分，只作为视觉参考，不能打印出来。打开栅格显示时，屏幕上将显示栅格点，可以直观显示对象之间的距离，以便于用户定位对象。

在"捕捉和栅格"选项卡中可设置捕捉和栅格的参数和模式，如图1—16所示。

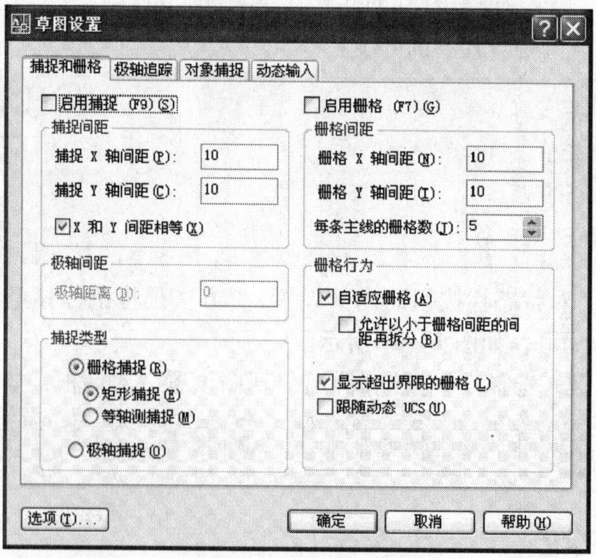

图1—16　捕捉和栅格设置

（1）捕捉设置：调用"草图设置"命令；在"捕捉 X 轴间距"文本框中输入水平方向的捕捉间距；在"捕捉 Y 轴间距"文本框中输入垂直方向的捕捉间距；在"捕捉类型"选项组中，选择"栅格捕捉"类型的"矩形捕捉"样式；单击"确定"按钮，完成设置。

（2）栅格设置：调用"草图设置"命令；在"栅格 X 轴间距"文本框中输入水平方向的栅格间距；在"栅格 Y 轴间距"文本框中输入垂直方向的栅格间距；在"栅格行为"选项组内，根据需要选择/不选择"自适应栅格"和"显示超出界限的栅格"复选框；单击"确定"按钮，完成设置。

（3）捕捉的调用方法：①在"捕捉和栅格"选项卡中，选中（不选中）"启用捕捉"复选框；②单击状态栏上的"捕捉"按钮；③按功能键 F9。

（4）栅格的调用方法：①在"捕捉和栅格"选项卡中，选中（不选中）"启用栅格"复选框；②单击状态栏上的"栅格"按钮；③按功能键 F7。

2. 极轴追踪（重点）

极轴追踪功能可以相对于前一点，沿预先指定角度的追踪方向获得所需的点。

在绘图过程中，可以随时打开或关闭极轴追踪功能，其方法有以下 3 种：

①在"极轴追踪"选项卡中，选中（不选中）"启用极轴追踪"复选框。

②单击状态栏上的"极轴"按钮。

③按功能键 F10。

图 1—17 所示为极轴追踪选项卡。

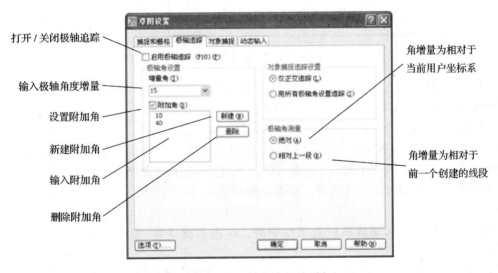

图 1—17　"极轴追踪"选项卡

（1）使用极轴追踪功能定点：在绘制或编辑图形对象过程中，当系统要求输入点时，打开极轴追踪功能，移动光标至追踪方向附近，则在极轴角度方向上将出现一条临时追踪辅助虚线，并提示追踪方向以及当前光标点与前一点的距离，用户可以直接拾取或输入距离值或利用对象捕捉定点，如图 1—18 所示。

（2）设置对象捕捉追踪方向：利用"草图设置"对话框的"极轴追踪"选项卡的"对象捕捉追踪设置"选项组确定对象捕捉追踪方向，如图 1—19 所示。

图 1—18

a）沿极轴追踪方向上定点 b）捕捉极轴追踪方向上与对象的交点

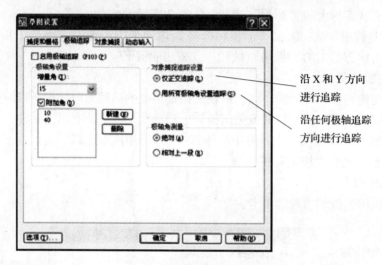

图 1—19 设置对象捕捉追踪

沿 X 和 Y 方向
进行追踪

沿任何极轴追踪
方向进行追踪

建议将增量角调整为 15°，因工程类图样的角度多数都是 15°的倍数，设置了 15°就方便追踪到其他的角度，如 30°、45°、60°、90°、120°、150°等。

极轴和对象追踪经常被捆绑在一起，其实是一个整合的概念。选项卡中的极轴角测量有两个选项："绝对"为相对于当前坐标系；"相对上一段"为相对于前一个创建的对象。绝对和相对的概念在此第一次提出，在后面项目四的坐标中再详细阐明。

案例：设定绘图对象为机械类，要追踪到如图 1—20 所示的特殊角。

步骤 1：将鼠标移至状态栏选项按钮处，单击右键选择"设置"。

步骤 2：在弹出的"草图设置"对话框中选择"极轴追踪"选项卡。

34°

图 1—20 特殊角追踪

步骤 3：因为绘图对象为机械类，优先考虑增量角为 15°，所以在选中"启用极轴追踪"选项后，将增量角调整为 15°。

步骤 4：需要添加附加角度，选中"附加角"选项，单击"新建"按钮，添加附加角度为 146°，添加成 34°则是错误的，因为 34°是相对于水平的反方向，所以应该为 180° − 34° = 146°。

3. 对象捕捉（重点）

前面已经介绍过，简单地说对象捕捉是捕捉特殊点。方法很直接，选中需要捕捉的特殊点就可以了。"对象捕捉"选项卡如图 1—21 所示。图中已经被选中要捕捉的特殊点有端点、圆心、交点和延伸。在绘图窗口中，被捕捉的特殊点将会以选项卡中左边提示的形状显示出来，如端点是"□"，中点是"△"，交点是"×"等。

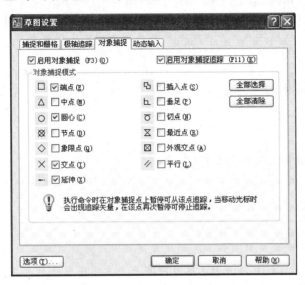

图 1—21　"对象捕捉"选项卡

"对象捕捉"选项卡中还有个选项是"启用对象捕捉追踪"，在绘图时常用于辅助拾取与追踪角度相对应的特殊点。当需要定点时，移动光标至所需的对象捕捉点上，停留片刻，系统将出现捕捉标记，并提示对象捕捉模式，再移动光标时，将会显示一条追踪辅助虚线，并提示光标所在点与对象捕捉点之间的距离和极轴角度，用户可以直接拾取或输入某一数值或沿两个追踪方向定点，如图 1—22 所示。

图 1—22　利用对象捕捉追踪功能定点

a) 确定对象捕捉点　b) 沿追踪方向上定点　c) 由两个对象捕捉点追踪定点

4. 动态输入（重点）

该选项卡将在后面重点学习，掌握 DYN 能极大提高绘图效率。

这些环境设置不仅影响了绘制图形的效率，甚至影响了出图的质量。读者一定要根据自身实际情况优先设置好绘图环境和操作环境，这样才能达到事半功倍的效果。给初学者的一点建议可总结为"4 必开 3 不开"，即极轴、对象捕捉、对象追踪、DYN 最好要打开；捕捉、栅格、正交最好不要打开。如果在绘图期间发现操作突然发生变化，先观察一下命令窗口，再看看状态栏，是否不小心将不必要的按钮打开了。

项目小结

软件环境的设置需要根据不同用户的使用习惯和用户所从事的专业而定，其主要目的是方便用户的使用，以提高作图的效率。上述内容中指出的重点主要是针对机械和建筑类专业的初学者。

项目拓展练习

一、习题

1. AutoCAD 2008 的软件界面包括哪些内容？
2. AutoCAD 软件中的状态栏有哪些按钮是建议初学者不要打开的？哪些是要打开的？
3. 简述如何设置对象捕捉和对象追踪。

二、操作练习

1. 练习正确进入、退出 AutoCAD 软件界面。
2. 自定义绘图环境，改变绘图背景，设置自动捕捉标记的颜色和大小，改变系统自动存盘时间。
3. 在状态栏设置对象捕捉和对象追踪。

项目四　AutoCAD 操作基础

学习目标

◆ 熟悉 AutoCAD 的菜单、工具、命令窗口启动命令的方式
◆ 熟悉常用键盘按键和鼠标操作
◆ 掌握 AutoCAD 中的文件的新建、打开和保存的操作
◆ 理解坐标系和坐标的定义
◆ 掌握坐标在制图中的应用

项目分析

在完成软件环境设置后，进行软件作业前，学习软件的基础操作是一个重要的环节，其中包括软件所对应文件的输入和输出、键盘和鼠标的基本操作以及菜单和工具栏等外部父窗口主要按钮的使用。

知识点

一、坐标系和坐标（重点）

工程图样的绘制同其他图形的绘制最显著的区别在于工程图样最重视图样的准确性和精确度。而这个条件就必须用"数字化"来满足，坐标的引入可完美地解决这个问题。坐标系是工程类制图的基础，利用坐标或坐标系可以精确地确定图形在空间中所处的位置。

1. 坐标系

AutoCAD为用户提供了一个绝对的坐标系，即世界坐标系（WCS）。通常，AutoCAD构造新图形时将自动使用WCS。虽然WCS不可更改，但可以从任意角度、任意方向来观察或旋转。

相对于WCS，用户可根据需要创建无限多的坐标系，这些坐标系称为用户坐标系（UCS，User Coordinate System）。用户使用"ucs"命令来对UCS进行定义、保存、恢复和移动等一系列操作。如果在UCS下想要参照WCS指定点，可在坐标值前加星号"＊"。UCS的创建在第六章中再具体说明。

2. 坐标

为了绘图方便，AutoCAD引入了不同类型的坐标。坐标按照使用、表达方式分为了两类。

（1）分类一：直角坐标系和极坐标系

1）直角坐标系。直角坐标系是由一个原点［坐标为（0，0）］和两个通过原点的、相互垂直的坐标轴构成。其中，水平方向的坐标轴为X轴，以向右为其正方向；垂直方向的坐标轴为Y轴，以向上为其正方向。二维平面其实也就是XY平面。平面上任何一点P都可以由X轴和Y轴的坐标所定义，即用一对坐标值（X，Y）来定义一个点。其中，X值是沿水平轴以单位表示的正的或负的距离，Y值是沿垂直轴以单位表示的正的或负的距离。X和Y之间用逗号分隔开。例如，某点的直角坐标为（4，2），如图1—23所示。

2）极坐标系。极坐标系是由一个极点和一个极轴构成的。极轴的方向为水平向右。平面上任何一点P都可以由该点到极点的连线长度L（>0）和连线与极轴的交角α（极角，逆时针方向为正）所定义，即用一对坐标值（$L<\alpha$）来定义一个点，其中"$<$"的作用类似于直角坐标系中的"，"，是用来分隔长度和角度的。图1—24中的（432.566 6$<$30°）便是极坐标。表示的意义是432.566 6长度，与水平夹角为30°。

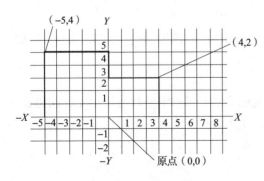

图1—23　直角坐标系

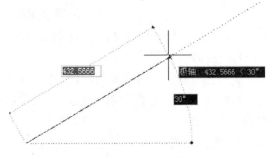

图1—24　极坐标系

（2）分类二：相对坐标和绝对坐标

1）相对坐标。在某些情况下，用户需要直接通过点与点之间的相对位移来绘制图形，而不想指定每个点的绝对坐标。为此，AutoCAD 提供了使用相对坐标的办法。相对坐标就是某点与相对点的相对位移值，在 AutoCAD 中相对坐标用"@"标识。使用相对坐标时可以使用直角坐标，也可以使用极坐标，可根据具体情况而定。在绘图的过程中，考虑到绘图动作的连续性，一般情况下，相对的是"上一点"。相对坐标的写法有两种方式：（@X，Y）（相对直角坐标）和（@L<α）（相对极坐标）。例如，某一直线的第一点坐标为（5，5），第二点坐标为（10，5），则第二点相对于第一点的相对坐标为（@5，0），用相对极坐标表示应为（@5<0）。

2）绝对坐标。如果能理解相对坐标，绝对坐标的概念就非常简单了，相对坐标是相对于"上一点"或"指定点"，而绝对坐标只有一个参照点，那就是原点。

上述坐标的两种分类在实际操作中经常混合使用，一共构成 4 种坐标方式：绝对直角坐标、绝对极坐标、相对直角坐标、相对极坐标，见表 1—1。

表1—1　　　　　　　　　　　　　　　　坐标表示法

	绝对直角坐标	绝对极坐标	相对直角坐标	相对极坐标
表示法	$X，Y$	$L<α$	$@X，Y$	$@L<α$
例子	5，7	45<30	@6，9	@90<−36

3. 坐标值的显示

在窗口底部状态栏中显示当前光标所处位置的坐标值，该坐标值有三种显示状态。

（1）绝对坐标状态：显示光标所在位置的坐标。

（2）相对极坐标状态：在相对于前一点来指定第二点时可使用此状态。

（3）关闭状态：颜色变为灰色，并"冻结"关闭时所显示的坐标值。

用户可根据需要在这三种状态之间进行切换，方法也有三种：

（1）连续按 F6 键可在这三种状态之间相互切换。

（2）在状态栏中显示坐标值的区域双击也可以进行切换。

（3）在状态栏中显示坐标值的区域单击右键弹出快捷菜单，可在菜单中选择所需状态。

二、定点方式

绘图时常常要输入一些点用来确定图形，如线段的端点、圆的圆心、圆弧的圆心及其端点等。在 AutoCAD 中常常用以下 5 种方式来定点：

1. 光标定点

是将光标移动到所需要的位置，然后直接用光标单击，可以参照状态栏中光标的坐标位置。这种方法虽然简单快捷，但是不能精确定位，使用频率不高。一般用在制图时确定第一点的大致位置。

2. 坐标定点

通过键盘输入点的坐标时，用户可以用绝对直角坐标、绝对极坐标、相对极坐标、相对直角坐标。在坐标定位的条件下用户所确定的点的位置是精确的。在前期的练习中这是要掌握的重点。

3. 对象捕捉定点

通过状态栏中的对象捕捉设置，用鼠标配合，抓取需要的特殊点。

4. 对象捕捉追踪定点

根据所抓取的特殊点，追踪与特殊点相关的极轴和角度。

5. 极轴追踪定点

抓取与追踪角度一致的极轴上的点的集合。

 技能操作

一、新建、打开、保存

1. 新建

在绘制图形之前用户一般要建立一个新的图形文件。每次启动 AutoCAD 的时候系统都会自动生成一个新的图形文件，根据存放目录中图形文件的个数而自动编号。此外还可通过下面几种方式建立新的图形文件：

（1）键盘命令：new。

（2）工具栏：在"标准"工具栏中单击"新建"图标（▯）。

（3）菜单："文件"→"新建"。

（4）快捷键：Ctrl + N。

经过上述操作后会弹出"选择样板"对话框，用户可以利用该对话框建立一个新的图形文件，如图 1—25 所示。

图 1—25　选择样板

在该对话框中列出了 AutoCAD 预设的样板文件，当选择其中的一个文件时，在右侧"预览"框中将会显示出样板的预览效果，单击对话框中的"打开"按钮，就可以在这个样板的基础上创建一个新的图形文件。AutoCAD 的样板文件类型的后缀名为 . dwt。

如果不需要使用样板，而是创建一个空白的图形文件，则可以单击对话框中的"打开"按钮右侧的下拉三角箭头，其中有"无样板打开—英制"和"无样板打开—公制"两个选项，根据需要进行选择即可。

2. 打开

如果希望在已有的图形文件上继续进行修改等操作，就必须打开已有的图形文件。如果能直接找到图形文件，则双击该文件即可。此外，还有以下几个方法用于打开已经创建了的图形文件：

（1）键盘命令：open。

（2）工具栏：在"标准"工具栏中单击"打开"图标（ ）。

（3）菜单："文件"→"打开"。

（4）快捷键：Ctrl + O。

用上述方法打开文件，AutoCAD 会弹出"选择文件"对话框。在该对话框中，用户既可以在输入框中直接输入文件名打开已有的图形文件，也可以在列表框中双击要打开的文件名来打开已有的图形文件。注意对话框中的"文件类型"。一般情况下，打开的图形文件格式为 .dwg（注意区分：样板文件的后缀名为 .dwt，图形文件的后缀名为 .dwg）。

单击对话框中的"打开"按钮右侧的下拉三角箭头，可以看到 AutoCAD 有"打开""以只读方式打开""局部打开""以只读方式局部打开"4 种方式打开图形文件。当以"打开"或"局部打开"方式打开图形文件时，可以对打开的图形进行编辑。如果是以"以只读方式打开"或"以只读方式局部打开"方式打开图形文件，则仅可以查看图形文件而无法进行编辑操作。如果选择"局部打开"或"以只读方式局部打开"方式打开图形文件时，则会弹"出局部打开"对话框。可以在"要加载几何图形的视图"选项组中选择需要打开的视图，在"要加载几个图形的图层"选项组中选择要打开的图层，然后单击"打开"按钮，便可在视图中打开选中图层上的对象。

3. 保存

绘制完成的图形需要进行存盘；大型图样任务不能一次性完成，在完成部分后也需要存盘。在 AutoCAD 中，可以使用多种方法将图形以文件的形式存入磁盘。

- 键盘命令：save/qsave。
- 工具栏：在标准工具栏中单击"新建"图标（ ）。
- 菜单："文件"→"保存"/"文件"→"另存为"。
- 快捷键：Ctrl + S。

AutoCAD 中图形文件的保存主要分为以下几种情况：

（1）首次保存。在第一次保存创建的图形时，使用上述几种方法的任意一种，系统都将打开"图形另存为"对话框。默认情况下文件时以" *.dwg"的格式进行保存。在"文件名"框中给图形文件指定一个文件名，然后单击"保存"按钮。需要注意的是，一定要考虑清楚是否需要选择文件类型，如需要，则单击"文件类型"下拉列表框选择需要保存的文件类型。

（2）另存为。和上述首次保存的前期操作一致，需要在"图形另存为"对话框中为图形文件指定需要保存的文件名、文件路径以及在"保存类型"下拉列表框中选择保存类型，最后单击"保存"按钮，这样就将当前图形以新的文件名称进行了保存。如果对打开的文件进行了"另存为"的操作，那么原来的文件内容会保持不变，编辑修改后的内容以新文件的形式进行了保存。所以在实际操作中，用户可以对已经绘制好的图形文件进行编辑或继续绘制工作后将其另存为使用，如此一来便节省了大量绘图时间，简化了绘制工作，提高了制图效率，同时还保留了原图的完整性。另存为也可以用于不同时段的图形备份工作。如果以打开文件的方式来新建图形文件，保留原文件的绘图和设置情况，则不需要再对其进行设置就可以直接开始绘图，绘图后将此另存为一个新的文件就可以了。

（3）快速保存。快速保存只是将用户在上一次保存后的改动直接保存到现文件中。可以选择"文件"菜单中的"保存"命令或者直接执行命令"qsave"，还可以单击工具栏上的"保存"按钮进行快速保存。

4．自动保存

为防止意外情况发生，也可以定时存盘并且备份。自动保存设置方法为"工具"→"选项"，在"打开和保存"选项卡的"文件安全措施"中设置"自动保存"。

二、常用键盘和鼠标操作

使用 AutoCAD 软件的整个过程，需要掌握基本的键盘和鼠标操作。与此同时，键盘和鼠标的操作也有一些需要熟悉的快捷技能，用于提高整个制图工作的效率。很多情况下需要鼠标和键盘配合完成操作。

1．键盘类

（1）命令的输入与执行。前面界面介绍中提到了命令是 AutoCAD 的核心。键盘可以在命令窗口输入和执行命令。在学习绘图命令、编辑命令和控制命令前，有些按键必须掌握。

1）命令的确定。一般情况下键盘上的 Enter 键和空格（space）键是确定执行命令。因此，在命令行中不可以输入空格，因为一旦按了空格键就表示执行已经输入的内容。

2）命令的继承。AutoCAD 的命令具备继承性，刚执行完一条命令后如果直接按 Enter 键或者空格键则会重复执行刚才的命令，甚至刚才命令中所设置的参数和选项都会被继承下来。

3）取消命令。有些命令运行后或者鼠标点选后发觉执行错了，需要取消当前的操作，这个时候就按 Esc 键。按 Esc 键没有任何时间或步骤的限制，只要发现操作错误就可以直接取消操作，回到执行命令的前一阶段。

删除和撤销操作。如果已经执行了命令或者完成了编辑动作，发觉是不正确的，则需要删除或者撤销上一步操作。删除有两个按键，分别是 Backspace 键和 Delete 键，这两个按键不仅能在执行命令时删除正在执行的命令，而且能在选定图元对象后将对象删除，相比之下 Delete 键使用的频率相对较高。撤销操作有两个方法，一是在命令行中执行"u"，二是按组合键 Ctrl + Z。

（2）常用功能键

F1：获取帮助　　　　　　　　　　F7：栅格显示模式控制

F2：作图窗口和文本窗口切换　　　F8：正交模式控制

F3：是否实现对象自动捕捉　　　　F9：栅格捕捉模式控制

F4：数字化仪控制　　　　　　　　F10：极轴模式控制

F5：等轴测平面切换　　　　　　　F11：对象追踪模式控制

F6：控制状态栏坐标显示

（3）快捷组合键

Ctrl + C：对象复制到剪贴板　　　　Ctrl + O：打开图像文件

Ctrl + F：控制对象自动捕捉　　　　　　Ctrl + P：打开"打印"对话框

Ctrl + G：栅格显示模式控制　　　　　　Ctrl + S：保存文件

Ctrl + J：重复执行上一步　　　　　　　Ctrl + U：极轴模式控制

Ctrl + K：超级链接　　　　　　　　　　Ctrl + V：粘贴剪贴板内容

Ctrl + N：新建图形文件　　　　　　　　Ctrl + W：对象追踪模式控制

Ctrl + M：打开选项对话框　　　　　　　Ctrl + X：剪切所选择的内容

Ctrl + 1：打开特性对话框　　　　　　　Ctrl + Y：重做

Ctrl + 2：打开图资源管理器　　　　　　Ctrl + Z：取消上一步操作

Ctrl + 6：打开图像数据

（4）一般快捷键（部分）

显示降级适配（开关）：O　　　　　　　改变到前（Front）视图：F

适应透视图格点：Shift + Ctrl + A　　　　改变到等大的用户（User）视图：U

排列：Alt + A　　　　　　　　　　　　改变到右（Right）视图：R

角度捕捉（开关）：A　　　　　　　　　改变到透视（Perspective）图：P

动画模式（开关）：N　　　　　　　　　打开虚拟现实：数字键盘 1

改变到后视图：K　　　　　　　　　　　虚拟视图向下移动：数字键盘 2

背景锁定（开关）：Alt + Ctrl + B　　　　虚拟视图向左移动：数字键盘 4

前一时间单位：.　　　　　　　　　　　虚拟视图向右移动：数字键盘 6

下一时间单位：,　　　　　　　　　　　虚拟视图向中移动：数字键盘 8

改变到上（Top）视图：T　　　　　　　虚拟视图放大：数字键盘 7

改变到底（Bottom）视图：B　　　　　　虚拟视图缩小：数字键盘 9

改变到相机（Camera）视图：C

（5）其他常用按键

1）编辑键区的上下方向键，可以依次显示曾经输入过的命令。对大多数的命令，命令窗口中可以显示执行完的两条命令提示（也称为命令历史），而对于一些输出命令，如 list、time 等命令，则需要在放大的命令窗口或者 AutoCAD 文本框中才能完全显示。在命令窗口单击右键，AutoCAD 将显示一个快捷菜单，通过它可以选择最近使用的 6 个命令、复制选定的文字内容或全部命令的历史记录、粘贴文字、打开"选项"对话框。

2）实时平移命令（pan）。该命令在工具栏的图标为 ![icon] 。它的功能是在不改变缩放系数的条件下，观察当前窗口中图形的不同部位，相当于移动图纸的位置。执行该命令后，屏幕上的光标呈一小手形状，按住鼠标，便可以上下左右拖动到图纸的任意位置。另外，实时平移命令的执行不会影响正在执行的绘图命令，完全符合透明命令的概念。例如，要用绘图命令在一个地方绘制，但现在已有一条绘图命令正在执行，而要画的位置已经不在屏幕的显示范围内，这时使用实时平移，将要画图的位置拖拽到屏幕显示范围内，再取消实时平移命令，这时可以继续刚才的绘图，绘图命令没有中断。在很多情况下，实时平移常和鼠标滚轮的缩放联合使用。

2. 鼠标类

（1）鼠标的基本操作。鼠标的基本操作包括鼠标的左击、鼠标的右击、鼠标的双击、鼠标的中间滚轮滚动。一般情况下左击是点击或者选择，右击是为了弹出编辑或者控制操作菜单，双击对象可以弹出特性对话框，鼠标的滚轮可以对当前图形进行非参数的缩放调整。转动滚轮来控制图形缩放是一种非常方便的方法，它可以在任何状态下使用，滚轮前转为放大图形，滚轮后转为缩小图形，放大和缩小的基准点在当前光标的位置处。

（2）利用鼠标选择对象。通常情况下是先选择图形对象再进行编辑操作，但是在 Auto-CAD 中，有的命令执行的方式有两种：第一种是先执行命令然后再选择对象；第二种是先选择对象再执行命令。由此一来，选择对象就有以下两种情况：

情况一：在未执行任何命令时选择对象，此时被选择的对象会显示出蓝色的夹点。

情况二：在执行命令时，命令提示要求选择对象，光标将会变成拾取小方框"□"，单击对象即可选中，被选中的对象将以虚线来表示。

最常用的选择方法有下面两种：

1）直接选择。使用鼠标左键直接在想要选择的图形上单击就可以了，若要同时选择多个对象，连续单击要选择的对象，就会看到多个对象被选中（不需要按住 Ctrl 键）。该方法也称为拾取对象法。

2）框选。当要选择的图形对象较多并且在同一个区域时，可以按住鼠标左键在绘图区内拉出一个方框把对象框住（直接点需要框选的矩形区域的两对角点），这种方法称为框选。使用这种方法有两种情况：

①一种是从左向右框选，无论是从左上角点到右下角点，还是从左下角点到右上角点，只有完全被包含在选框中的图形对象才被选中，这种方法称为窗口选择方式。

②另一种是从右向左框选，无论是从右上角点到左下角点，还是从右下角点到左上角点，选框内的图形对象、与选框边界相交的图形对象都会被选中，这种方法称为窗交选择法。

用以上方法，基本可以完成所有的选择操作。另外，AutoCAD 还提供了其他多种选择方式，如使用图层过渡选择对象（qselect 命令），使用 select 命令，在"选择对象"提示下使用窗口、交叉或者栏选的方式等。如果需要取消或放弃误选了的对象，就要配合键盘操作，按 Esc 键取消选择对象。

（3）鼠标的扩展操作。鼠标的扩展应用往往需要鼠标和键盘同时操作完成一个动作，之前介绍的无论是键盘操作还是鼠标操作都是独立完成一个动作的情况，只不过需要相互配合完成一系列操作。在此介绍一个很重要的鼠标扩展应用："临时对象捕捉"。前面的状态栏的设置中已经详细阐述了对象捕捉的功能：捕捉需要抓取的特殊点。有些时候某些点不需要一直被抓取或者在几个图形的特殊点非常靠近的情况下，打开捕捉对象或捕捉的对象之间可能会相互干扰，甚至无法找到需要的特殊点，此时可用下面的方法：当要求指定点时，按下 Shift 键或 Ctrl 键加鼠标右键，打开"对象捕捉"快捷菜单，如图 1—26 所示。选择需要的特殊点的对应命令，再把光标移动到要捕捉对象的特性点附近，就可以捕捉到相应的对象特殊点，此时只能捕捉到所选择的特殊点。

在该快捷菜单中，还有两个很实用的工具："临时追踪点"和"自"。"临时追踪点"可在一次操作中创建多条追踪线，并根据这

图 1—26　"对象捕捉"
快捷菜单

些追踪线确定所要定位的点。"自"可用在使用相对坐标指定下一点时，可以根据提示输入基点，并将该点作为临时参照点，这与通过输入前缀"@"使用最后一点为参照点的方法类似。它不是对象捕捉模式，但经常与对象捕捉一起使用。

三、用菜单、工具启动命令

在项目三中已介绍过，此处不再赘述。

项目拓展练习

一、习题

1. 常用的功能按键有哪些？
2. 坐标系有哪几类？
3. 坐标分哪四种？具体格式如何表达？

二、操作练习

1. 练习图形、样板文件的新建、打开和保存。
2. 练习常用的键盘按键和鼠标操作。
3. 练习菜单、工具的使用和调用。

项目五　绘图前期准备

学习目标

◆ 理解如何调整工具栏和状态栏
◆ 掌握空间界限设置和缩放设置
◆ 掌握图层的概念及其应用

项目分析

绘图前要根据相关的专业、绘图的对象的情况进行前期准备，其中包括图纸的大小和界限、工具栏和状态栏的调整和调用等。

知识点

一、图纸的幅面

绘制图样时，图纸幅面尺寸应优先采用表 1—2 中规定的基本幅面。

表 1—2　　　　　　　　　　　图纸的基本幅面及图框尺寸　　　　　　　　　　　　　mm

幅面	A0	A1	A2	A3	A4
$B \times L$	841 × 1 189	594 × 841	420 × 594	297 × 420	210 × 297
a	25				
c	10			5	
e	20			10	

其中：a、c、e 为留边宽度。图纸幅面代号由"A"和相应的幅面号组成，即 A0 ~ A4 五种，其尺寸关系如图 1—27 所示。

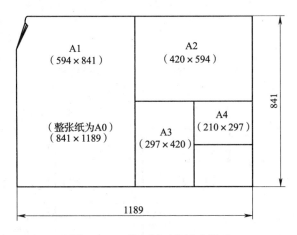

图 1—27　基本幅面的尺寸关系

幅面代号的几何含义，实际上就是对 0 号幅面的对开次数。例如，A1 中的"1"表示将全张纸（A0 幅面）长边对折裁切一次所得的幅面，A4 中的"4"表示将全张纸长边对折裁切四次所得的幅面。

必要时，允许沿基本幅面的短边成整数倍加长幅面，但加长量必须符合国家标准（GB/T 14689—2008）中的规定。

图框线必须用粗实线绘制。图框格式分为留装订边和不留装订边两种，如图 1—28 和图 1—29 所示。两种格式图框的周边尺寸 a、c、e 见表 1—2。但应注意，同一产品的图样只能采用一种格式。

国家标准规定，工程图样中的尺寸以毫米为单位时，不需标注单位符号（或名称）。如采用其他单位，则必须注明相应的单位符号。本书的文字叙述和图例中的尺寸单位为毫米，因此均未标出单位名称。

为了确定图中内容的位置及其他用途，往往需要将一些幅面较大的、内容复杂的电气图进行分区，如图 1—30 所示。

图幅的分区方法是：将图纸相互垂直的两边各自加以等分，竖边方向用大写拉丁字母编号，横边方向用阿拉伯数字编号，编号的顺序应从标题栏相对的左上角开始，分区数应为偶数；每一分区的长度一般应不小于 25 mm，不大于 75 mm，分区中符号应以粗实线给出，其线宽不宜小于 0.5 mm。

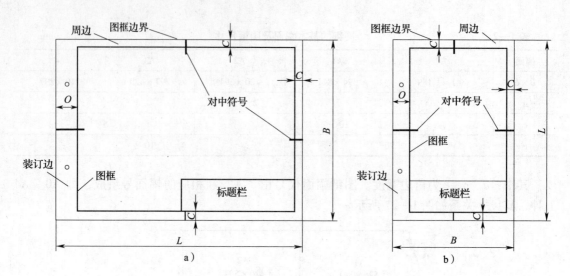

图 1—28　留装订边图样的图框格式

a）横装　b）竖装

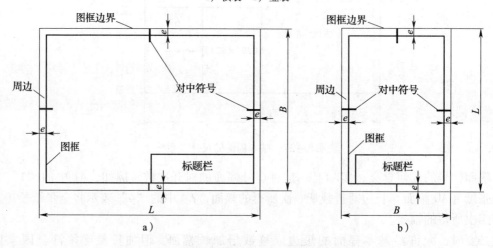

图 1—29　不留装订边图样的图框格式

a）横装　b）竖装

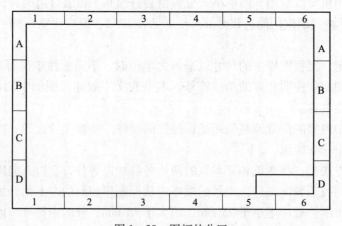

图 1—30　图幅的分区

图纸分区后，相当于在图样上建立了一个坐标。电气图上的元件和连接线的位置可由此"坐标"唯一地确定下来。

二、比例

比例是指图中图形与其实物相应要素的线性尺寸之比。

绘制图样时，应优先选择表 1—3 中的优先使用比例。必要时也允许从表 1—3 的允许使用比例中选取。

表 1—3　　　　　　　　　　　　　　　　　绘图的比例

种类		比例
原值比例		1∶1
放大比例	优先使用	5∶1　2∶1　5×10^n∶1　2×10^n∶1　1×10^n∶1
	允许使用	4∶1　2.5∶1　4×10^n∶1　2.5×10^n∶1
缩小比例	优先使用	1∶2　1∶5　1∶10　1∶2×10^n　1∶5×10^n　1∶1×10^n
	允许使用	1∶1.5　1∶2.5　1∶3∶4　1∶6
		1∶1.5×10^n　1∶2.5×10^n　1∶3×10^n　1∶4×10^n　1∶6×10^n

注：n 为正整数。

三、图形界限的设置

利用 AutoCAD 绘制图形时，一般要根据图纸幅面设置图形界限，控制绘图的范围。图形界限相当于图纸的大小，打开图限时，可防止图形超出图限；关闭图限时，允许图形超出图限。

调用命令的方式：

- 菜单："格式"→"图形界限"。
- 键盘命令：limits。

执行"图形界限"命令后，可以设置图形界限和打开/关闭图限检查。

设置图形界限操作步骤如下：

步骤 1：调用"图形界限"命令。

步骤 2：命令提示为"指定左下角点或［开（ON）/关（OFF）］＜0.000 0，0.000 0＞："时，输入矩形图限左下角点的坐标。

步骤 3：命令提示为"指定右上角点＜420.000，297.000＞："时，输入矩形图限右上角点的坐标。

打开/关闭图限检查操作步骤如下：

步骤 1：调用"图形界限"命令。

步骤 2：命令提示为"指定左下角点或［开（ON）/关（OFF）］＜0.000 0，0.000 0＞："时，输入 ON/OFF。

```
命令：limits
重新设置模型空间界限：
指定左下角点或[开(ON)/关(OFF)] <0.000 0,0.000 0>：
指定右上角点 <420.000 0,297.000 0>：
```

注意：设置好图形界限后，一般要执行图形缩放命令以显示图形界限。下面就介绍一下缩放命令。

四、缩放命令

用户可以平移视图以重新确定其在绘图区域中的位置，或缩放视图以更改比例。前面讲过实时平移命令 pan，使用该命令的"实时"选项，可以通过移动定点设备进行动态平移。与使用相机平移一样，pan 命令不会更改图形中的对象位置或比例，而只是更改视图。通过放大和缩小操作改变视图的比例，类似于使用相机进行缩放。而 zoom 命令不改变图形中对象的绝对大小，只改变视图的比例。

命令调用方式如下：

- 工具栏："标准"工具栏中的 ⌕ 。
- 菜单："视图"→"缩放"→"实时"。
- 键盘命令：zoom 或者 z。

> 命令：zoom
> 指定窗口的角点，输入比例因子（nX 或 nXP），或者[全部（A）/中心（C）/动态（D）/范围（E）/上一个（P）/比例（S）/窗口（W）/对象（O）]＜实时＞：

命令选项说明：

1. 全部（A）

在当前视口中缩放显示整个图形。在平面视图中，所有图形将被缩放到栅格界限和当前范围两者中较大的区域中。在三维视图中，"全部缩放"选项与"范围缩放"选项等效，即使图形超出了栅格界限也能显示所有对象，如图 1—31 所示。

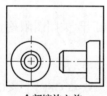
全部缩放之前

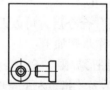
全部缩放之后

图 1—31　全缩放情况

2. 中心（C）

缩放显示由中心点和放大比例（或高度）所定义的窗口。高度值较小时增加放大比例，高度值较大时减小放大比例，如图 1—32 所示（指定"×"为中心点）。

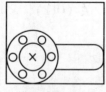
中心缩放之前

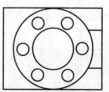
中心缩放之后，
放大比例增加

图 1—32　中心缩放情况

3．动态（D）

缩放显示在视图框中的部分图形。视图框表示视口，可以改变它的大小，或在图形中移动。移动视图框或调整它的大小，将其中的图像平移或缩放，以充满整个视口。

首先显示平移视图框。将其拖动到所需位置并单击，继而显示缩放视图框。调整其大小然后按 Enter 键进行缩放，或单击以返回平移视图框。按 Enter 键以使用当前视图框中的区域填充当前视口，如图 1—33 所示。

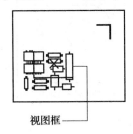 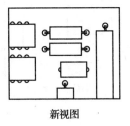

视图框 　　　　　　　　　　　　　　　　　　新视图

图 1—33　动态情况

4．范围（E）

缩放以显示图形范围并使所有对象最大显示，如图 1—34 所示。

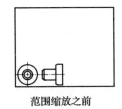

范围缩放之前 　　　　　　　　　　　范围缩放之后

图 1—34　范围缩放情况

5．上一个（P）

缩放显示上一个视图。最多可恢复此前的 10 个视图。如果更改视觉样式，视图将被更改。

6．比例（S）

以指定的比例因子缩放显示。系统将提示输入比例因子（nX 或 nXP）。输入的值后面跟着 X 表示根据当前视图指定比例。例如，输入 0.5X 将使屏幕上的每个对象显示为原大小的二分之一。输入值并后跟 XP 表示指定相对于图纸空间单位的比例。例如，输入 0.5XP 将以图纸空间单位的二分之一显示模型空间。创建每个视口以不同的比例显示对象的布局。输入值表示指定相对于图形界限的比例（此选项很少用）。例如，如果缩放到图形界限，则输入 2 将以对象原来尺寸的两倍显示对象，如图 1—35 所示。

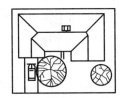 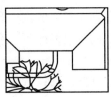

zoom 2

图 1—35　比例缩放情况

7. 窗口（W）

缩放显示两个角点定义的矩形窗口的区域，如图1—36所示。

指定第一个角点:指定点(1)
指定对角点:指定点(2)

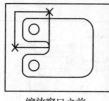

缩放窗口之前　　　　　　　　　　缩放窗口之后

图1—36　窗口缩放情况

8. 对象（O）

缩放以便尽可能大地显示一个或多个选定的对象并使其位于绘图区域的中心。可以在启动 zoom 命令前后选择对象。

9. 实时

利用定点设备，在逻辑范围内交互缩放。

案例：将界面设置成横向 A4 图纸并全局缩放。

命令:limits
重新设置模型空间界限:
指定左下角点或[开(ON)/关(OFF)]<0.0000,0.0000>:
指定右上角点<420.0000,297.0000>:210,297
命令:zoom
指定窗口的角点,输入比例因子(nX 或 nXP),或者[全部(A)/中心(C)/动态(D)/范围(E)/上一个(P)/比例(S)/窗口(W)/对象(O)]<实时>:a
正在重生成模型。

 技能操作

一、调整工具栏和状态栏

工具栏的调整包括工具栏的调用和安放。要调用未调用的工具栏的方法是在工具栏单击鼠标右键，选择需要的工具栏即可，有时弹出两级下拉菜单，选择第一个"ACAD"就可以了，如图1—37所示。

状态栏的调整包括状态的设置、注释选项的设定和状态栏菜单（见图1—38）的控制。注释的设定包含了注释的比例和注释的可见性等，注释比例: 1:1 ▼。

另外状态栏还可以调整工具栏/窗口位置的锁定状态，工具栏/窗口位置未锁定。

图 1—37　调整工具栏　　　　　图 1—38　状态栏菜单

二、图层（重点）

1. 图层的概念

图层的概念由来已久，在制图和设计中的应用相当广泛。一张工程图样具有多个不同性质的图形对象，如不同线型的图形对象、尺寸标注、文字注释等对象。AutoCAD 把线型、线宽和颜色等作为对象的基本特性，用图层来管理这些特性。每一个图层相当于一张没有厚度的透明纸，且具有一种线型、线宽和颜色。在不同的纸上绘制不同特性的对象，这些透明纸重叠后便构成一个完整的图形。用户可以任意地选择其中一个图层进行图形的绘制，同时不会影响其他图层的图形。使用 AutoCAD 绘图时，图形可以绘制在初始图层上，这张图层就是系统自动生成的默认图层，打开 AutoCAD 以后会自动生成至少一个图层，当然也可以由用户根据需求自己创建图层。每一个图层都是相对独立的，用户可以对该层的图形进行自由编辑。在此通过两个例子来深入理解图层的概念。

例一：用电子地图查询医院，所有的医院就会以红十字（或蓝十字）加医院名字出现，不需要查看医院时，关闭显示医院则医院都不再显示。其实医院就是一张图层，这个图层是这样制作的：用一张"透明的纸"贴在地图上，标出医院的位置和记号就可以了，查看医院时这张纸就贴在地图上，不查看时这张纸就撤走了。

例二：做机械制图附带全标注，把标注和图形做在同一图层上，如果不需要标注，只看制图效果，那就需要删除所有的标注，但是如果标注放置在另外一个图层，这时只需要将标注所在图层的可见性关闭就可以了。

用户可以使用不同的图层、不同的颜色、不同的线型、不同的线宽来绘制不同的对象和元素，不仅能使图形的各种信息清晰、有序，便于观察，而且也会给图形编辑、修改和输出带来很大的方便，从而提高了制图的效率和准确性。

2. 图层的要点

图层的要点可归纳为"4、4、3"，即四个特点、四个特性、三种状态。

（1）四个特点

1）0 层是系统默认的初始层，也是唯一的主层。0 层是无法删除的，因为它是系统的保留层。

2）当前层（正在进行绘图的图层）不可以删除，因为当前层是一种状态，后台保留了当前层的编辑状态，所以无法删除。

3）0 层和无数的自定义图层构成了图层的整体，图层的设置个数没有限制，每个图层中绘图的图元实体也没有限制。

4）既然作为一个整体，所有图层都完全是一个标准（即相同坐标系、缩放比例、图纸的界限，并且完全对齐）。

（2）四个特性

1）名称。名称是各个图层的标志，为了防止混用，最好具备唯一性。绘图时需要给每个图层取一个能说明其用途的名称。图层的命名可以包括数字、字母、中文字符和一般符号，但不可以出现空格，最好也不要用特殊字符。

2）颜色。图层中的颜色控制了该图层中所有图元实体对象的颜色。而颜色在图形的显示或处理中有着非常重要的作用，可用来表示不同的组件、功能和区域。每个图层都拥有自己的颜色，对于不同的图层可以设置不同的颜色加以区别。这样一来，很多复杂的图形在区分实体对象的时候就要容易得多。

3）线型。线型指的是图形实体基本元素中线条的构成、样式及其显示方式。如点画线、虚线、细实线、粗实线等。AutoCAD 不仅提供了常用的所有线型，还有一些特殊符号组成的复杂的线型，用于满足各个行业和不同国家的制图标准要求。而在绘图的时候需要使用线型将图形元素区分出来，这时就要考虑对线型进行设置。

4）线宽。线宽其实就是线的宽度。使用不同宽度的线条可以使图元对象的类型、大小显示得更加清楚，方便用户在 AutoCAD 中对图形的表达和增强可读性。

（3）三种状态

1）打开与关闭。打开与关闭的状态决定了所设置的图层的内容的可见性。在打开的状态下，该图层所有的内容都可以被显示、编辑或打印输出；而在关闭的状态下，该图层上的图元实体不能被显示或打印输出，但是被关闭的图层仍是图的一部分，它们只是被隐藏起来了，是不可见的。在处理一些较为复杂的图形时，为了排除其他无关图元的干扰，可以考虑关闭一些图层，使用户的操作更加便利和快捷。

2）冻结与解冻。冻结与解冻也是图层的一种状态。冻结图层状态的特点是该图层上的所有图元对象不再被显示、编辑或打印输出，甚至连图形的编辑和图形之间的运算都不可以进行。解冻则是冻结的对立面，作用相反。

3）锁定与解锁。在 AutoCAD 中，锁定状态的图层中的图元对象可以被显示出来，但是不能被编辑、修改。有时为了防止某些图形被误删、误修改，而该图层其他内容不需要进一步编辑，就可以考虑锁定这些图层。解锁的作用与锁定相反。

 注意

关闭图层和冻结图层的区别

从可见性方面来讲，关闭图层和冻结图层是一致的，都无法看见关闭的图层或冻结的图层内容。但是两种状态是有本质区别的，关闭图层中的图元可以参与编辑和图元实体之间的计算工作，而冻结图层中的内容无法进行任何操作。

打印属于一个特殊的状态，它控制了该图层的内容能否通过打印的方式进行输出。

状态栏上的图层信息如图1—39所示。

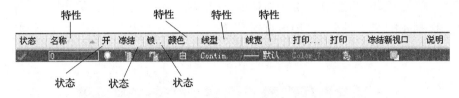

图1—39　状态栏上的图层信息

3. 图层的相关操作

利用"图层特性管理器"可进行创建新图层、重命名或删除选定的图层、设置或更改选定图层的特性和状态等操作。调用命令的方式如下：

- 菜单："格式"→"图层"。
- 工具栏："图层"工具栏中的  图标按钮。
- 键盘命令：layer（或la）。

执行该命令后，将弹出"图层特性管理器"对话框，如图1—40所示。

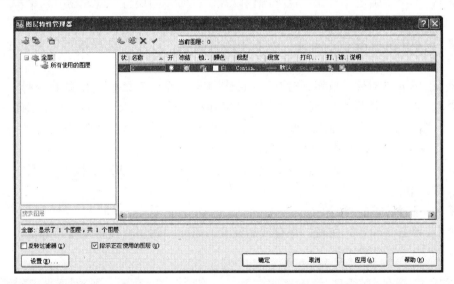

图1—40　"图层特性管理器"对话框

（1）创建新图层

步骤1：调用"图层"命令。

步骤2：在"图层特性管理器"对话框中，单击"新建图层"按钮 ，在图层列表中显示名称为"图层1"的新图层，且处于被选中状态，如图1—41所示。

图1—41　创建图层

步骤 3：单击新图层的名称，在其"名称"文本框中输入图层的名称，为新图层重命名。

步骤 4：设置图层的特性、状态。

步骤 5：单击"确定"按钮，关闭对话框。

图 1—42 所示的"图层 1"已经被重新设置。

图 1—42　图层状态

（2）设置图层特性

1）设置图层颜色

步骤 1：单击某一图层"颜色"列中的色块图标或颜色名，打开"选择颜色"对话框。

步骤 2：在"索引颜色"选项卡的调色板中选择一种颜色，并显示所选颜色的名称和编号。

步骤 3：单击"确定"按钮，保存颜色设置，返回"图层特性管理器"对话框。

2）设置图层线型

步骤 1：单击某一图层"线型"列表中的线型名，打开"选择线型"对话框（见图 1—43）。

步骤 2：单击"加载"按钮，打开"加载或重载线型"对话框（见图 1—44）。

步骤 3：在"可用线型"列表中选择"acadiso.lin"线型文件中定义的线型。或单击"文件"按钮，在打开的"选择线型文件"对话框中，选择用户自定义线型文件后，在"可用线型"列表中选择自定义的线型。

步骤 4：单击"确定"按钮，返回"选择线型"对话框，加载的线型显示在"已加载的线型"列表中。

步骤 5：选择所需的线型。

步骤 6：单击"确定"按钮，保存线型设置，返回"图层特性管理器"对话框。

3）设置图层的线型宽度

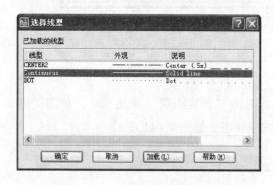

图 1—43　"选择线型"对话框

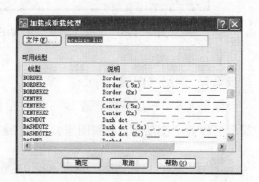

图 1—44　"加载或重载线型"对话框

步骤1：单击某一图层"线宽"列表中的线宽图标或线宽名，打开"线宽"对话框（见图1—45）。

步骤2：选择所需要的线宽。

步骤3：单击"确定"按钮，保存线宽设置，返回"图层特性管理器"对话框。

注意：线宽的效果需要将状态栏中的"线宽"打开才能显示。

（3）删除图层

步骤1：在"图层特性管理器"对话框中，选定要删除的某一图层，使其高亮显示。

步骤2：单击"删除图层"按钮 ✕ ，在选定图层上出现标记  。

步骤3：单击"应用"按钮，删除选定图层。

图1—45　"线宽"对话框

注意：系统默认设置的0层、包含对象的图层及当前层均不能被删除。

（4）设置当前图层

步骤1：在"图层特性管理器"对话框中，选定要作为当前层的某一图层，使其高亮显示。

步骤2：单击"置为当前"按钮 ✔ ，在选定图层上出现标记 ✔ 。

步骤3：单击"应用"按钮，保存设置。

要快速地设置当前图层可以在图层下拉列表中直接选择，如图1—46所示。

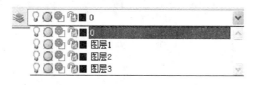

图1—46　快速设置当前图层

（5）设置图层状态

1）设置图层的可见性（开/关）

步骤1：在"图层特性管理器"对话框中，单击某一图层上"开"列表中的灯泡图标。

步骤2：单击"应用"按钮，完成设置，如图1—47所示。

打开图层　　　　　　　　　关闭图层

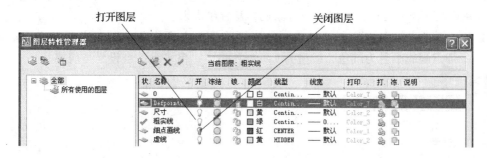

图1—47　打开/关闭图层

2）冻结/解冻图层

步骤1： 在"图层特性管理器"对话框中，单击某一图层上"冻结"列表中的图标。

步骤2： 单击"应用"按钮，完成设置，如图1—48所示。

冻结图层　　　　　　　　　　　　　解冻图层

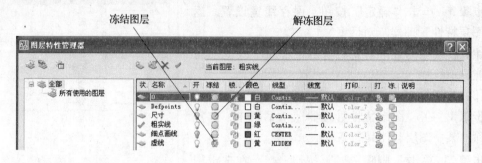

图1—48　冻结/解冻图层

3）锁定/解锁图层

步骤1： 在"图层特性管理器"对话框中，单击某一图层上"锁定"列表中的图标。

步骤2： 单击"应用"按钮，完成设置，如图1—49所示。

锁定图层　　　　　　　　　　　　　解锁图层

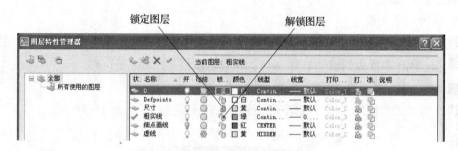

图1—49　锁定/解锁图层

注意

（1）在关闭当前图层时，系统将出现一个信息框，提示"当前层被关闭"。一般情况下，不关闭当前层。

（2）在当前层上单击太阳图标，系统将出现一个信息框，提示"不能冻结当前层"。冻结的图层也不能设置为当前层，系统会出现一个信息框，提示用户。

（3）图层的打印设置只对打开和解冻的可见图层有效，当前图形中已被关闭或冻结的图层，即使设置为可打印，该图层的对象也不能打印出来。

案例： 创建"粗实线"和"细点画线"两个图层。要求粗实线颜色为绿色，线宽为0.3 mm，细点画线颜色为红色，线型为Center，并将"粗实线"层设为当前层。

项目拓展练习

一、习题

1. 缩放命令有哪些选项？

2. 图层的特点、特性和状态有哪些？

二、操作练习

1. 进行图形纸张尺寸限定和空间比例的全部缩放。（A1／A2／A3／A4）
2. 添加一个虚线图层，调整好图层的特性并置为当前层。（线宽 0.3）

附：

绘图单位的设置

绘图单位的设置包括长度单位和角度的单位，其设置方法如下：

1. 单击"格式"→"单位"命令，弹出"图形单位"对话框。
2. 在"长度"框中的下拉列表里可以找到改变长度类型和精度的选项。
3. 在"角度"框中的下拉列表里可以找到改变角度类型和精度的选项。
4. "顺时针"复选框被选中的时候表示角度会以顺时针方向为正；默认时角度以逆时针方向为正。
5. 单击"方向"按钮，在弹出的对话框中可以设置角度的方向。

项目六　综 合 训 练

 学习目标

◆ 掌握绘图前所有相关设置及其操作步骤

【操作步骤】

步骤 1：打开 AutoCAD，进入软件界面。

步骤 2：调整工具栏，选择需要进行绘图的工作空间，添加需要的工具栏。

步骤 3：调整状态栏，打开需要的选项，关闭不需要的选项；并进行状态栏中的操作环境设置（对象捕捉、对象追踪等）。

步骤 4：单击菜单中的"工具"→"选项"，设置软件环境、自动保存、捕捉和追踪等环境选项。

步骤 5：查看绘图内容，确定制图的空间，进行图形空间界限设置并按要求进行缩放操作。

步骤 6：查看绘图内容，确定图层的设置。

步骤 7：设置绘图单位。

步骤 8：完成所有设置，保存为样板，再另存为图形文件。退出 AutoCAD。

练 习 题

一、填空题

1. AutoCAD 的工作界面是由_____、_____、_____、绘图区、_____和状

态栏组成。

2. AutoCAD 的坐标系统有_____和_____。

3. CAD 的全称是_____。AutoCAD 是_____国的 Autodesk 公司开发的计算机绘图软件。

4. 在作图中主要有两种坐标系，它们是_____、_____，点坐标（15 < 60）中的 15 表示_____，60 表示_____。

5. 自动存盘时间确定的系统变量是：_____，以_____为时间单位。

6. 图层操作中，所有图层均可关闭，_____图层和_____图层无法关闭。

7. 取消当前操作的快捷键为_____，确定键是_____。

8. （@54，70）是一个_____坐标，（@200 < 60）是一个_____坐标，（40 < 275）是一个_____坐标。

9. AutoCAD 中命令的调用方法一般有三种：通过命令行、通过_____和通过_____。

10. 图形界限命令为_____，缩放命令为_____。（命令行调用方法）

11. AutoCAD 默认的线型是_____，Center 表示_____线。

12. 退出 AutoCAD 可以利用命令_____或_____。

13. AutoCAD 中，直角坐标格式为_____，极坐标格式为_____。

14. 图层的基本特性有_____、颜色、线型、_____。

15. AutoCAD 的坐标系中的直角坐标系可分为_____和_____两类。

16. AutoCAD 的坐标系中的极坐标系可分为_____和_____两类。

17. 定点方式有光标定点、坐标定点、_____、_____和_____5 种。

18. 记录了 AutoCAD 所有操作命令的窗口是_____窗口。

二、单项选择题

1. AutoCAD 的坐标体系包括世界坐标和_____。

A. 绝对坐标　　　　B. 平面坐标　　　　C. 相对坐标　　　　D. 用户坐标

2. _____命令的作用是对图纸进行尺寸限制。

A. dir　　　　　　B. limits　　　　　C. disp　　　　　　D. type

3. 假设坐标点的当前位置是（300，200），现在从键盘上输入了新的坐标值（@ -200，200），则新的坐标位置是_____。

A. （100，400）　　　　　　　　　B. （100，0）

C. （-200，-100）　　　　　　　　D. （300，400）

4. 画完一幅图后，在保存该图形文件时用_____作为扩展名。

A. cfg　　　　　　B. dwt　　　　　　C. bmp　　　　　　D. dwg

5. 要始终保持物体的颜色与图层的颜色一致，物体的颜色应设置为_____。

A. BYLAYER　　　B. BYBLOCK　　　C. COLOR　　　　D. RED

6. 在屏幕上用 pan 命令将某图形沿 X 方向及 Y 方向各移动若干距离，该图形的坐标将_____。

A. 在 X 方向及 Y 方向均发生变化　　　B. 在 X 方向发生变化，Y 方向不发生变化

C. 在 X 方向及 Y 方向均不发生变化　　　D. 在 Y 方向发生变化，X 方向不发生变化

7.　以下属于图形输出设备的是_____。

A.　扫描仪　　　　　B.　复印机　　　　　C.　自动绘图仪　　　　　D.　数字化仪

8.　AutoCAD 中的图层数最多可设置为_____。

A.　10 层　　　　　B.　没有限制　　　　　C.　5 层　　　　　D.　256 层

9.　打开/关闭正交方式的功能键为_____。

A.　F1　　　　　B.　F8　　　　　C.　F6　　　　　D.　F9

10.　临时特殊点捕捉方式的启用方法为_____。

A.　Shift 键 + 鼠标右键单击　　　　　B.　直接鼠标右键单击

C.　Ctrl 键 + 鼠标左键单击　　　　　D.　直接鼠标左键单击

11.　取消键命令执行的键是_____。

A.　Enter 键　　　　　B.　空格键　　　　　C.　Esc 键　　　　　D.　F1 键

12.　下列坐标属于相对极坐标的是_____。

A.　(@30, 50)　　　　　B.　(40, 77.9)　　　　　C.　(@20 < 40)　　　　　D.　(75 < 85)

13.　下列坐标属于绝对直角坐标的是_____。

A.　(36, 72)　　　　　B.　(@32, 54)　　　　　C.　(@20 < 40)　　　　　D.　(75 < 85)

14.　AutoCAD 默认打开的图形文件格式是_____。

A.　.dwg　　　　　B.　.dwt　　　　　C.　.dwm　　　　　D.　.pic

15.　在同时打开多个图形文件的情况下，可以通过快捷键_____来切换处理的图形。

A.　Ctrl + Shift　　　　　B.　Ctrl + F6　　　　　C.　Alt + Tab　　　　　D.　Alt + Esc

16.　在 AutoCAD 中能显示图形类型的工作窗口区域是_____。

A.　标题栏　　　　　B.　绘图区　　　　　C.　命令行　　　　　D.　状态栏

17.　_____在绘图时会保留绘图文字痕迹并提示命令的具体操作，所以在绘图时需要注意观察。

A.　菜单栏　　　　　B.　工具栏　　　　　C.　帮助窗口　　　　　D.　命令窗口

三、判断题

1.　在绘图时，一旦打开正交方式后，屏幕上只能画水平线和垂直线。　　　　（　　　）

2.　特殊点一定要在执行绘图命令和编辑命令等后才能捕捉。　　　　（　　　）

3.　所有的图层都能被删除。　　　　（　　　）

4.　在命令行中，按 Enter 键和按空格键的效果是一样的。　　　　（　　　）

5.　在执行 pan 命令将物体移动位置后，其坐标保持不变。　　　　（　　　）

6.　除 0 层外，用户自定义的图层均可被冻结。　　　　（　　　）

7.　执行 zoom ↙ 2 ↙ 操作后图形的实际尺寸被放大了 2 倍。　　　　（　　　）

8.　一个图形文件中可设置的图层数量并无限制。　　　　（　　　）

9.　图层被锁定后，在该层上的图形实体不被显示，也不能被绘图仪绘出。　　　　（　　　）

10.　AutoCAD 只能打开扩展名为 .dwg 的文件。　　　　（　　　）

11.　用 pan 命令将某图元沿 X 方向移动 20，该图元各点的 X 坐标并不会增大。　　（　　　）

12.　图层被冻结后，在该层上的图形实体不被显示，但可以被绘图仪绘出。　　（　　　）

13.　图层的冻结和关闭是一回事。　　　　（　　　）

14.　动态输入主要包括指针输入、标注输入、动态提示 3 个方面。　　　　（　　　）

15. 在对图形进行标注时要注意点的捕捉，对于特殊点，不需要的最好排除捕捉。

（　　）

四、简答题

1. CAD 与传统的手工绘图相比有什么优点？

2. 图形文件的保存有哪几种方法？如何实现自动保存？

3. 简述 AutoCAD 的基本功能。

4. AutoCAD 的图层有哪些特点？

5. 如何更改绘图窗口背景颜色？（如将底色由黑色改为白色）

6. 如何将角度追踪设置成 15°，并且添加 23°为附加追踪角度？

7. 冻结图层和关闭图层有什么相同点和不同点？

第二章 基础图形绘制

项目一 线

项目展示

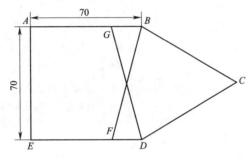

图2—1 项目一要绘制的图形

 学习目标

◆ 学会使用绘制直线、构造线、射线的命令
◆ 掌握使用相对直角坐标来确定点
◆ 掌握使用相对极坐标来确定点
◆ 掌握极轴追踪和特殊点的捕捉

 项目分析

绘制图2—1，不要求标注。图中 AB 长 70， AE 长 70， BC 长 70， $CD = BC$， $\angle ABC = \angle EDC = 150°$， BF 和 DG 分别为 $\angle ABC$ 和 $\angle EDC$ 的角平分线。

 知识点

一、直线的画法

1. 命令的调用方法

（1）键盘命令：line（或简写 l）。

（2）菜单："绘图" → "直线"。

（3）工具栏："绘图"工具栏的 ✏ 按钮。

2．作用

该命令用于绘制线段、折线或多边对象。

3．相关选项说明

直线在绘图中是最常用的图形单元。绘制出来的图形"直线"其实是数学定义上的线段，关键点在于两点的确定。所以在使用了直线绘图命令后必须注意依次确定直线的两个端点。要注意养成良好的制图习惯，同时注意绘图区和命令窗口。可以简单地总结出确定端点的方法：

（1）通过坐标的输入（命令窗口或者提示行输入都可以）。

（2）通过鼠标在相应位置上的点击（打开对象捕捉）。

完整的命令如下：

```
命令：line 指定第一点：          //指直线的起点
指定下一点或［放弃（U）］：       //指直线的下一个端点
指定下一点或［放弃（U）］：       //放弃（U）：取消上一步绘制的一段直线
指定下一点或［闭合（C）放弃（U）］： //闭合（C）：当用户利用直线命令连续绘制两
                                条以上的线段后可输入"C"，图形的末点将
                                自动和第一点连接在一起
```

二、构造线的画法

1．命令的调用方法

（1）键盘命令：xline（或简写 xl，有些 AutoCAD 版本不支持该命令简写就用完全拼写）。

（2）菜单："绘图"→"构造线"。

（3）工具栏："绘图"工具栏的 ✏ 按钮。

2．作用

构造线的特点就是两边是无限延长的，是真正意义上的直线，所以一般情况下构造线不需要输出打印。构造线在绘图中的主要作用是辅助线，到最后输出图纸时，这些构造线一般会被修剪或者删除。

3．相关选项说明

```
命令：xline
指定点或［水平（H）/垂直（V）/角度（A）/二等分（B）/偏移（O）］：
指定通过点：
```

第二行出现的几个构造线的绘制选项分别说明如下：

（1）指定点。该选项为默认选项，是指定用于确定构造线位置的点，如果确定了两点，系统将通过这两点来创建一条构造线（注意：如果不结束命令或完成命令，构造线将围绕第一点进行其他构造线的创建）。

（2）水平（H）。绘制通过指定点的水平构造线。

（3）垂直（V）。绘制通过指定点的垂直构造线。

（4）角度（A）。绘制与水平极轴（X轴正方向）成指定角度的构造线。

（5）二等分（B）。绘制角的平分线。选择该选项后，用户需要分别依次确定角的顶点、角的起点和角的端点，最终将绘制出由这三点构成且角点为角的顶点的角平分线。其中角的起点和端点可以互换，如图2—2所示。

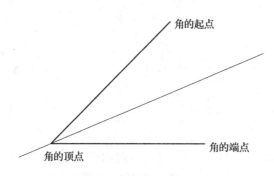

角的起点

角的顶点

角的端点

图2—2 构造线二等分

（6）偏移（O）。绘制与指定直线平行的构造线。

三、射线的画法

1. 命令的调用方法

（1）键盘命令：ray。

（2）菜单："绘图"→"射线"。

2. 作用

该命令用于创建单向无限延长的直线，可以绘制多条过第一点的射线。射线同构造线一样，一般情况是用作辅助线，如在机械制图三视图中作为辅助线等。

3. 相关选项说明

命令：ray

指定起点： //射线的起点（确定了的第一点，固定了射线的位置）

指定通过点： //由第一点发出的射线所经过的点（即射线的方向）

四、确定第二点的方法

不只是线型类命令，几乎所有的绘图命令都要涉及第二点的确定。AutoCAD作为工程制图软件，要求点的确定务必精准，为了达到这个要求，在确定点的时候一般采用以下两种方法：

1. 坐标确定法

该方法需要在命令窗口或提示符处输入坐标值。一般来说，在绘图中使用最多的是相对坐标，但是用相对直角坐标还是相对极坐标就要看具体情况了。如图2—3、图2—4所示，A点为第一点，B点为第二点，A点为空间中任意点。图2—3中B点就是用相对直角坐标来表示，图2—4中B点用相对极坐标来表示才方便。图2—3中B点的相对坐标为（@50，50），图2—4中B点的相对坐标为（@60＜60）。

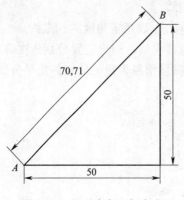

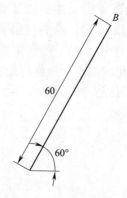

图2—3　相对直角坐标定点　　　　图2—4　相对极坐标定点

2. 动态输入法

动态输入法能极大地提高绘图效率。在取点的时候用坐标定点有些时候很方便，但是大多数情况下每一点都需要输入坐标甚至进行坐标换算很影响绘图的速度。AutoCAD 从 2006 版起就加入了动态输入功能，动态输入包含了三个板块：指针输入、标注输入、动态提示。动态输入所提供的工具栏提示可以就近进行命令的输入、坐标的确定和命令的操作选项的选择，而不需要像以前要在命令窗口中进行。同样，命令窗口一样会反馈出动态输入的动作。在本项目后面的扩展练习会具体讲解动态输入的内容。

五、删除图形单元

在该项目中，构造线完成辅助线作用后需要被删除。删除图元对象的方法见第一章项目四。

 技能操作

检查绘图环境，设置好"对象捕捉""极轴"和"对象追踪"。

步骤1：设置绘图环境。

```
命令：limits                                    //图形空间界限命令
重新设置模型空间界限：
指定左下角点或［开（ON）/关（OFF）］＜0.0000,0.0000＞：
指定右上角点 ＜420.0000,297.0000＞：210,297    //设置图纸左下点,设定了一张
                                                 A4纸

命令：zoom                                      //缩放命令
指定窗口的角点,输入比例因子（nX 或 nXP），或者［全部(A)/中心(C)/动态(D)/
范围(E)/上一个(P)/比例(S)/窗口(W)/对象(O)］＜实时＞：a
正在重生成模型。                                //选 a 将图纸全局放在显示位
                                                 置
```

步骤 2：绘制图形 *ABCDE*，如图 2—5 所示。

命令：line	//直线命令
指定第一点：	//指定空间内任意一合适点为第一点 *A*
指定下一点或 [放弃(U)]：@70,0	//输入 *B* 点相对 *A* 点的相对直角坐标
指定下一点或 [放弃(U)]：@70 < -30	//输入 *C* 点相对 *B* 点的相对极坐标
指定下一点或 [闭合(C)/放弃(U)]：@70 < 210	//输入 *D* 点相对 *C* 点的相对极坐标
指定下一点或 [闭合(C)/放弃(U)]：@ -70,0	//输入 *E* 点相对 *D* 点的相对直角坐标
指定下一点或 [闭合(C)/放弃(U)]：c	//从 *E* 点返回 *A* 点闭合，完成图形 *ABCDE*

步骤 3：利用构造线绘制角平分线，如图 2—6 所示。

命令：xline	//构造线命令
指定点或 [水平(H)/垂直(V)/角度(A)/二等分(B)/偏移(O)]：b	//选择 b，二等分角
指定角的顶点：	//先做∠*ABC* 平分，选择 *B* 点为顶点
指定角的起点：	//选择 *A* 点或 *C* 点为起点
指定角的端点：	//选择 *C* 点或 *A* 点为端点
指定角的端点：	//确定完成第一根角平分线
命令：xline 指定点或 [水平(H)/垂直(V)/角度(A)/二等分(B)/偏移(O)]：b	//利用 AutoCAD 命令的继承性，直接 Enter 键或空格键再次执行构造线命令
指定角的顶点：	//做∠*EDC* 平分，选择 *D* 点为顶点
指定角的起点：	//选择 *E* 点或 *C* 点为起点
指定角的端点：	//选择 *C* 点或 *E* 点为端点
指定角的端点：	//确定完成第二根角平分线

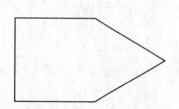

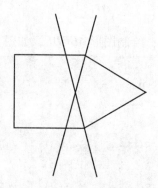

图 2—5　绘制图形 ABCDE　　　　　　　　　图 2—6　绘制角平分线

步骤 4： 连接 DG 和 BF，删除构造线。

LINE 指定第一点：
指定下一点或 [放弃(U)]：
指定下一点或 [放弃(U)]：　　　//连接 D 点和构造线与 AB 的交点 G
命令：　LINE 指定第一点：
指定下一点或 [放弃(U)]：
指定下一点或 [放弃(U)]：　　　//连接 B 点和构造线与 ED 的交点 F
命令：　　　　　　　　　　　　//点选构造线1
命令：　　　　　　　　　　　　//点选构造线2
命令：_.erase 找到 2 个　　　　//按 Delete 键删除构造线，完成该项目绘制

项目小结

　　直线的绘制在制图中是最基本的操作技能，相对于其他绘图操作，直线的绘制简单明了。在绘制直线时一定要把握住端点位置的确定。在知识点里已经介绍了可以通过坐标的输入和鼠标的点击来确定端点。

　　构造线在绘图中起辅助线的作用，在确定第一点后，操作选项的选择是关键，无论是命令行输入选项还是在 DYN 中输入选项，初学者都要仔细看清选项内容及其方式。

　　删除对象的三种方法要熟悉，更多的是需要鼠标和键盘的配合使用。利用快捷键也是提高制图效率的途径之一。

项目拓展练习

一、知识点

　　之前已经提到动态输入包含了指针输入、标注输入、动态提示三个板块。

　　在使用动态提示前，有一些基本准备工作需要注意。首先是"对象捕捉"：观察绘图项目，找找是否有需要捕捉的特殊点。其次是"极轴"和"对象追踪"：设置好需要追踪的角

度，在前一章已经提到，设置15°是比较合适的方案，另外找找还有没有需要添加追踪的附加角，最后再检查绘图环境。这些准备工作如果做到位，就能方便后期动态输入的使用。动态输入在功能上取代了传统AutoCAD的命令行，它通过状态栏上的"DYN"按钮让用户得到新的操作体验。DYN改变了传统意义的命令操作，体现了面向图形对象的概念。尽管DYN能使用户将更多的注意力放在绘图区，但是命令行的信息反馈可以清楚地看到已经完成和即将进行的操作步骤。所以笔者建议在绘图时，同样要密切注意命令窗口，同时通过DYN完成输入、显示以及回应命令执行过程中的交互要求。

现将每一个板块的具体情况总结如下：

1. 指针输入

如图2—7所示，启用指针输入需要在"草图设置"对话框中的"动态输入"选项卡上选中"启用指针输入"。相关"设置"也在该选项卡内。

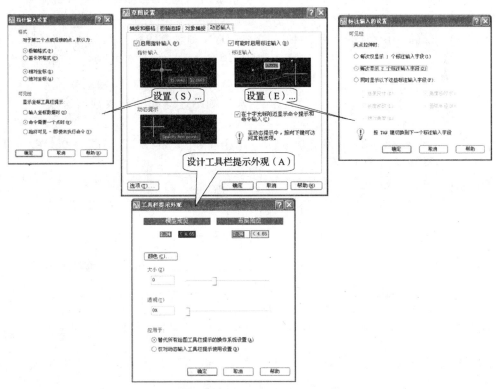

图2—7　动态输入 DYN

2. 标注输入

启用标注输入需要在"草图设置"对话框中的"动态输入"选项卡上选中"可能时启用标注输入"。标注输入的设置内可以设置其可见性。

3. 动态提示

显示动态提示需要在"草图设置"对话框中的"动态输入"选项卡上选中动态提示选项组中的复选框，显示效果如图2—8所示。

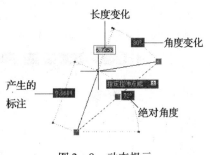

图2—8　动态提示

二、操作练习

将本项目的图形用 DYN 动态输入进行绘制。

步骤 1：检查绘图状态，设定好对象捕捉、对象追踪和极轴。

步骤 2：设置绘图环境。

步骤 3：用 DYN 绘制多边形 *ABCDE*。

命令：line

指定第一点：　　　　　　　　　　　//确定任意一合适点为 *A* 点

指定下一点或［放弃(U)］：70　　　//控制好方向和角度，在指针输入中输入长度 70(见图2—9a)

指定下一点或［放弃(U)］：70　　　//控制角度，向第四象限转30°，在指针输入中输入长度70（见图2—9b)

指定下一点或［闭合(C)/放弃(U)］：//将 DYN 和对象捕捉、对象追踪和极轴综合使用：先捕捉 *B* 点(见图2—9c)；再利用极轴与端点270°、极轴210°处确定该点(见图2—9d)。利用追踪和极轴找到的这点不需要再输入长度

指定下一点或［闭合(C)/放弃(U)］：//用相同方法确定 *E* 点(见图2—9e、图2—9f)

指定下一点或［闭合(C)/放弃(U)］：

指定下一点或［闭合(C)/放弃(U)］：

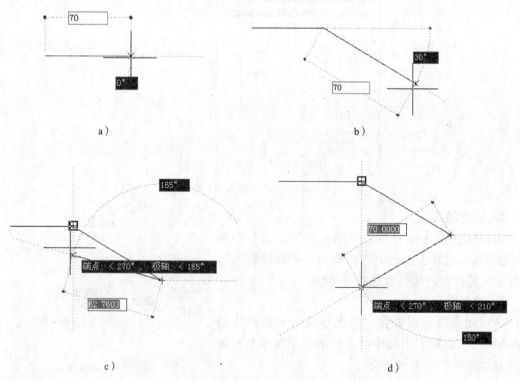

a)　　　　　　　　　　　　　　　　b)

c)　　　　　　　　　　　　　　　　d)

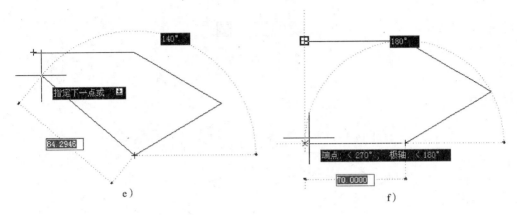

图 2—9 步骤 3

步骤 4：利用构造线做角平分线并删除构造线。

📓 **注意**

DYN 动态输入的应用极大地提高了制图的效率，但 DYN 的熟练务必要以掌握坐标及其体系、图层管理为基础。

1. 如图 2—10 所示，△ABC，AB 长 100，∠ABC = 60°，BC 长 80，BD 为 AC 的垂线，CF 为 AB 的中线，FE 为 ∠CFB 的角平分线。

2. 如图 2—11 所示，按照标注分别用相对直角坐标法、相对极坐标法和 DYN 三种方法绘制该图。

3. 绘制图 2—12 所示图形，四边形中间是两条角平分线。

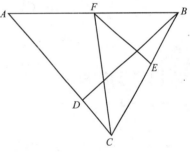

图 2—10 操作练习图

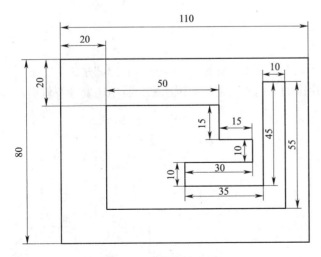

图 2—11 操作练习图

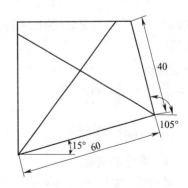

图 2—12 操作练习图

项目二　圆

项目展示

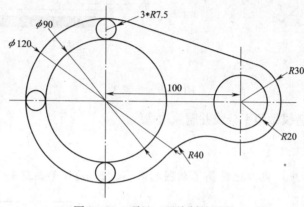

图 2—13　项目二要绘制的图形

 **学习目标**

◆ 学会绘制圆

◆ 了解 from 命令

◆ 掌握绘制切线和公切线的方法

◆ 掌握简单的修剪

 **项目分析**

　　按图中所标注尺寸绘制图 2—13 所示图形，不要求标注。图中可以看出圆是这个图形的基本构成单元，在设定好绘图环境后要利用圆的不同画法将圆表现出来。其中还要涉及修剪和做切线的方法。

 知识点

一、圆的画法

1. 命令的调用方法

（1）键盘命令：circle（或简写 c）。

（2）菜单："绘图"→"圆"。

（3）工具栏："绘图"工具栏的 ⟨图标⟩ 按钮。

2.　作用

该命令用于绘制圆对象。

3.　相关选项说明

圆作为图形中的基本单元，在制图中有着非常重要的地位。在以前用圆规制图的条件下，只有通过确定圆心用半径和直径来表示出圆，而用 AutoCAD 可以有多种不同的画法。简单总结一下，AutoCAD 可以通过自身特点和与外界图元位置关系来确定圆，方法有六种：

（1）半径（R）。通过确定圆心，用相应的半径绕圆心一圈。AutoCAD 会提示给定圆心和半径，如图 2—14a 所示。

（2）直径（D）。通过确定圆心，用相应的直径绕圆心半圈。AutoCAD 会提示给定圆心和直径，如图 2—14b 所示。

（3）三点（3P）。空间中任意不在一条直线上的 3 个点都可以构成唯一的一个圆。按照提示拾取或者输入 3 点，可以创建通过三点的圆，如图 2—14c 所示。

（4）两点（2P）。用直径的两端点决定一圆。按提示输入两端点，如图 2—14d 所示。

（5）相切、相切、半径（T）。与两可以相切的对象（直线、圆或圆弧，注意：椭圆弧不能满足该条件）相切，且半径一定的圆有且只有一个。按提示选择相切对象并输入半径，如图 2—14e 所示。

（6）相切、相切、相切。该选项在命令中没有，可以在绘制圆的菜单中查找到。通过依次指定与圆相切的 3 个对象来绘制圆，如图 2—14f 所示。

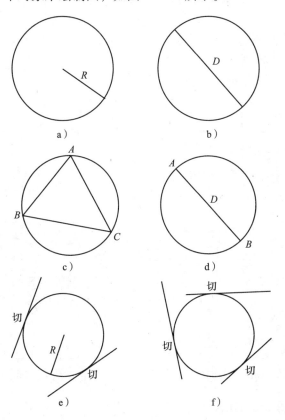

图 2—14　确定圆的方法

其中，半径、直径、两点、三点都是通过圆自身的参数来确定的，而"相切、相切、半径"和"相切、相切、相切"是通过圆和外界图元的位置关系来确定的。需要注意的是在使用"相切"时，要尽量符合切点的正确位置，因为拾取相切对象时，所拾取的对象的位置不同，最后得到的结果有可能和预期的有差距。

二、from 命令（捕捉自工具）

捕捉自工具用于确定偏移参考点一定距离的一个特定点位置，无论什么图元都可以利用该工具绘制出与某一点偏移一定量的图元。"捕捉自"是指在绘制图形时获取某个点相对于参照点的偏移坐标。当需要输入一点时，利用捕捉自功能，用户可以给定一点作为基准点，然后输入相对于该基准点的偏移位置的相对坐标，来确定输入点的位置。这与通过输入前缀@使用最后一个点作为参照点的方法类似，尽管它不是对象捕捉模式，但是经常与对象捕捉一起使用。

from 便是"捕捉自"临时参照点偏移，使用的具体步骤可以是：在绘图命令中；在"确定点"之前（这里的确定点可以是端点，可以是圆心，可以是第一点，也可以是第二点等）输入 from 并确定；找到"基点"确定并输入相对偏移量。用下面的例子来看看 from 的用法，如图 2—15 所示。

由图 2—15 可以看出 A 和 B 的距离为 X 方向 10，Y 方向 –10。

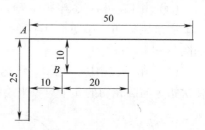

图 2—15 from 的用法

步骤 1： 先设置绘图环境。

步骤 2： 绘制 50 和 25 的线。

```
命令：l
LINE 指定第一点：
指定下一点或［放弃(U)］：50
指定下一点或［放弃(U)］：25
指定下一点或［闭合(C)/放弃(U)］：
```

步骤 3：

```
命令：line          //在绘图命令中,这里的绘图命令是直线
指定第一点：from      //在确定点(B)之前输入 from
基点：<偏移>：@10,–10  //找到基点(A),并输入相对偏移量,B 相对 A 在 X
                      方向偏移10,Y 方向偏移 –10
指定下一点或［放弃(U)］：20  //绘制20的直线
指定下一点或［放弃(U)］：
```

捕捉自工具 from 在 AutoCAD 中使用频率很高，一定要认真掌握。

三、切线和公切线的画法

线与圆的位置关系有三种：相离，线与圆没有交点；相交，线与圆有两个交点，且交点

的距离最大为该圆的直径；相切，线与圆有且只有一个交点，该特殊的交点称为切点。

切线和切点具有这些特性：①切点具备唯一性，而切线则不然，所以在临时捕捉切点的时候一定要尽量靠近需要找的位置而不能太随意。②切点到圆心的距离为半径，如果是直线与圆相切，那么圆心与切点构成的直线垂直于该切线；如果是两圆相切，两圆心距为两相切圆的半径之和。③两圆或两圆弧可以有公切线的情况下至少有一公切线，最多有四公切线。

具体到切线的绘制，一般情况下有两种方法：第一种方法是在已知圆已确定的情况下作直线命令操作，确定切点之前输入 tan，再用鼠标找到对应的切点。第二种方法是在已知圆已确定的情况下作直线命令操作，确定切点之前按住 Ctrl 键 + 鼠标右键，打开临时捕捉点点击"切点"，再用鼠标找到对应的切点。

使用第二种方法的时候命令行会出现"_tan"，其实是对上述一系列操作的命令反馈，作用和直接输入命令是一样的。

如图 2—16a 所示，该图第二点为切点，切线绘制步骤如下：

步骤1：作任意一个圆。

步骤2：空间中任意一点为直线的第一点，第二点为切点。

> 命令：line
> 指定第一点：　　　　　　　　//空间中任意一点为第一点
> 指定下一点或［放弃(U)］：tan 到　　//第二点为切点,所以在确定第二点之前输入 tan
> 指定下一点或［放弃(U)］：

与此相反，如图 2—16b 所示，如果第一点是切点，第二点为空间任意一点，则切线绘制步骤如下：

步骤1：作任意一个圆。

步骤2：空间中第一点为切点，第二点为空间任意一点。

> 命令：line
> 指定第一点：_tan 到　　　　//第一点就为切点,在确定之前按 Ctrl 键 + 鼠标右键临时
> 　　　　　　　　　　　　　　　捕捉切点
> 指定下一点或［放弃(U)］：
> 指定下一点或［放弃(U)］：

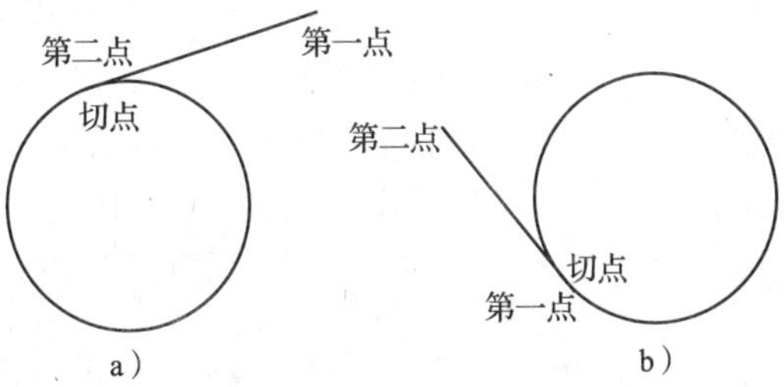

图 2—16　切线绘制

掌握切线的做法后，请读者思考公切线应如何确定。

四、修剪

修剪是非常重要的修改命令，本项目先简单介绍修剪的方法。在第三章再集中学习修剪命令。

修剪就好像用一把剪刀沿修剪的边界把不需要的部分剪切掉。例如，有一块布，如果要剪成圆形的，则先画个圆形作为边界，再用剪刀沿圆的边界把圆剪下来，把不需要的部分去除。

修剪的步骤为：首先执行修剪命令（tr 或 trim），其次选择修剪的边界并确定，最后选择修剪的内容并确定。下面通过两个练习来学习简单的修剪。

图 2—17a 绘制步骤如下：

```
命令：trim                        //执行修剪命令
当前设置：投影 = UCS,边 = 无
选择剪切边...
选择对象或 <全部选择>：  找到 1 个
选择对象：找到 1 个,总计 2 个      //选择修剪边界(这里是线段 A 和 C)
选择对象：
选择要修剪的对象,或按住 Shift 键选择要延伸的对象,或 [栏选(F)/窗交(C)/投影
(P)/边(E)/删除(R)/放弃(U)]：
                                  //选择 AC 之间的线为修剪内容
```

图 2—17b 是分别修剪 AB 之间的线段和 C 线段以下的线，请读者自己思考并操作练习。

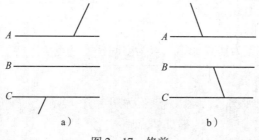

图 2—17　修剪

 技能操作

步骤 1：设置绘图环境（图形界限、缩放、图层、对象捕捉、对象追踪、极轴追踪等）。

步骤 2：切换到点画线图层，将该项目的中心线做好（该步骤或步骤 3 可以利用 from 命令）。

步骤 3：以点画线的两交点为圆心，分别作直径为 90 和 120，半径为 30 和 20 的圆。

```
命令：circle
指定圆的圆心或 [三点(3P)/两点(2P)/相切、相切、半径(T)]：
指定圆的半径 [直径(D)]：d
```

```
指定圆的直径：90                                    //直径是90的圆
命令：CIRCLE 指定圆的圆心或［三点(3P)/两点(2P)/相切、相切、半径(T)］：
指定圆的半径或［直径(D)］＜45.0000＞：d
指定圆的直径 ＜90.0000＞：120                       //直径是120的圆
命令：CIRCLE 指定圆的圆心或［三点(3P)/两点(2P)/相切、相切、半径(T)］：
指定圆的半径或［直径(D)］＜60.0000＞：30             //半径是30的圆
命令：CIRCLE 指定圆的圆心或［三点(3P)/两点(2P)/相切、相切、半径(T)］：
指定圆的半径或［直径(D)］＜30.0000＞：20             //半径是20的圆
```

步骤3完成后如图2—18a所示。

步骤4： 通过两点的方式作半径为7.5的圆，并利用命令继承性再作2个同样的圆。

```
命令：c
CIRCLE 指定圆的圆心或［三点(3P)/两点(2P)/相切、相切、半径(T)］：
2p 指定圆直径的第一个端点：
指定圆直径的第二个端点：
命令：CIRCLE 指定圆的圆心或［三点(3P)/两点(2P)/相切、相切、半径(T)］：2p
指定圆直径的第一个端点：
指定圆直径的第二个端点：
命令：CIRCLE 指定圆的圆心或［三点(3P)/两点(2P)/相切、相切、半径(T)］：2p
指定圆直径的第一个端点：
```

步骤4完成后如图2—18b所示。

步骤5： 做公切线和公切圆弧。

```
命令：line
指定第一点：tan
到
指定下一点或［放弃(U)］：tan
到
指定下一点或［放弃(U)］：            //完成公切线
命令：c
CIRCLE 指定圆的圆心或［三点(3P)/两点(2P)/相切、相切、半径(T)］：t
指定对象与圆的第一个切点：
指定对象与圆的第二个切点：
指定圆的半径 ＜7.5000＞：40          //完成公切圆
```

步骤5完成后如图2—18c所示。

步骤6： 修剪并完成该项目。

```
命令：trim                          //执行修剪命令
当前设置：投影＝UCS,边＝无
```

选择剪切边...

选择对象或 <全部选择>：找到 1 个   //为了简便清楚,选择了4
                                        个边界分别是公切线、
                                        直径120圆、半径30圆和
                                        公切圆

选择对象:找到 1 个,总计 2 个

选择对象:找到 1 个,总计 3 个

选择对象:找到 1 个,总计 4 个

选择对象:

选择要修剪的对象,或按住 Shift 键选择要延伸的对象,或   //选择修剪对象,有4个

[栏选(F)/窗交(C)/投影(P)/边(E)/删除(R)/放弃(U)]:

......

步骤 6 完成后如图 2—18d 所示。

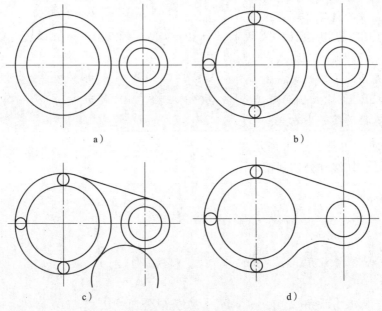

图 2—18　修剪操作技能

项目小结

圆的六种画法（圆心半径、圆心直径、两点、三点、相切/相切/半径和相切/相切/相切）都是必须掌握的理论重点和操作技能重点。采取哪种画法要看具体的情况,要兼顾图形的准确性和绘图的效率。

from 和 tan 都属于透明命令,即嵌套在绘图命令中而又不影响绘图命令的执行。第一章介绍的实时平移（pan）也是这类命令。这类命令对辅助制图起着重要作用。可以利用 from 重新练习本章项目一中的第 3 道操作练习题。

本项目中学习的修剪是最常用的修改命令之一，务必要掌握修剪的操作步骤。第三章将更加深入地学习修剪命令。

 项目拓展练习

1. 按尺寸绘制图 2—19 所示图形。

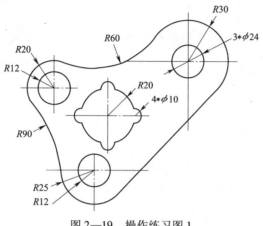

图 2—19　操作练习图 1

2. 分别作一个锐角三角形、直角三角形和钝角三角形（尺寸自己定），并分别作这三个三角形的外接圆和内切圆。

3. 凭想象，用半径为 25 的圆画一"十字花"。

4. 按尺寸照画图 2—20 的图形（提示：直径 50 的点画线圆分别过下面第一个和第四个直径为 5 的圆）。

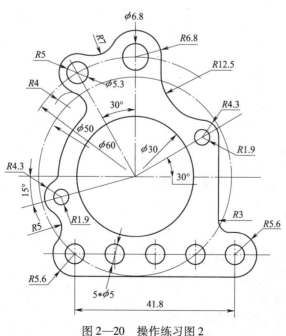

图 2—20　操作练习图 2

项目三 矩 形

项目展示

如图 2—21 所示，边长 40×40 的矩形倒角为 4、线宽为 3；变长 50×50 的矩形圆角为 4，线宽为 3。

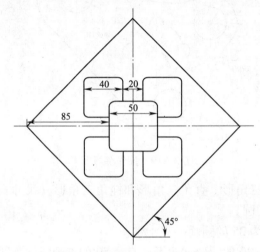

图 2—21 项目三要绘制的图形

 **学习目标**

◆ 学会绘制矩形

◆ 掌握 from 命令

◆ 掌握查询命令

 项目分析

按标注尺寸绘制图 2—21，不要求标注。

 知识点

一、矩形的画法

1. 命令的调用方法

（1）键盘命令：rectang（或简写 rec）。

（2）菜单："绘图"→"矩形"命令。

（3）工具栏："绘图"工具栏的 □ 按钮。

2. 作用

该命令用于绘制不同的矩形对象。需要注意的一点是 AutoCAD 命令的继承性，每次绘制不同的矩形要仔细看命令窗口进行相应的选项设置，避免画出的矩形不符合要求。下面介绍矩形命令的各个选项。

3. 相关选项说明

矩形作为图形中的基本单元，在制图中不仅仅只是简单的一种。在很多情况下画矩形都要用到相对坐标，因为用矩形命令绘制矩形是通过对角点来完成的。找到第一点再找第二点（即对角点）时就需要输入相对第一点的相对坐标。例如，确定了第一点，再确定第二点时坐标给的是（@140，-40），即说明对角点在第一点的右下方。具体 4 个方位如图 2—22 所示。

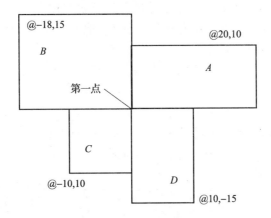

图 2—22 矩形的确定

从相对坐标的信息还可以很容易地看出该矩形的长和宽。矩形命令的选项如下。

> 命令：rectang
> 指定第一个角点或［倒角（C）/标高（E）/圆角（F）/厚度（T）/宽度（W）］：
> 指定另一个角点或［面积（A）/尺寸（D）/旋转（R）］：

（1）倒角（C）：该选项的作用是绘制有一定倒角的矩形。

（2）标高（E）：该选项用于确定矩形在该平面的高度，一般二维平面看不出效果，要切换视图。

（3）圆角（F）：该选项的作用是绘制有一定圆角的矩形。

（4）厚度（T）：该选项用于指定矩形的厚度，一般二维平面看不出效果，要切换视图。

（5）宽度（W）：该选项的作用是绘制有一定线宽的矩形。

（6）面积（A）：该选项用于确定矩形的一边和面积后自动生成矩形。

（7）尺寸（D）：指定矩形的长和宽。

（8）旋转（R）：输入旋转角度或指定两点绘制一个旋转体。

上述选项除了个别不能在同一矩形中同时出现（如倒角和圆角），其他很多选项都可以进行复合选择，如带宽度的倒角矩形（见图 2—23a）和带宽度的圆角矩形（见图 2—23b）。

a)　　　　　　　　　　　　　　　　b)

图 2—23　倒角矩形和圆角矩形

直线也可以绘制出矩形，但是和矩形命令不同的是，直线绘制出的矩形至少需要 4 根直线，也就是至少有 4 个图元单位，而矩形命令绘制出的矩形有且只有 1 个图元。

二、查询命令

在 AutoCAD 中，查询工具和查询命令是进行计算机辅助设计的重要手段。可以利用这些工具来获取相应的信息，也可以通过列表命令来获取图元对象详细的数据信息。简单的查询内容有坐标、距离、面积、周长等。

查询的方法有两种，一是通过调用"查询"工具，二是通过执行查询命令。以下介绍常用的查询。

1. 点坐标查询

点坐标的查询可以用于查询测量点的绝对坐标，并将坐标显示在命令窗口中。

方法一：菜单"工具"→"查询"→"点坐标"

方法二：键盘命令 id

> 命令：id　　　　　　　　　　　　　　　　　　　//执行点坐标查询命令
> 指定点：　X = 511.8967　　Y = 625.7395　　Z = 0.0000　//点击空间中任意一点后
> 　　　　　　　　　　　　　　　　　　　　　　　　　　　返回的坐标

2. 距离和角度查询

距离查询命令用来测量两点间的距离和角度。

方法一：菜单"工具"→"查询"→"距离"

方法二：键盘命令 dist

> 命令：dist　　　　　　　　　　//执行距离命令
> 指定第一点：　指定第二点：　//打开对象捕捉,分别点击直线的两端点
> 距离 = 272.3872,XY 平面中的倾角 = 33，与 XY 平面的夹角 = 0
> X 增量 = 228.4404，　Y 增量 = 148.3569，　Z 增量 = 0.0000

✎ 注意

在捕捉拾取端点时，顺序的不同可能导致最后的结果不同，上例中的顺序是由左下至右上点击，读者可以尝试更换点击顺序，看结果有什么不同。

3. 面积和周长查询

面积命令可以查询指定点之间或者对象的面积和周长。

方法一：菜单"工具"→"查询"→"面积"

方法二：键盘命令 area

```
命令：area
指定第一个角点或 [对象(O)/加(A)/减(S)]：
```

命令有 4 个选项，分别说明如下：

(1) 角点：利用端点来描述一个图形，如图 2—24a 所示。

```
命令：area
指定第一个角点或 [对象(O)/加(A)/减(S)]：        //点击 A 点
指定下一个角点或按 Enter 键全选：                //点击 B 点
指定下一个角点或按 Enter 键全选：                //点击 C 点
指定下一个角点或按 Enter 键全选：                //点击 D 点
指定下一个角点或按 Enter 键全选：                //点击 E 点
指定下一个角点或按 Enter 键全选：                //点击 F 点
指定下一个角点或按 Enter 键全选：                //点击 G 点
指定下一个角点或按 Enter 键全选：                //点击 H 点
指定下一个角点或按 Enter 键全选：                //点击 I 点
指定下一个角点或按 Enter 键全选：                //按 Enter 键确定
面积 = 44.4651,周长 = 38.1311
```

(2) 对象 (O)：对于没有端点的对象或者一个整体可以利用这个选项，如圆、椭圆等，如图 2—24b 所示。

```
命令：area
指定第一个角点或 [对象(O)/加(A)/减(S)]：o
选择对象：
面积 = 19.0878,周长 = 16.4763
```

(3) 加 (A)、减 (S)：这里的加和减是用于确定选定对象面积的正负。选加，该对象则为正；选减，该对象则为负。以图 2—24c 为例，求图中阴影部分的面积：

```
命令：area
指定第一个角点或 [对象(O)/加(A)/减(S)]：a    //先选择加模式
指定第一个角点或 [对象(O)/减(S)]：o
("加"模式) 选择对象：                      //选择椭圆为加模式的对象,椭圆
                                          的面积为正

面积 = 19.0878,周长 = 16.4763
总面积 = 19.0878                          //得到椭圆的面积和周长
("加"模式) 选择对象：                      //按 Enter 键确定完成加模式
指定第一个角点或 [对象(O)/减(S)]：s         //再选择减模式
指定第一个角点或 [对象(O)/加(A)]：o
```

（"减"模式）选择对象：　　　　　　　　//选择圆为减模式的对象,圆的面积为负
面积 = 5.5009,圆周长 = 8.3142　　　　//得到圆的面积和周长
总面积 = 13.5869　　　　　　　　　　　//椭圆面积减去减模式确定了的圆的面积
　　　　　　　　　　　　　　　　　　　后的总面积

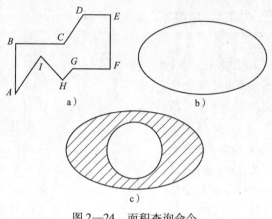

图 2—24　面积查询命令

4. 图形信息查询

方法一：菜单"工具" → "查询" → "列表显示"

方法二：键盘命令 list

文本窗口将显示对象类型、对象图层、相对于当前用户坐标系（UCS）的 X、Y、Z 位置以及对象是位于模型空间还是图纸空间。如果颜色、线型和线宽没有设置为"随层"，则 list 命令将报告这些项目的相关信息。如果对象厚度为非零，则列出其厚度。Z 坐标的信息用于定义标高。如果输入的拉伸方向与当前 UCS 的 Z 轴（0，0，1）不同，list 命令也会以 UCS 坐标报告拉伸方向。list 命令还报告与选定的特定对象相关的附加信息。

 技能操作

步骤1： 设置绘图环境（图形界限、缩放、图层、对象捕捉、对象追踪、极轴追踪等）。

步骤2： 切换到点画线图层，将该项目的中心线做好，如图 2—25a 所示。

命令：line
指定第一点：
指定下一点或［放弃(U)］：240　　　//做一根 X 方向的点画线,长度240
指定下一点或［放弃(U)］：
命令：　LINE 指定第一点：
指定下一点或［放弃(U)］：240　　　//做一根 Y 方向的点画线,长度240
指定下一点或［放弃(U)］：
命令：

```
**拉伸**                        //利用夹点编辑,抓住Y方向上的240的直线中间
                               夹点拖放到横向直线的中点
指定拉伸点或[基点(B)/复制(C)/放弃(U)/退出(X)]:
```

步骤3:绘制倾角45°的矩形。

```
命令:rectang
指定第一个角点或[倒角(C)/标高(E)/圆角(F)/厚度(T)/宽度(W)]:from
                                       //点画线交点为基点
基点:<偏移>:@-110,0
指定另一个角点或[面积(A)/尺寸(D)/旋转(R)]:r
指定旋转角度或[拾取点(P)]<0>: 45
指定另一个角点或[面积(A)/尺寸(D)/旋转(R)]:from  //点画线交点为基点
基点:<偏移>:@110,0
```

步骤4:绘制4个40×40、倒角4、宽度3的矩形,同步骤3一起,如图2—25b所示。

```
命令:rectang
当前矩形模式: 旋转=45
指定第一个角点或[倒角(C)/标高(E)/圆角(F)/厚度(T)/宽度(W)]:c
指定矩形的第一个倒角距离<0.0000>:4
指定矩形的第二个倒角距离<4.0000>:4
指定第一个角点或[倒角(C)/标高(E)/圆角(F)/厚度(T)/宽度(W)]:w
指定矩形的线宽<0.0000>:3
指定第一个角点或[倒角(C)/标高(E)/圆角(F)/厚度(T)/宽度(W)]:from
基点:<偏移>:@-50,50
指定另一个角点或[面积(A)/尺寸(D)/旋转(R)]:r
指定旋转角度或[拾取点(P)]<45>: 0
指定另一个角点或[面积(A)/尺寸(D)/旋转(R)]:@40,-40
……(用同样方法作其他三个矩形)
```

步骤5:绘制50×50、圆角4、宽度3的矩形,如图2—25c所示。

```
命令:rectang
当前矩形模式: 倒角=4.0000 x 4.0000 宽度=3.0000
指定第一个角点或[倒角(C)/标高(E)/圆角(F)/厚度(T)/宽度(W)]:f
指定矩形的圆角半径<4.0000>:4
指定第一个角点或[倒角(C)/标高(E)/圆角(F)/厚度(T)/宽度(W)]:w
指定矩形的线宽<3.0000>:3
指定第一个角点或[倒角(C)/标高(E)/圆角(F)/厚度(T)/宽度(W)]:from
基点:<偏移>:@-25,25
```

指定另一个角点或 [面积(A)/尺寸(D)/旋转(R)]：@50，−50

步骤 6：修剪后完成该图，如图 2—25d 所示。

命令：trim
当前设置：投影＝UCS，边＝无
选择剪切边…
选择对象或 ＜全部选择＞： 找到 1 个
选择对象：
选择要修剪的对象，或按住 Shift 键选择要延伸的对象，或
[栏选(F)/窗交(C)/投影(P)/边(E)/删除(R)/放弃(U)]：
……修剪4个倒角部分

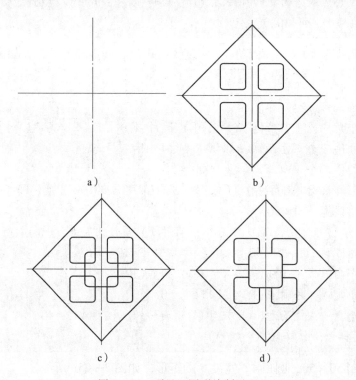

a)　　　　　　　　　b)

c)　　　　　　　　　d)

图 2—25　项目三图形绘制过程

项目小结

　　矩形的绘制既可以用直线命令来完成也可以用矩形命令来完成。使用矩形命令完成的矩形内容可以更加丰富，包含了倒角、圆角、宽度、标高和厚度等。矩形命令的掌握不单单是矩形命令的输入和调出，关键在矩形命令的选项和坐标点的确定。另外，矩形命令中的选项可以进行复选，复选时要时刻留意观察命令窗口。AutoCAD 命令具备继承性，每次绘制不同

选项的矩形要修改选项内容。

 项目拓展练习

一、知识点

通过前面几个项目的学习，掌握了直线、圆、矩形等基本图形的绘制方法。这些图元都可以被简单地分割。在此介绍两个分割操作：一是定数等分，二是定距等分。定距等分或定数等分的起点随对象类型变化而变化。对于直线或非闭合的多段线，起点是距离选择点最近的端点。对于闭合的多段线，起点是多段线的起点。对于圆，起点是以圆心为起点、当前捕捉角度为方向的捕捉路径与圆的交点。例如，如果捕捉角度为 0，那么圆等分从 3 点（时钟）的位置处开始并沿逆时针方向继续。等分后的节点一般情况不会显示出来，可以使用若干种方法改变点标记的样式。要在对话框中更改点样式，可以使用命令 ddptype。也可以依次单击菜单"格式"→"点样式"。pdmode 系统变量也控制了点标记的外观。图 2—26 所示为点样式对话框。

（1）定数等分。定数等分可以将所选对象等分为指定数目的相等长度。操作步骤如下：

步骤 1：依次单击菜单"绘图"→"点"→"定数等分"（或者命令输入 divide 或 div）。

步骤 2：选择需要定数等分的对象，如直线、圆、圆弧、椭圆或样条曲线。

步骤 3：输入所需的线段数目并将点置于每段线段之间。

步骤 4：等分后看不到节点，单击菜单"格式"→"点样式"选择合适的节点样式。

例如，将一直线等分成 4 等分，如图 2—27 所示。

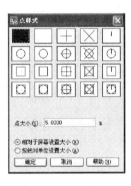

图 2—26 点样式

```
命令：div
DIVIDE
选择要定数等分的对象：              //选择直线为等分对象
输入线段数目或［块（B）］：4         //输入直线需要被等分的数量
命令：'_ddptype 正在重生成模型。      //用点样式标记处样式
正在重生成模型
```

a)   b)

图 2—27 定数等分
a) 定数等分前 b) 定数等分后

（2）定距等分。定距等分将点对象或块在对象上指定间隔处放置。定距等分绘制的点或块被放置在"上一个"选择集中，因此可以在下一个"选择对象"提示下将这些点或块全部选中。可以使用点或块标记间隔。等分对象的最后一段可能要比指定的间隔短，因为一

般情况会有等分后的余数。操作步骤如下：

步骤1：依次单击菜单"绘图"→"点"→"定距等分"（或者命令输入 measure）。

步骤2：选择直线、圆弧、样条曲线、圆、椭圆或多段线等图元对象。

步骤3：输入间隔长度，或指定点来指示长度，将在对象上按指定间距放置点。

步骤4：等分后看不到节点，单击菜单"格式"→"点样式"选择合适的节点样式。

例如，将一长度54的线段定距等分，每段10，如图2—28所示。

命令：measure
选择要定距等分的对象：
指定线段长度或［块(B)］：10
命令：'_ddptype 正在重生成模型。   //用点样式标记该处样式
正在重生成模型

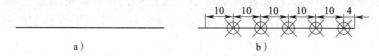

a）   b）

图2—28 定距等分

a）定距等分前 b）定距等分后

上述操作中长度54的线段定距等分，定距为10，所以剩下4个单位。

二、操作练习

1．按要求绘制下列图形：

（1）100×80的矩形。

（2）50×70，倒角为3的矩形。

（3）70×40，圆角为4的矩形。

（4）80×50，倒角为4、宽度为2、与水平方向倾斜30°的矩形。

（5）80×50，圆角为5、宽度为3、与垂直方向倾斜30°的矩形。

2．按尺寸要求绘制图2—29。

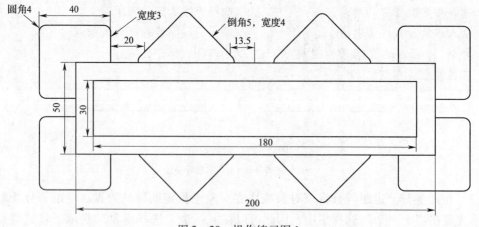

图2—29 操作练习图1

3. 绘制图 2—30。

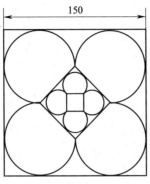

图 2—30 操作练习图 2

项目四 正 多 边 形

项目展示

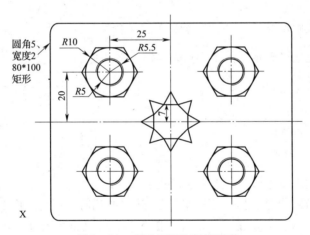

图 2—31 项目四要绘制的图形

学习目标

◆ 掌握绘制正多边形的方法
◆ 掌握分解和整合的操作

项目分析

按标注尺寸绘制图 2—31，不要求标注。

知识点

一、正多边形

1. 命令的调用方法

（1）键盘命令：polygon（或简写 pol）。

（2）菜单："绘图"→"正多边形"。

（3）工具栏："绘图"工具栏的 ⬠ 按钮。

2. 作用

该命令用于绘制正多边形对象。创建的正多边形边数在 3~1 024 范围内。

3. 相关选项说明

正多边形可以由边和几何中心点确定，命令的选项是要求掌握的操作技能。

> 命令：polygon
>
> 输入边的数目 <4>：
>
> 指定正多边形的中心点或 [边（E）]：
>
> 输入选项 [内接于圆（I）/外切于圆（C）] <I>：c
>
> 指定圆的半径：
>
> 需要数值距离或第二点

以上命令选项是通过确定几何中心点来绘制正多边形的。

> POLYGON 输入边的数目 <4>：
>
> 指定正多边形的中心点或 [边（E）]：e
>
> 指定边的第一个端点：
>
> 指定边的第二个端点：

以上命令是通过正多边形的一边来绘制正多边形的。

（1）指定正多边形的中心点：用于确定正多边形的几何中心点，通常与圆心有很大关系。

（2）内接于圆（I）：指定正多边形外接圆的半径，在此情况下正多边形的所有顶点都在此圆周上。

（3）外切于圆（C）：指定正多边形的内切圆，该圆圆心（正多边形的中心点）到正多边形边的中点的距离为此圆的半径。

（4）边（E）：通过指定任意一条边的两端点来确定正多边形。需要注意的是取点的顺序不同，绘制出的正多边形虽然在尺寸上一致，但是方向完全相反，如图 2—32 所示。

图 2—32 中用边 AB 来确定正五边形，如果取端点顺序为先 A 后 B，则五边形在 AB 右方；如果取端点顺序为先 B 后 A，则五边形在 AB 左方。

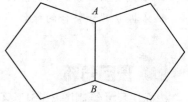

图 2—32　用边来创建多边形

二、分解和整合

分解和整合是一对相对立的操作，前一项目所学的
矩形和本项目中的正多边形绘制出来的图形是一个整体。从夹点的情况就可以看出来是整体
还是被分解开了的个体，如图2—33所示。

1. 分解命令

作用是将组合对象或者整体对象（如尺寸、填充、
多段线等）分解为多个单体元素。目的是方便对这些元
素进行编辑操作。分解命令调用方法如下：

整体组成的图形　　个体组成的图形

图2—33　整体组成的图形和
个体组成的图形

（1）菜单："修改"→"分解"。

（2）键盘命令：explode（简写x）。

（3）工具栏："绘图"工具栏（修改）中的  按钮。

分解命令的操作顺序可以是先选择对象再执行命令，也可以是先执行命令再选择对象。

2. 整合命令

整合命令有两种需要掌握：一是线型的图元整合，二是面域的整合。

（1）线型图元的整合。线型图元的整合可以使用合并命令。调用方式：

1）菜单："修改"→"合并"。

2）键盘命令：join（简写j）。

3）工具栏："绘图"工具栏（修改）中的 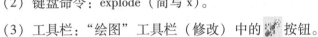 按钮。

线型整合的对象有：

1）直线：选择要合并到源的直线。选择一条或多条直线并按Enter键。直线对象必须
共线（位于同一无限长的直线上），但是它们之间可以有间隙。

2）多段线：选择要合并到源的对象。选择一个或多个对象并按Enter键。对象可以是
直线、多段线或圆弧。对象之间不能有间隙，并且必须位于与UCS的XY平面平行的同一
平面上（圆弧、椭圆弧、曲线和螺旋在以后的项目中会涉及，这里先简单介绍整合命令的
使用情况）。

3）圆弧：选择圆弧，以合并到源或进行［闭合（L）］。选择一个或多个圆弧并按Enter
键，或输入L。圆弧对象必须位于同一假想的圆上，但是它们之间可以有间隙。"闭合"选项
可将源圆弧转换成整圆。注意：合并两条或多条圆弧时，将从源对象开始按逆时针方向合并圆弧。

4）椭圆弧：选择椭圆弧，以合并到源或进行［闭合（L）］。选择一个或多个椭圆弧并
按Enter键，或输入L。椭圆弧必须位于同一椭圆上，但是它们之间可以有间隙。"闭合"选
项可将源椭圆弧闭合成完整的椭圆。注意：合并两条或多条椭圆弧时，将从源对象开始按逆
时针方向合并椭圆弧。

5）曲线或螺旋：选择要合并到源的样条曲线或螺旋。选择一条或多条样条曲线或螺旋
并按Enter键。样条曲线和螺旋对象必须相接（端点对端点）。结果对象是单个样条曲线。

（2）面域的整合。面域是用闭合的形状或环创建的二维区域。面域的整合调用方式如下：

1）菜单："绘图"→"面域"。

2）键盘命令：region。

3）工具栏："绘图"工具栏中的 📷 按钮。

面域整合的使用方法为：选择对象，完成选择后按 Enter 键。

闭合多段线、直线和曲线都是有效的选择对象。曲线包括圆弧、圆、椭圆弧、椭圆和样条曲线。选择集中的闭合二维多段线和分解的平面三维多段线将被转换为单独的面域，然后转换多段线、直线和曲线以形成闭合的平面环（面域的外边界和孔）。如果有两个以上的曲线共用一个端点，得到的面域可能是不确定的。面域的边界由端点相连的曲线组成，曲线上的每个端点仅连接两条边，拒绝所有交点和自交曲线。

面域创建的作用有很多，例如，可以方便图形的编辑和处理，做三维建模时用于旋转图元单位等。在此举例简单说明面域创建的应用。

上一项目中提到了面积查询 area 命令，虽然可以使用端点连接、对象及对象加减等方法，但是有些图形的面积仍然无法计算，例如图 2—34a 中的阴影部分面积。

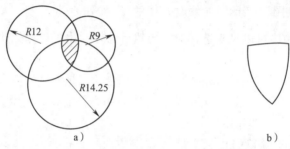

a)   b)

图 2—34　面域创建应用实例

a）计算阴影面积　b）修剪前后面积

在这个例子中不能再利用对象及对象加减的方法来计算其中的阴影面积。不妨换个方法：

步骤 1： 先将阴影部分修剪出来，如图 2—34b 所示。

步骤 2： 创建面域。

```
命令：region
选择对象：指定对角点：找到 3 个
选择对象：
已提取 1 个环
已创建 1 个面域
```

步骤 3： 利用对象选择计算面积。

```
命令：area
指定第一个角点或 [对象(O)/加(A)/减(S)]：o
选择对象：
面积 = 32.0321，周长 = 22.5225
```

技能操作

步骤 1： 设置绘图环境（图形界限、缩放、图层、对象捕捉、对象追踪、极轴追踪等）。

步骤 2： 切换到点画线图层，将该项目的中心线做好。

步骤 3： 绘制圆角为 5，宽度为 2，80×100 的矩形，如图 2—35a 所示。

```
命令：rectang
指定第一个角点或 [倒角(C)/标高(E)/圆角(F)/厚度(T)/宽度(W)]：f
指定矩形的圆角半径 <0.0000>：5        //设置圆角为5
指定第一个角点或 [倒角(C)/标高(E)/圆角(F)/厚度(T)/宽度(W)]：w
指定矩形的线宽 <0.0000>：2        //设置宽度为2
指定第一个角点或 [倒角(C)/标高(E)/圆角(F)/厚度(T)/宽度(W)]：from
基点：<偏移>：@ -50,-40        //捕捉点画线交点为基点,向左下偏移(50,40)
指定另一个角点或 [面积(A)/尺寸(D)/旋转(R)]：@100,80
```

步骤 4： 绘制圆（一共 12 个），如图 2—35b 所示。

```
命令：circle
指定圆的圆心或 [三点(3P)/两点(2P)/相切、相切、半径(T)]：from
基点：<偏移>：@ -25,-20        //先绘制左下方的圆形
指定圆的半径或 [直径(D)] <0.0000>：10        //绘制半径为10的圆
命令：CIRCLE 指定圆的圆心或 [三点(3P)/两点(2P)/相切、相切、半径(T)]：
指定圆的半径或 [直径(D)] <10.0000>：5.5        //绘制半径为5.5的圆
命令：CIRCLE 指定圆的圆心或 [三点(3P)/两点(2P)/相切、相切、半径(T)]：
指定圆的半径或 [直径(D)] <5.5000>：5        //绘制半径为5的圆
……        //类似的操作4次
```

同时选中半径 10 和半径 5 的圆，将宽度调成 0.3 并将下面的线宽打开。

步骤 5： 切换点画线图层，补上点画线，并将螺纹部分修建出来。

步骤 6： 绘制正六边形，圆心位置同图中 4 组同心圆，如图 2—35c 所示。

```
命令：polygon        //正多边形命令
输入边的数目 <3>：6        //设置正多边形边数为6
指定正多边形的中心点或 [边(E)]：        //用鼠标拾取同心圆圆心为
                                         中心点
输入选项 [内接于圆(I)/外切于圆(C)] <C>：C        //选择类型为外切圆
指定圆的半径：10        //输入外切圆半径为10
```

以上操作 4 次绘制出 4 个正六边形，并将宽度调成 0.3。

步骤 7： 绘制中间的正八边形和周边的正三角形，如图 2—35d 所示。

```
命令：polygon
输入边的数目 <6>：8
指定正多边形的中心点或 [边(E)]：
```

输入选项［内接于圆(I)/外切于圆(C)］＜C＞：C

指定圆的半径：7

命令：polygon

输入边的数目 ＜8＞：3

指定正多边形的中心点或［边(E)］：e

指定边的第一个端点：

指定边的第二个端点：

命令：polygon

输入边的数目 ＜3＞：

指定正多边形的中心点或［边(E)］：e

指定边的第一个端点：

指定边的第二个端点：

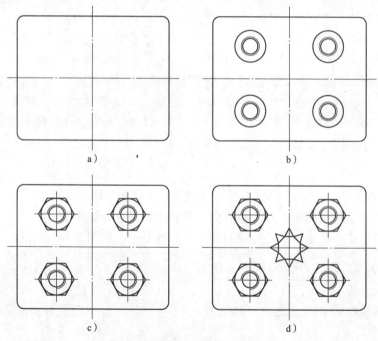

图 2—35　项目四图形绘制过程

项目小结

正多边形的绘制方法无非是依赖中心点或边。使用中心点来确定正多边形时一定要注意内接和外切的关系。另外在使用边来绘制正多边形时要注意正多边形的位置。

 注意

正多边形和矩形绘制出来后都是多端点的整体图元对象，要学会分解和整合。

项目拓展练习

一、知识点

上一个项目的【项目拓展练习】的知识点提到过定数等分和定距等分。除了可以用正多边形命令绘制正多边形外，还可以用圆配合定数等分的方法来绘制正多边形。下面来举个实例说明：利用定数等分绘制一个正五边形（边长任意）。

步骤1：绘制一个圆（半径任意）（见图2—36a）。

步骤2：利用定数等分把圆分成5等分，并将节点用点样式标出（见图2—36b）。

> 命令：DIVIDE
> 选择要定数等分的对象：
> 输入线段数目或 [块（B）]：5
> 命令：'_ ddptype 正在重生成模型

步骤3：在"对象捕捉"中选中"节点"，并用直线连接5个节点，形成正五边形（见图2—36c）。

步骤4：用旋转命令将正五边形位置摆正（见图2—36d）。

> 命令：rotate
> UCS 当前的正角方向：　ANGDIR＝逆时针　ANGBASE＝0
> 选择对象：指定对角点：找到11个
> 选择对象：
> 指定基点：
> 指定旋转角度，或 [复制（C）/参照（R）] <0>：

步骤5：删除圆、取消点样式（见图2—36e）。

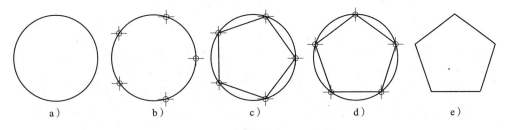

a)　　　　　b)　　　　　c)　　　　　d)　　　　　e)

图2—36　用圆配合定数等分绘制正五边形

上述的步骤4中利用了旋转命令 rotate，在这里简单介绍一下旋转命令。

旋转是指绕指定基点旋转图形中的对象，要确定旋转的角度，请输入角度值，使用光标进行拖动，或者指定参照角度，以便与绝对角度对齐。旋转命令的操作步骤如下：

步骤1：依次单击菜单"修改"→"旋转"（或者执行命令 rotate）。

步骤2：选择需要旋转的对象并确定。

步骤 3： 指定旋转的基点。

步骤 4： 控制旋转角度，可以用下述方法控制角度：输入旋转角度；绕基点拖动对象并指定旋转对象的终止位置点；输入 c，创建选定对象的副本；输入 r，将选定对象从指定参照角度旋转到绝对角度。控制旋转角度要看具体情况选择合适的方法。

在这里先掌握靠鼠标利用极轴控制角度，在第三章中再详细介绍旋转。

二、操作练习

完成图 2—37、图 2—38 图形的绘制。

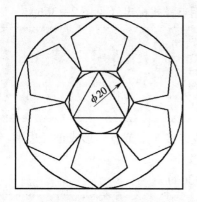

图 2—37　操作练习图 1

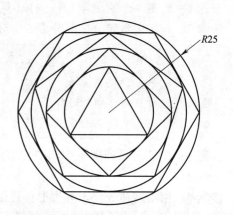

图 2—38　操作练习图 2

项目五　椭　　圆

项目展示

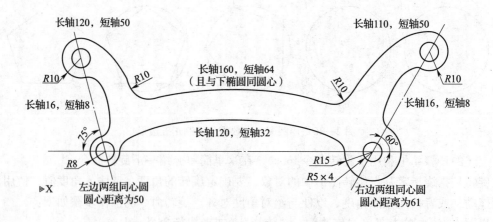

图 2—39　项目五要绘制的图形

学习目标

◆ 与圆比较了解椭圆的结构

◆ 掌握椭圆的不同画法

◆ 掌握如何处理圆与椭圆相切的情况

 项目分析

为绘制图2—39，需要掌握各个方位和情况下椭圆的绘制，以及如何绘制椭圆和圆弧的相切。

 知识点

一、椭圆

1. 命令的调用方法

（1）键盘命令：ellipse（或简写 el）。

（2）菜单："绘图"→"椭圆"。

（3）工具栏："绘图"工具栏的 ⬭ 按钮。

2. 作用

该命令用于绘制椭圆对象。

3. 相关选项说明

根据两个端点定义椭圆的第一条轴。第一条轴的角度确定了整个椭圆的角度。第一条轴不仅可定义椭圆的长轴也可定义短轴。

> 指定轴的另一个端点：指定点（2）
>
> 指定另一条半轴长度或［旋转（R）］：通过输入值或定位点（3）来指定距离，或者输入 r
>
> 另一条半轴长度

使用从第一条轴的中点到第二条轴（3）的端点的距离定义第二条轴（见图2—40）。

中心：用指定的中心点创建椭圆弧（见图2—41）。

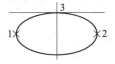

图2—40 用端点定义椭圆

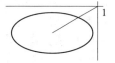

图2—41 用中心定义椭圆弧

> 指定椭圆弧的中心点：
>
> 指定轴的端点：
>
> 指定另一条半轴长度或［旋转（R）］：指定距离或输入 r

另一条半轴长度：定义第二条轴为从椭圆弧的中心点（即第一条轴的中点）到指定点的距离。

指定起始角度或［参数（P)］：指定点（1)、输入值或输入 p。

"起始角度"和"参数"选项的说明与"旋转"相应选项的说明一致。

旋转：通过绕第一条轴旋转定义椭圆的长轴和短轴比例（见图2—42）。该值（0°～89.4°）越大，短轴对长轴的比例就越大。输入 0 则定义一个圆。

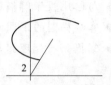

图2—42　用旋转定义椭圆

> 指定绕长轴旋转的角度：指定旋转角度
>
> 指定起点角度或［参数(P)］：指定角度或输入 p
>
> 起点角度：定义椭圆弧的第一端点　　//"起始角度"选项用于从参数模式切换到角度模式。模式用于控制计算椭圆的方法
>
> 指定终止角度或［参数(P)/包含角度(I)］：指定点（2)、输入值或输入选项

二、椭圆和圆的相切

前面的项目中已经讲解了如何绘制圆与圆相切、圆与直线相切，现在来学习如何绘制椭圆的切线或者相切圆。

椭圆不像圆和直线那样可以随意地进行相切，在 AutoCAD 中，相切的对象是有限制的，如下面操作命令所示。

> 命令：circle
>
> 指定圆的圆心或［三点(3P)/两点(2P)/相切、相切、半径(T)］：t
>
> 指定对象与圆的第一个切点：

 注意

需要"切点"对象捕捉并且选择圆、圆弧或直线。

如果在选择切点时点选了椭圆，就会出现上述的内容。提示中说得很清楚，相切对象只能是圆、圆弧或直线。那么对于椭圆、椭圆弧或后面项目中的曲线就无法用以前的方法来完成相切的绘制。

但是在实际工程图样中，与椭圆、椭圆弧或曲线相切的情况非常多。这个问题必须得到解决，在此介绍两种方法来完成椭圆的相切需求。在后面的章节中还会反复提及或使用这些方法。

方法一：利用圆角

如图2—43所示，作一半径为80的圆，相切与该圆和椭圆的上方。

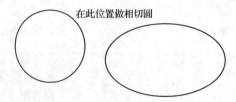

图2—43　绘制图和椭圆的相切

操作:

命令: FILLET
当前设置: 模式 = 修剪, 半径 = 0.0000
选择第一个对象或 [放弃(U)/多段线(P)/半径(R)/修剪(T)/多个(M)]: r 指定圆角半径 <0.0000>: 80
选择第一个对象或 [放弃(U)/多段线(P)/半径(R)/修剪(T)/多个(M)]:
选择第二个对象, 或按住 Shift 键选择要应用角点的对象://效果见图2—44a

命令: c   //捕捉相切圆弧的圆心, 绘
                                          制半径80的圆
CIRCLE 指定圆的圆心或 [三点(3P)/两点(2P)/相切、相切、半径(T)]:
指定圆的半径或 [直径(D)] <134.1954>: 80   //完成该图, 见图2—44b

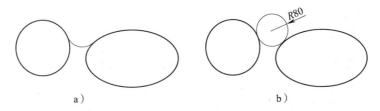

a)   b)

图2—44 利用图角

方法二: 利用偏移找到圆心

分析: 既然半径80的圆要和椭圆和圆相切, 那么半径80的圆的圆心距离相切圆和相切椭圆的距离为80, 分别把圆和椭圆的外周扩大80, 扩大的圆和椭圆的交点就是半径80圆的圆心, 再捕捉该圆心绘制半径80的圆即可。

操作:

命令: offset
当前设置: 删除源 = 否 图层 = 源 OFFSETGAPTYPE = 0
指定偏移距离或 [通过(T)/删除(E)/图层(L)] <通过>: 80
选择要偏移的对象, 或 [退出(E)/放弃(U)] <退出>:
指定要偏移的那一侧上的点, 或 [退出(E)/多个(M)/放弃(U)] <退出>:
选择要偏移的对象, 或 [退出(E)/放弃(U)] <退出>:
指定要偏移的那一侧上的点, 或 [退出(E)/多个(M)/放弃(U)] <退出>:
                                          //见图2—45a

命令: circle
指定圆的圆心或 [三点(3P)/两点(2P)/相切、相切、半径(T)]:
                                          //选择圆心 I 为圆心

指定圆的半径或 ［直径(D)］ <80.0000 >：80

命令：

命令：

命令：_.erase 找到 2 个　　　　　　//删除辅助对象完成该图，见图2—45b

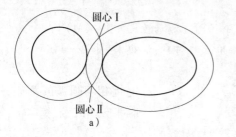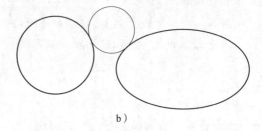

图 2—45　利用偏移找到圆心

无论是圆角命令还是偏移命令，此处只做一般理解，在后面章节中再深入地学习。

 ## 技能操作

步骤1： 设置绘图环境（图形界限、缩放、图层、对象捕捉、对象追踪、极轴追踪等）。

步骤2： 在点画线图层绘制好中心线部分。

步骤3： 根据点画线绘制圆，如图 2—46a 所示。

命令：circle
指定圆的圆心或 ［三点(3P)/两点(2P)/相切、相切、半径(T)］：
指定圆的半径或 ［直径(D)］：5
命令：
CIRCLE 指定圆的圆心或 ［三点(3P)/两点(2P)/相切、相切、半径(T)］：
指定圆的半径或 ［直径(D)］<5.0000 >：　　//绘制半径为5的下面两个圆
命令： CIRCLE 指定圆的圆心或 ［三点(3P)/两点(2P)/相切、相切、半径(T)］：from
基点：<偏移 >：@61 <60
指定圆的半径或 ［直径(D)］<5.0000 >：
命令：circle
指定圆的圆心或 ［三点(3P)/两点(2P)/相切、相切、半径(T)］：from
基点：<偏移 >：@50 <105
指定圆的半径或 ［直径(D)］<5.0000 >：5　//绘制半径为5的上面两个圆
命令：
CIRCLE 指定圆的圆心或 ［三点(3P)/两点(2P)/相切、相切、半径(T)］：
指定圆的半径或 ［直径(D)］<5.0000 >：8
命令： CIRCLE 指定圆的圆心或 ［三点(3P)/两点(2P)/相切、相切、半径(T)］：

指定圆的半径或 [直径(D)] <8.0000> : 10

命令：CIRCLE 指定圆的圆心或 [三点(3P)/两点(2P)/相切、相切、半径(T)] :

指定圆的半径或 [直径(D)] <10.0000> :

命令：c

CIRCLE 指定圆的圆心或 [三点(3P)/两点(2P)/相切、相切、半径(T)] :

指定圆的半径或 [直径(D)] <10.0000> : 15

步骤 4：绘制所有椭圆，如图 2—46b 所示。

命令：ELLIPSE

指定椭圆的轴端点或 [圆弧(A)/中心点(C)] :

指定轴的另一个端点：

指定另一条半轴长度或 [旋转(R)] : 16   //绘制长轴120,短轴32的椭圆

命令：ELLIPSE

指定椭圆的轴端点或 [圆弧(A)/中心点(C)] : c

指定椭圆的中心点：

指定轴的端点：80

指定另一条半轴长度或 [旋转(R)] : 32   //绘制长轴160,短轴64的椭圆

命令：ELLIPSE

指定椭圆的轴端点或 [圆弧(A)/中心点(C)] :

指定轴的另一个端点：

指定另一条半轴长度或 [旋转(R)] : 8   //绘制长轴16,短轴8的椭圆(右边)

命令：ELLIPSE

指定椭圆的轴端点或 [圆弧(A)/中心点(C)] :

指定轴的另一个端点：110

指定另一条半轴长度或 [旋转(R)] : 25   //绘制长轴110,短轴50的椭圆

命令：ELLIPSE

指定椭圆的轴端点或 [圆弧(A)/中心点(C)] :

指定轴的另一个端点：

指定另一条半轴长度或 [旋转(R)] : 8   //绘制长轴16,短轴8的椭圆(左边)

命令：ELLIPSE

指定椭圆的轴端点或 [圆弧(A)/中心点(C)] :

指定轴的另一个端点：120

指定另一条半轴长度或 [旋转(R)] : 25   //绘制长轴110,短轴50的椭圆

步骤 5：做好修剪工作，如图 2—46c 所示。

命令：trim

当前设置：投影 = UCS,边 = 无

选择剪切边…

选择对象或＜全部选择＞：找到 1 个

选择对象：找到 1 个,总计 2 个

……

选择对象：

选择要修剪的对象,或按住 Shift 键选择要延伸的对象,或［栏选（F）/窗交（C）/投影（P）/边（E）/删除（R）/放弃（U）］：

选择要修剪的对象,或按住 Shift 键选择要延伸的对象,或［栏选（F）/窗交（C）/投影（P）/边（E）/删除（R）/放弃（U）］：

……

步骤 6：利用圆角做半径 10 的圆弧，圆的相切对象不可以有椭圆或者椭圆弧，所以在此用圆角来解决这个问题，如图 2—46d 所示。

命令：fillet

当前设置：模式 = 修剪,半径 = 0.0000

选择第一个对象或［放弃（U）/多段线（P）/半径（R）/修剪（T）/多个（M）］：r

指定圆角半径 ＜0.0000＞：10

选择第一个对象或［放弃（U）/多段线（P）/半径（R）/修剪（T）/多个（M）］：m

选择第一个对象或［放弃（U）/多段线（P）/半径（R）/修剪（T）/多个（M）］：

选择第二个对象,或按住 Shift 键选择要应用角点的对象：

命令：fillet

当前设置：模式 = 修剪,半径 = 10.0000

选择第一个对象或［放弃（U）/多段线（P）/半径（R）/修剪（T）/多个（M）］：

选择第二个对象,或按住 Shift 键选择要应用角点的对象：

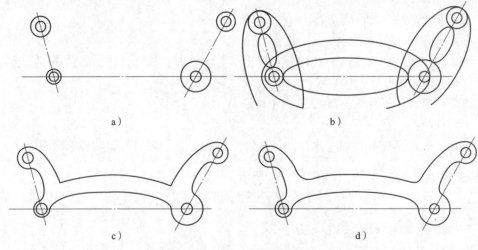

a) b) c) d)

图 2—46　项目五图形绘制过程

项目小结

该项目中学习了如何绘制椭圆，在绘制椭圆时要看清楚操作选项。简单椭圆主要通过中心点、长轴、短轴来绘制，在以中心点方式绘制时，长轴和短轴的长度要各取一半；如果按照轴来确定椭圆，每根轴的长度都要取一半。这些在绘图时需特别注意，不能弄错。

同圆一样，椭圆与其他图元的位置关系有相离（没有交点）、相切（只有一个切点）和相交（有两个或者两个以上的切点）。处理椭圆与其他图元的相切比较特殊，一是通过作圆角的方式，二是通过广义的偏移找共同的圆心的方式。在后面的章节中将加强这方面的练习。

 项目拓展练习

一、知识点

绘制椭圆时，角度的方向与 AutoCAD 绘图环境初始化时所指定的角度是不一样的。绘图环境初始化时指定的参照方向为向右的水平方向，然而当绘制椭圆时，起始角度和终止角度的参照方向是：角度 "0 点" 位置位于椭圆的水平轴的左端点（或者垂直轴的下端点），且逆时针方向为正，顺时针方向为负。

二、操作练习

按尺寸绘制图 2—47、图 2—48 的图形。

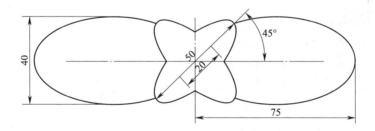

图 2—47 操作练习图 1

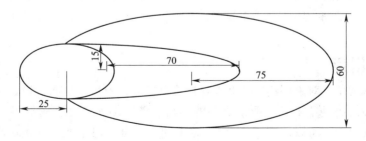

图 2—48 操作练习图 2

项目六 多 段 线

项目展示

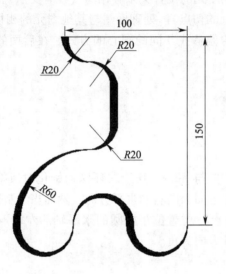

图 2—49 项目六要绘制的图形

 学习目标

◆ 掌握用多段线命令绘制直线段
◆ 掌握用多段线命令绘制直线和圆弧
◆ 掌握用多段线命令绘制带宽度的图形

 **项目分析**

多段线所绘制的图形往往是"一气呵成"，整个过程连续流畅，需要注意的是确定"下一点"的时候一定要将所需的选项设置好。

 知识点

多段线是作为单个对象创建的相互连接的序列线段，可以创建直线段、弧线段或两者的组合线段。多段线提供单个直线所不具备的编辑功能。例如，可以调整多段线的宽度和曲率。创建多段线之后，可以使用 pedit 命令对其进行编辑，或者使用 explode 命令将其转换成单独的直线段和弧线段。

一、命令的调用方法

1. 键盘命令：pline（或简写 pl）。
2. 菜单："绘图"→"多段线"。
3. 工具栏："绘图"工具栏的 ↵ 按钮。

二、作用

该命令用于绘制连续的直线段、圆弧或者两者组合的线段。在 AutoCAD 中，多线段为独立的对象，从头到尾是一个整体，并可以设置一定的线宽，而且可以满足线宽的渐进变化。

三、相关选项说明

> 命令：pline
> 指定起点：
> 当前线宽为 0.0000
> 指定下一个点或［圆弧(A)/半宽(H)/长度(L)/放弃(U)/宽度(W)］：
> 指定下一点或［圆弧(A)/闭合(C)/半宽(H)/长度(L)/放弃(U)/宽度(W)］：

1. 指定下一点

按照当前的线宽绘制一条直线。命令行显示前一个提示。该选项为默认选项。可重复上述操作，按 Enter 键则该命令结束。

2. 圆弧（A）

将弧线添加到多段线中。选择该项后，命令行会提示：

> 指定下一个点或［圆弧(A)/半宽(H)/长度(L)/放弃(U)/宽度(W)］：a
> 指定圆弧的端点或［角度(A)/圆心(CE)/方向(D)/半宽(H)/直线(L)/半径(R)/第二个点(S)/放弃(U)/宽度(W)］：

（1）指定圆弧的端点：绘制圆弧，圆弧与多段线的上一段相切，并且系统将显示前一个提示。

（2）角度（A）：指定圆弧从起点开始的包含角。输入正数将按逆时针方向绘制圆弧，输入负数将按顺时针方向绘制圆弧，如图 2—50 所示。

（3）圆心（CE）：指定圆弧的圆心，如图 2—51 所示。

（4）闭合（CL）：从指定的最后一点到起点绘制圆弧，从而创建闭合的多段线。至少需要两个点才能使用该选项，并且绘制的圆弧不一定和多段线的上一段再相切。

（5）方向（D）：指定弧线段的起始方向，如图 2—52 所示。

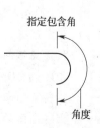

图 2—50 角度定义

指定圆弧的圆心：指定点（2）
指定圆弧的端点或［角度（A）/
长度（L）］：指定点（3）或输入选项

指定圆弧的起点切向：指定点（2）
指定圆弧的端点：指定点（3）

图 2—51　圆心定义　　　　　　　　　　　　图 2—52　方向定义

（6）半宽（H）：半宽是指从宽多段线线段的中心到其一边的宽度。起点半宽将成为默认的端点半宽。端点半宽再次修改之前将作为所有后续线段的统一半宽。半宽线段的起点和端点位于宽线的中心。

（7）直线（L）：退出"圆弧"选项并返回多段线初始的命令提示。

（8）半径（R）：指定圆弧的半径。

（9）宽度（W）：用于指定下一弧线段的宽度。

3. 长度（L）

用于按指定长度绘制直线段。其方向与前一段直线相同或与前一段圆弧相切（注意区别圆弧选项中的"直线"）。

4. 半宽（H）（圆弧选项中已提及）

5. 宽度（W）（圆弧选项中已提及）

 技能操作

步骤1：设置绘图环境（图形界限、缩放、图层、对象捕捉、对象追踪、极轴追踪等）。

步骤2：利用多段线命令完成如图 2—53a 部分。

```
命令：pline
指定起点：
当前线宽为 0.0000
指定下一个点或［圆弧（A）/半宽（H）/长度（L）/放弃（U）/宽度（W）］：w
指定起点宽度 <0.0000>：6
指定端点宽度 <6.0000>：0
指定下一个点或［圆弧（A）/半宽（H）/长度（L）/放弃（U）/宽度（W）］：a
指定圆弧的端点或［角度（A）/圆心（CE）/方向（D）/半宽（H）/直线（L）/半径（R）/第
二个点（S）/放弃（U）/宽度（W）］：r
指定圆弧的半径：60
指定圆弧的端点或［角度（A）］：a
指定包含角：-90
指定圆弧的弦方向 <90>：
指定圆弧的端点或［角度（A）/圆心（CE）/闭合（CL）/方向（D）/半宽（H）/直线（L）/
半径（R）/第二个点（S）/放弃（U）/宽度（W）］：w
```

指定起点宽度 <0.0000>：0

指定端点宽度 <0.0000>：6

指定圆弧的端点或[角度(A)/圆心(CE)/闭合(CL)/方向(D)/半宽(H)/直线(L)/半径(R)/第二个点(S)/放弃(U)/宽度(W)]：r

指定圆弧的半径：20

指定圆弧的端点或[角度(A)]：a

指定包含角：90

指定圆弧的弦方向 <0>：

指定圆弧的端点或[角度(A)/圆心(CE)/闭合(CL)/方向(D)/半宽(H)/直线(L)/半径(R)/第二个点(S)/放弃(U)/宽度(W)]：l

指定下一点或[圆弧(A)/闭合(C)/半宽(H)/长度(L)/放弃(U)/宽度(W)]：30

指定下一点或[圆弧(A)/闭合(C)/半宽(H)/长度(L)/放弃(U)/宽度(W)]：w

指定起点宽度 <6.0000>：

指定端点宽度 <6.0000>：0

指定下一点或[圆弧(A)/闭合(C)/半宽(H)/长度(L)/放弃(U)/宽度(W)]：a

指定圆弧的端点或[角度(A)/圆心(CE)/闭合(CL)/方向(D)/半宽(H)/直线(L)/半径(R)/第二个点(S)/放弃(U)/宽度(W)]：r

指定圆弧的半径：20

指定圆弧的端点或[角度(A)]：a

指定包含角：90

指定圆弧的弦方向 <90>：

指定圆弧的端点或[角度(A)/圆心(CE)/闭合(CL)/方向(D)/半宽(H)/直线(L)/半径(R)/第二个点(S)/放弃(U)/宽度(W)]：w

指定起点宽度 <0.0000>：0

指定端点宽度 <0.0000>：6

指定圆弧的端点或[角度(A)/圆心(CE)/方向(D)/半宽(H)/直线(L)/半径(R)/第二个点(S)/放弃(U)/宽度(W)]：r

指定圆弧的半径：20

指定圆弧的端点或[角度(A)]：a

指定包含角：-90

指定圆弧的弦方向 <45>：

指定圆弧的端点或[角度(A)/圆心(CE)/闭合(CL)/方向(D)/半宽(H)/直线(L)/半径(R)/第二个点(S)/放弃(U)/宽度(W)]：l

指定下一点或[圆弧(A)/闭合(C)/半宽(H)/长度(L)/放弃(U)/宽度(W)]：w

指定起点宽度 <6.0000>：0

指定端点宽度 <0.0000>：0

指定下一点或［圆弧（A）/闭合（C）/半宽（H）/长度（L）/放弃（U）/宽度（W）］：100

指定下一点或［圆弧（A）/闭合（C）/半宽（H）/长度（L）/放弃（U）/宽度（W）］：150

步骤3：用直线连接下面的两点，并利用定数等分的命令把直线分成3等份，标示好点样式，如图2—53b所示。

命令：line

指定第一点：

指定下一点或［放弃（U）］：

指定下一点或［放弃（U）］：

命令：divide

选择要定数等分的对象：

输入线段数目或［块（B）］：3

命令：'_ddptype 正在重生成模型　　　//在"格式"→"点样式"中选择合适的节点样
　　　　　　　　　　　　　　　　　　　式

正在重生成模型　　　　　　　　　//完成该步骤后一定要将"对象捕捉"中的节
　　　　　　　　　　　　　　　　　　点选中

步骤4：完成如图2—53c所示图形的多段线绘制。

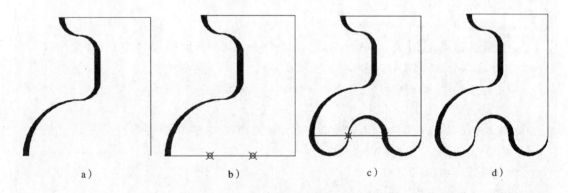

a)　　　　　　　b)　　　　　　　c)　　　　　　　d)

图2—53　项目六图形绘制过程

命令：pline

指定起点：

当前线宽为0.0000

指定下一个点或［圆弧（A）/半宽（H）/长度（L）/放弃（U）/宽度（W）］：w

指定起点宽度 <0.0000> : 6

指定端点宽度 <6.0000> : 0

指定下一个点或 [圆弧(A)/半宽(H)/长度(L)/放弃(U)/宽度(W)] : a

指定圆弧的端点或[角度(A)/圆心(CE)/方向(D)/半宽(H)/直线(L)/半径(R)/第二个点(S)/放弃(U)/宽度(W)] : a

指定包含角 : 180

指定圆弧的端点或 [圆心(CE)/半径(R)] :

指定圆弧的端点或[角度(A)/圆心(CE)/闭合(CL)/方向(D)/半宽(H)/直线(L)/半径(R)/第二个点(S)/放弃(U)/宽度(W)] : w

指定起点宽度 <0.0000> : 0

指定端点宽度 <0.0000> : 6

指定圆弧的端点或[角度(A)/圆心(CE)/闭合(CL)/方向(D)/半宽(H)/直线(L)/半径(R)/第二个点(S)/放弃(U)/宽度(W)] :

指定圆弧的端点或[角度(A)/圆心(CE)/闭合(CL)/方向(D)/半宽(H)/直线(L)/半径(R)/第二个点(S)/放弃(U)/宽度(W)] :

指定圆弧的端点或[角度(A)/圆心(CE)/闭合(CL)/方向(D)/半宽(H)/直线(L)/半径(R)/第二个点(S)/放弃(U)/宽度(W)] : w

指定起点宽度 <6.0000> :

指定端点宽度 <6.0000> : 0

指定圆弧的端点或[角度(A)/圆心(CE)/闭合(CL)/方向(D)/半宽(H)/直线(L)/半径(R)/第二个点(S)/放弃(U)/宽度(W)] :

指定圆弧的端点或[角度(A)/圆心(CE)/闭合(CL)/方向(D)/半宽(H)/直线(L)/半径(R)/第二个点(S)/放弃(U)/宽度(W)] :

步骤 5：删除直线，取消点样式，完成该项目，如图 2—53d 所示。

命令 : erase

选择对象 : 找到 1 个

选择对象 :

命令 : '_ddptype 正在重生成模型

项目小结

多段线能绘制的图元对象比较丰富，可以包含直线、圆弧，并且能对所绘制的图元附加宽度等特性。多段线所绘制的图元是一个整体，熟悉多段线的操作一方面可以提高绘制复杂图形的效率；另一方面，多段线所绘制的图元作为"路径"在三维建模中经常同"拉伸"命令一起使用，一般的直线、圆弧等不能作为"路径"，多段线却可以完成这一工作。

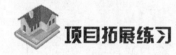

项目拓展练习

一、知识点

在三维建模中，多段线可以作为路径使用，原因在于多段线不需要任何处理本身就是一个整体。下面举一个实例来了解多段线在三维建模中的作用，图 2—54d 展示了一个类似水管的图形，简单将绘制过程分解如下：

步骤1：绘制一个圆。

> 命令：_circle 指定圆的圆心或 [三点(3P)/两点(2P)/相切、相切、半径(T)]：
>
> 指定圆的半径或 [直径(D)]：1

步骤2：进行视图切换（将默认的俯视图切换成主视图），如此一来刚才绘制的圆理所当然地变成了一根线段。

> 命令：_ -view 输入选项 [?/删除(D)/正交(O)/恢复(R)/保存(S)/设置(E)/窗口(W)]：

步骤3：以圆的圆心位置（主视图中应该是"线段"的中点位置）为起点绘制多段线，如图 2—54a 所示。

> 命令：pline
> 指定起点：
> 当前线宽为 0.0000
> 指定下一个点或 [圆弧(A)/半宽(H)/长度(L)/放弃(U)/宽度(W)]：
> 指定下一点或 [圆弧(A)/闭合(C)/半宽(H)/长度(L)/放弃(U)/宽度(W)]：a
> 指定圆弧的端点或[角度(A)/圆心(CE)/闭合(CL)/方向(D)/半宽(H)/直线(L)/半径(R)/第二个点(S)/放弃(U)/宽度(W)]：
> 指定圆弧的端点或[角度(A)/圆心(CE)/闭合(CL)/方向(D)/半宽(H)/直线(L)/半径(R)/第二个点(S)/放弃(U)/宽度(W)]：l
> 指定下一点或 [圆弧(A)/闭合(C)/半宽(H)/长度(L)/放弃(U)/宽度(W)]：
> 指定下一点或 [圆弧(A)/闭合(C)/半宽(H)/长度(L)/放弃(U)/宽度(W)]：a
> 指定圆弧的端点或[角度(A)/圆心(CE)/闭合(CL)/方向(D)/半宽(H)/直线(L)/半径(R)/第二个点(S)/放弃(U)/宽度(W)]：
> 指定圆弧的端点或[角度(A)/圆心(CE)/闭合(CL)/方向(D)/半宽(H)/直线(L)/半径(R)/第二个点(S)/放弃(U)/宽度(W)]：l
> 指定下一点或 [圆弧(A)/闭合(C)/半宽(H)/长度(L)/放弃(U)/宽度(W)]：
> 指定下一点或 [圆弧(A)/闭合(C)/半宽(H)/长度(L)/放弃(U)/宽度(W)]：

步骤 4：沿多段线将所绘制的圆进行"拉伸"，如图 2—54b 所示。

命令：extrude

当前线框密度： ISOLINES ＝4

选择要拉伸的对象：找到 1 个　　　　　　　　　　　　//选择圆

选择要拉伸的对象：

指定拉伸的高度或［方向(D)/路径(P)/倾斜角(T)］：p　　//选择路径后点选所
绘制的多段线

步骤 5：单面的视图模式无法观察绘制的三维效果，切换视图视角（在此选择东南视角），并进行三维效果填充，如图 2—54c 和图 2—54d 所示。

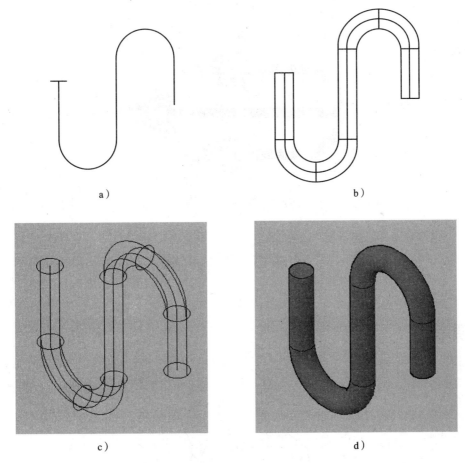

图 2—54　多段线在三维建模中的作用

在此对上述的知识点先只是进行一下了解，后面章节中再进行详细深入的学习。

二、操作练习

按尺寸标注绘制图 2—55、图 2—56 的图形。

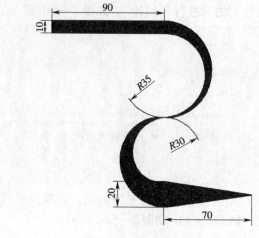

图 2—55　操作练习图 1

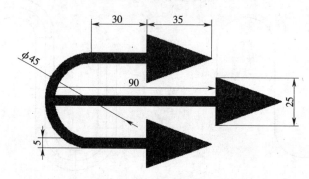

图 2—56　操作练习图 2

项目七　曲　　线

项目展示

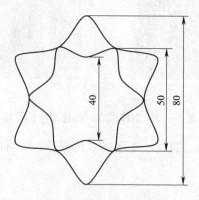

图 2—57　项目七要绘制的图形

学习目标

◆ 学会绘制曲线
◆ 掌握曲线的编辑
◆ 掌握夹点的编辑

按标注尺寸绘制图2—57，不要求标注，图中需要多次应用曲线的绘制。

一、曲线

曲线命令用于在指定的公差范围内把光滑曲线拟合成一系列的点。

1. 命令调用方法

（1）工具栏："绘图"工具栏的 ∼ 按钮。

（2）菜单："绘图"→"样条曲线"。

2. 相关选项说明

> 命令：spline
> 指定第一个点或［对象(O)］：指定一点或输入 o

（1）第一个点：使用指定点、使用 NURBS（非一致有理 B 样条曲线）数学创建样条曲线。

> 指定下一点：指定一点

输入点一直到完成样条曲线的定义为止（见图2—58）。输入两点后，将显示以下提示：

> 指定下一点或［闭合(C)/拟合公差(F)］＜起点切向＞：指定点、输入选项或按 Enter 键

（2）下一点：连续地输入点将增加附加样条曲线线段，直到按 Enter 键结束。输入 undo 以删除上一个指定的点。按 Enter 键后，将提示用户指定样条曲线的起点切向。

（3）闭合：将最后一点定义为与第一点一致并使它在连接处相切，这样可以闭合样条曲线（见图2—59）。

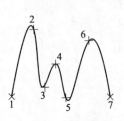

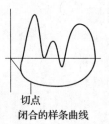

切点
闭合的样条曲线

图2—58　曲线中的点　　　　图2—59　闭合选项，指定切线方向

指定切向：指定点或按 Enter 键

//指定一点来定义切向矢量,或者使用"切点"和"垂足"对象捕捉模式使样条曲线与现有对象相切或垂直

（4）拟合公差：公差表示样条曲线拟合所指定的拟合点集时的拟合精度。公差越小，样条曲线与拟合点越接近。公差为 0，样条曲线将通过该点（见图 2—60）。在绘制样条曲线时，可以改变样条曲线拟合公差以查看效果。

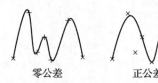

零公差　　　　　　　正公差

图2—60　曲线公差

修改拟合当前样条曲线的公差。根据新公差以现有点重新定义样条曲线。可以重复更改拟合公差，但这样做会更改所有控制点的公差，不管选定的是哪个控制点。

指定拟合公差 ＜当前＞：输入值或按 Enter 键

//如果公差设置为 0,则样条曲线通过拟合点。输入大于 0 的公差将使样条曲线在指定的公差范围内通过拟合点

SPLINE 将返回到前一个提示。

（5）起点切向：定义样条曲线的第一点和最后一点的切向。

指定起点切向：指定点或按 Enter 键

"指定起点切向"提示指定样条曲线第一点的切向（见图 2—61）。

指定端点切向：指定点或按 Enter 键

"指定端点切向"提示指定样条曲线最后一点的切向（见图 2—62）。

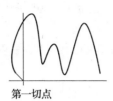

第一切点

图2—61 第一切点

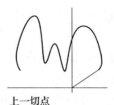

上一切点

图2—62 第二切点

如果在样条曲线的两端都指定切向，可以输入一个点或者使用"切点"和"垂足"对象捕捉模式使样条曲线与已有的对象相切或垂直。按 Enter 键计算默认切点。

二、夹点

夹点是一种集成的编辑模式，提供了一种方便快捷的编辑操作途径。例如，使用夹点可以对对象进行拉伸、移动、旋转、缩放及镜像等操作。夹点有 3 种状态：冷态、温态和热态。夹点未激活时，为冷态，显示为蓝色；鼠标移动到夹点时，为温态，显示为绿色；夹点被激活时，为热态，显示为红色。

在 AutoCAD 中，单纯地使用绘图命令或绘图工具只能创建出一些基本图形对象，要绘制较为复杂的图形，就必须借助图形编辑命令。在编辑图形之前，选择对象后，图形对象通常会显示夹点。可以拖动夹点执行拉伸、移动、旋转、缩放或镜像操作。选择执行的编辑操作称为夹点模式。夹点打开后，可以在输入命令之前选择要操作的对象，然后使用定点设备操作这些对象。图 2—63 所示为各图形的夹点样式。

注意

锁定的图层上的图元对象不会显示夹点。

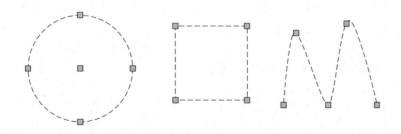

图2—63 各个图形的夹点样式

1. 夹点的选择

可以使用多个夹点作为操作的基夹点。选择多个夹点（也称为多个热夹点选择）时，选定夹点间对象的形状将保持原样。要选择多个夹点，应按住 Shift 键，然后选择适当的夹点。

2. 夹点的编辑

对于图元的夹点编辑也是这个项目的重点之一，可以将夹点的编辑简单总结为：拉伸、移动、旋转、缩放或镜像对象。

（1）夹点拉伸：可以通过将选定夹点移动到新位置来拉伸对象。文字、块参照、直线中点、圆心和点对象上的夹点将移动对象而不是拉伸它。这是移动块参照和调整标注的好方法。

（2）夹点移动：可以通过选定的夹点移动对象。选定的对象被亮显并按指定的下一点位置移动一定的方向和距离。

（3）夹点旋转：可以通过拖动和指定点位置来绕基点旋转选定对象。还可以输入角度值。这是旋转块参照的好方法。

（4）夹点缩放：可以相对于基点缩放选定对象。通过从基夹点向外拖动并指定点位置来增大对象尺寸，或通过向内拖动减小尺寸。也可以为相对缩放输入一个值。

（5）夹点创建镜像：可以沿临时镜像线为选定对象创建镜像。打开"正交"有助于指定垂直或水平的镜像线（此点在后面章节再讲解）。

 技能操作

步骤 1：设置绘图环境（图形界限、缩放、图层、对象捕捉、对象追踪、极轴追踪等）。

步骤 2：绘制边长分别为 20、25、40 的同圆心正六边形，如图 2—64a 所示。

```
命令：polygon
输入边的数目 <4>：6
指定正多边形的中心点或 [边(E)]：        //选择中心点,任取一点
输入选项 [内接于圆(I)/外切于圆(C)] <C>：C
指定圆的半径：25                      //绘制边长25的正六边形
命令： POLYGON 输入边的数目 <6>：
指定正多边形的中心点或 [边(E)]：        //利用抓取中点和端点来找中心点
输入选项 [内接于圆(I)/外切于圆(C)] <C>：C
指定圆的半径：40                      //绘制边长40的正六边形
命令： POLYGON 输入边的数目 <6>：
指定正多边形的中心点或 [边(E)]：
输入选项 [内接于圆(I)/外切于圆(C)] <C>：C
指定圆的半径：20                      //绘制边长20的正六边形
```

步骤 3：绘制边长分别为 25、40 的同圆心正六边形中间的曲线，如图 2—64b 所示。

```
命令：spl
SPLINE
指定第一个点或 [对象(O)]：              //边长25的正六边形任意一端
                                      点为起点

指定下一点：                          //边长40的正六边形相邻中点
指定下一点或 [闭合(C)/拟合公差(F)] <起点切向>：//第三点
```

指定下一点或［闭合(C)/拟合公差(F)］＜起点切向＞://第四点

……

指定下一点或［闭合(C)/拟合公差(F)］＜起点切向＞:

指定下一点或［闭合(C)/拟合公差(F)］＜起点切向＞://注意:中间不间断,做完后第一点和第二点要重复做,目的是对称

指定下一点或［闭合(C)/拟合公差(F)］＜起点切向＞:

指定起点切向: //曲线完成需要3步确定

指定端点切向:

步骤4：绘制边长分别为25、20的同圆心正六边形中间的曲线,如图2—64c所示。

命令: spl

指定第一个点或［对象(O)］:

指定下一点: //总体步骤同步骤3

指定下一点或［闭合(C)/拟合公差(F)］＜起点切向＞:

指定下一点或［闭合(C)/拟合公差(F)］＜起点切向＞:

……

指定下一点或［闭合(C)/拟合公差(F)］＜起点切向＞:

指定起点切向:

指定端点切向:

步骤5：修剪、删除不需要的辅助部分,最后利用夹点编辑完成该图,如图2—64d所示。

命令: trim

当前设置:投影＝UCS,边＝无

选择剪切边…

选择对象或＜全部选择＞: 找到1个

选择对象:找到1个,总计2个

选择对象:找到1个,总计3个   //选择3个正六边形

选择对象:

选择要修剪的对象,或按住Shift键选择要延伸的对象,或

［栏选(F)/窗交(C)/投影(P)/边(E)/删除(R)/放弃(U)］:

……

命令:_.erase 找到3个

……

//最后需要进行夹点的编辑

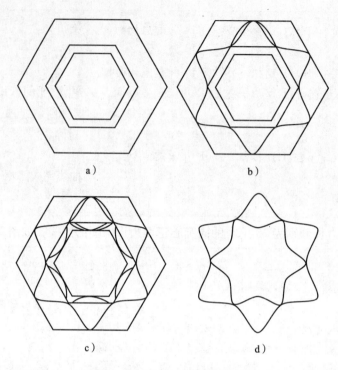

图 2—64 项目七图形绘制过程

 项目小结

曲线的主要绘制方式有两种，一种是直接找拐点，另一种是利用拟合公差。拟合公差是描述样条曲线与控制点之间平均差别的数值。差值越大，曲线越流畅，但精确度越低；反之，差值越小，曲线的平滑度越差，复杂性越大。拟合公差用于设置输入的数据点和拟合生成的样条曲线之间的逼近程度，一般为正值，其值越小，曲线越接近数据点，如果为 0，则样条曲线穿过每一数据点。

 项目拓展练习

一、知识点

1. 多线的绘制

多线是指多重平行线，由 1～16 条平行线组成，这些平行线称为元素。在建筑绘图中，要保持墙体的平行性，多考虑用多线绘制。绘制多线时，可以使用包含 2 个元素的 STANDARD 样式，也可以指定一个以前创建的样式。开始绘制之前，可以修改多线的对正和比例。多线对正确定将在光标的哪一侧绘制多线，或者是否位于光标的中心上。多线比例用来控制多线的全局宽度（使用当前单位）。多线比例不影响线型比例。如果要修改多线比例，可能需要对线型比例做相应的修改，以防点画线的尺寸不正确。

2. 绘制多线的操作步骤

步骤1： 执行多线命令。

步骤2： 在命令提示下，输入 st，选择一种样式。

步骤3： 要列出可用样式，请输入样式名称。

步骤4： 要对正多线，请输入 j 并选择上对正、无对正或下对正。

步骤5： 要修改多线的比例，请输入 s 并输入新的比例，开始绘制多线。

步骤6： 指定起点。

步骤7： 指定第二个点。

步骤8： 指定其他点或按 Enter 键。如果指定了 3 个或 3 个以上的点，可以输入 c 闭合多线。

3. 创建多线样式

可以创建多线的命名样式，以控制元素的数量和每个元素的特性。多线的特性包括：元素的总数和每个元素的位置；每个元素与多线中间的偏移距离；每个元素的颜色和线型；每个元素的颜色和可见性；使用的封口类型；多线的背景填充颜色。

二、操作练习

1. 利用曲线和直线绘制一个手柄，尺寸自拟。
2. 利用曲线和直线绘制一个瓶罐，尺寸自拟。

项目八　圆弧　椭圆弧

项目展示

项目图形（见图 2—65）外围为圆弧组成，内围为椭圆弧组成。AB 距离 100，AB 弧半径为 60。椭圆弧长轴端点为 AB，短轴其中一端点为 AB 弧的圆心，以后图形单位依此类推。

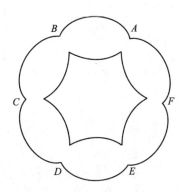

图 2—65　项目八要绘制的图形

 学习目标

◆ 掌握圆弧的绘制
◆ 掌握椭圆弧的绘制

 项目分析

项目图形外围为圆弧，内围为椭圆弧。通过圆弧的不同的确定方法绘制圆弧，绘制椭圆弧时注意切去不需要的椭圆弧。

 知识点

一、圆弧

1. 命令的调用方法：

（1）键盘命令：arc（或简写 a）。

（2）菜单："绘图" → "圆弧"。

（3）工具栏："绘图"工具栏的 按钮。

2. 作用

该命令用于绘制圆弧。

3. 相关选项说明

圆弧命令的选项比较繁多，在此先通过调用进行分解讲解：

命令：arc
指定圆弧的起点或［圆心(C)］：   //起点是指圆弧的起点,圆心是指圆弧圆心所在点

（1）选起点后情况

指定圆弧的第二个点或［圆心(C)/端点(E)］：   //第二点是指圆弧上除两端点外的任意一点位置,圆心是指圆弧圆心所在点,端点是相对于起点的圆弧的结束点

（2）选圆心后情况

指定圆弧的圆心：   //确定圆弧的圆心位置
指定圆弧的起点：   //确定圆弧起点的位置
指定圆弧的端点或［角度(A)/弦长(L)］：   //端点是相对于起点的圆弧的结束点,角度是圆心对应圆弧的包含角,弦长是圆弧起点到端点的直线距离

（3）选择端点后情况

> 指定圆弧的第二个点或［圆心（C）/端点（E）］：e
> 指定圆弧的端点：
> 指定圆弧的圆心或［角度（A）/方向（D）/半径（R）］：　　//方向是指与起点切线方向相切的圆弧，半径是指圆弧对应的圆的半径

分解图示如图 2—66 所示。

 注意

如果未指定点就按 Enter 键，最后绘制的直线或圆弧的端点将会作为起点，并立即提示指定新圆弧的端点。这将创建一条与最后绘制的直线、圆弧或多段线相切的圆弧。

（4）指定圆弧的第二个点或［圆心（C）/端点（E）］

1）第二个点：使用圆弧周线上的三个指定点绘制圆弧。第一个点（1）为起点，第三个点为端点（3），第二个点（2）是圆弧周线上的一个点，如图 2—67 所示。通过 3 个指定点可以顺时针或逆时针指定圆弧。

图 2—66　分解图示　　　　图 2—67　第二个点

> 指定圆弧的终点：指定点（3）

2）中心：指定圆弧所在圆的圆心。

> 指定圆弧的圆心：
> 指定圆弧的端点或［角度（A）/弦长（L）］：

①端点。使用圆心（2），从起点（1）向端点逆时针绘制圆弧。端点将落在从第三点（3）到圆心的一条假想射线上。如图 2—68 所示，圆弧并不一定经过第三点。

②角度。使用圆心（2），从起点（1）按指定包含角逆时针绘制圆弧。如果角度为负，将顺时针绘制圆弧，如图 2—69 所示。

③弦长。基于起点和端点之间的直线距离绘制劣弧或优弧，如图 2—70 所示。如果弦长为正值，将从起点逆时针绘制劣弧。如果弦长为负值，将逆时针绘制优弧。

图2—68　端点确定

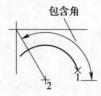
图2—69　角度确定

图2—70　弦长确定

3）指定圆弧端点。

> 指定圆弧的端点：
> 指定圆弧的圆心或［角度(A)/方向(D)/半径(R)］：

①中心点。从起点（1）向端点逆时针绘制圆弧。端点将落在从圆心（3）到指定的第二点（2）的一条假想射线上，如图2—71所示。

②角度。按指定包含角从起点（1）向端点（2）逆时针绘制圆弧。如果角度为负，将顺时针绘制圆弧，如图2—72所示。

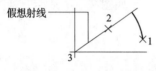
图2—71　中心点确定

图2—72　角度确定

> 指定包含角：以度为单位输入角度，或通过逆时针移动定点设备来指定角度

③方向。绘制圆弧在起点处与指定方向相切，这将绘制从起点（1）开始到端点（2）结束的任何圆弧（见图2—73），而不考虑是劣弧、优弧还是顺弧、逆弧。从起点确定该方向。

图2—73　方向确定

> 指定圆弧的起点切向：

④半径。从起点（1）向端点（2）逆时针绘制一条劣弧。如果半径为负，将绘制一条优弧。

4）中心。指定圆弧所在圆的圆心。

> 指定圆弧的圆心：
> 指定圆弧的起点：
> 指定圆弧的端点或［角度(A)/弦长(L)］：

①端点。从起点（2）向端点逆时针绘制圆弧。端点将落在从圆心（1）到指定点（3）的一条假想射线上，如图2—74所示。

②角度。使用圆心（1），从起点（2）按指定包含角逆时针绘制圆弧。如果角度为负，将顺时针绘制圆弧。指定包含角如图2—75所示。

图 2—74　端点确定　　　　　　　图 2—75　指定包含角

③弦长。基于起点和端点之间的直线距离绘制劣弧或优弧。如果弦长为正值，将从起点逆时针绘制劣弧。如果弦长为负值，将逆时针绘制优弧。指定弦长如图 2—76 所示。

另外还有一种情况是与上一条直线、圆弧或多段线相切：在第一个提示下按 Enter 键时，将绘制与上一条直线、圆弧或多段线相切的圆弧，如图 2—77 所示。

图 2—76　指定弦长　　　　　　图 2—77　指定圆弧的端点：指定点（1）

二、椭圆弧

1. 命令的调用方法

椭圆弧不是一条单独的命令，它是嵌在椭圆命令中的一条选项。

（1）菜单："绘图"→"椭圆"→"圆弧"。

（2）工具栏："绘图"工具栏的 ⚬ 按钮。

2. 作用

创建一段椭圆弧。第一条轴的角度确定了椭圆弧的角度。第一条轴既可定义椭圆弧长轴也可定义椭圆弧短轴。

3. 相关选项说明

> 　指定椭圆弧的轴端点或［中心点(C)］：指定点或输入 c

上述选项中，"轴端点"为定义第一条轴的起点。"另一条半轴长度"和"旋转"选项说明与"中心点"下相应的选项说明相匹配如下：

> 　指定轴的另一个端点：
> 　指定另一条半轴长度或［旋转(R)］：指定距离或输入 r

（1）中心点。用指定的中心点创建椭圆弧。

（2）另一条半轴长度。定义第二条轴为从椭圆弧的中心点（即第一条轴的中点）到指定点的距离。"起始角度"和"参数"选项的说明与"旋转"下相应选项的说明一致。

（3）旋转。通过绕第一条轴旋转定义椭圆的长轴和短轴比例。该值（从 0°～89.4°）越大，短轴对长轴的比例就越大。输入 O 则定义一个圆。如下：

> 　指定绕长轴旋转的角度：指定旋转角度
> 　指定起点角度或［参数(P)］：指定角度或输入

（4）起点角度。定义椭圆弧的第一端点。该选项用于从参数模式切换到角度模式。模式用于控制计算椭圆的方法。

（5）参数。见项目拓展练习的知识点。

 技能操作

检查绘图环境，设置好对象捕捉（捕捉中点、端点、圆心）、极轴和对象追踪（角度追踪设置成 15°）。

步骤 1：绘制外围的圆弧，如图 2—78a 所示。

绘制 AB 弧：

```
命令：arc
指定圆弧的起点或［圆心（C）］：                    //选择 A 为弧的起点
指定圆弧的第二个点或［圆心（C）/端点（E）］：e
指定圆弧的端点：@ - 100,0                         //B 点相对 A 点的相对坐标
                                                （@ - 100,0）
指定圆弧的圆心或［角度（A）/方向（D）/半径（R）］：r //选择半径，值为60
指定圆弧的半径：60
```

绘制 BC 弧：

```
命令：arc
指定圆弧的起点或［圆心（C）］：                    //选择 B 点为起点
指定圆弧的第二个点或［圆心（C）/端点（E）］：c
指定圆弧的圆心：@ 60 < - 86                       //圆弧圆心距 B 点（@ 60 <
                                                - 86）
指定圆弧的端点或［角度（A）/弦长（L）］：l
指定弦长：100                                     //BC 弧间的直线距离为弦
                                                长，弦长100
```

绘制 CD 弧：

```
命令：arc
指定圆弧的起点或［圆心（C）］：                    //选择 C 点为起点
指定圆弧的第二个点或［圆心（C）/端点（E）］：e
指定圆弧的端点：@ 100 < - 60
指定圆弧的圆心或［角度（A）/方向（D）/半径（R）］：a //CD 弧所包含的圆心角为
                                                113°
指定包含角：113
```

绘制 DE 弧：

```
命令：arc
指定圆弧的起点或［圆心（C）］：
```

指定圆弧的第二个点或［圆心(C)/端点(E)］：c

指定圆弧的圆心：@60<34

指定圆弧的端点或［角度(A)/弦长(L)］：l

指定弦长：100

绘制 *FE* 弧：

命令：arc

指定圆弧的起点或［圆心(C)］：

指定圆弧的第二个点或［圆心(C)/端点(E)］：e

指定圆弧的端点：@100<60

指定圆弧的圆心或［角度(A)/方向(D)/半径(R)］：d

指定圆弧的起点切向：4

绘制 *FA* 弧：

命令：arc

指定圆弧的起点或［圆心(C)］：

指定圆弧的第二个点或［圆心(C)/端点(E)］：e

指定圆弧的端点：

指定圆弧的圆心或［角度(A)/方向(D)/半径(R)］：r

指定圆弧的半径：60

步骤 2：绘制椭圆弧，如图 2—78b 所示。

命令：_ellipse

指定椭圆的轴端点或［圆弧(A)/中心点(C)］：_a   //作椭圆弧

指定椭圆弧的轴端点或［中心点(C)］：   //选择 *A* 点

指定轴的另一个端点：   //选择 *B* 点

指定另一条半轴长度或［旋转(R)］：   //选择圆弧圆心

指定起始角度或［参数(P)］：   //选择 *A* 点

指定终止角度或［参数(P)/包含角度(I)］：   //选择 *B* 点（选择 *AB* 点是为了限定椭圆弧的范围）

命令：_ellipse

指定椭圆的轴端点或［圆弧(A)/中心点(C)］：_a   //如此重复操作5次

指定椭圆弧的轴端点或［中心点(C)］：

指定轴的另一个端点：

指定另一条半轴长度或［旋转(R)］：

指定起始角度或［参数(P)］：

指定终止角度或［参数(P)/包含角度(I)］：

……

步骤3：通过修剪最后得到项目图形，如图2—78c所示。

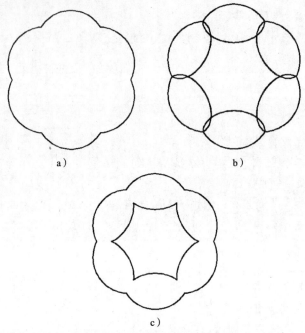

图2—78　项目八图形绘制过程

 项目小结

通过该项目的练习，要求掌握圆弧和椭圆弧的画法。其中圆弧的画法选项较多，应视情况选择较合理的方式绘制圆弧。椭圆弧的绘制重点在后面"截点"的选取。

 项目拓展练习

一、知识点

参数绘制椭圆是利用椭圆构成的参数因素来绘制椭圆。需要同样的输入作为"起始角度"，但通过以下矢量参数方程式创建椭圆弧：

$$p(u) = c + a\cos(u) + b\sin(u)$$

其中 c 是椭圆的中心点，a 和 b 分别是椭圆的长轴和短轴。终止参数：用参数化矢量方程式定义椭圆弧的终止角度。使用"起始参数"选项可以从角度模式切换到参数模式。模式用于控制计算椭圆的方法，角度用于定义椭圆弧的终止角度。使用"角度"选项可以从参数模式切换到角度模式。模式用于控制计算椭圆的方法。夹角定义从起始角度开始的夹角。如下：

> 指定起始参数或［角度(A)］：指定点、输入值或输入 a
> 指定终止参数或［角度(A)/包含角度(I)］：指定点、输入值或输入选项

二、操作练习

绘制图 2—79 所示图形。

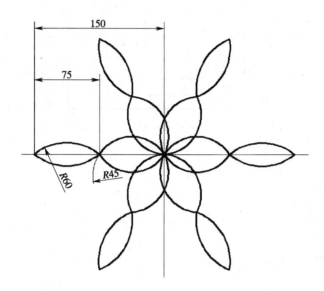

图 2—79 操作练习图

项目九 综合训练

一、绘制如图 2—80 所示图形

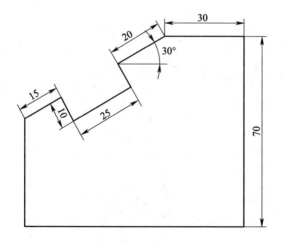

图 2—80 综合训练图 1

二、绘制如图 2—81 所示图形

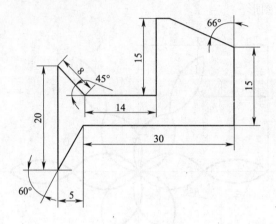

图 2—81 综合训练图 2

三、绘制如图 2—82 所示图形

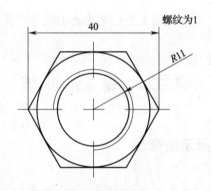

图 2—82 综合训练图 3

四、用两种方法绘制五角星（见图 2—83）

图 2—83 五角星

五、绘制如图 2—84 所示图形

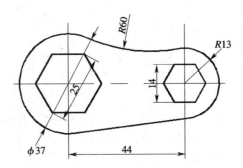

图 2—84 综合训练图 4

六、绘制如图 2—85 所示图形

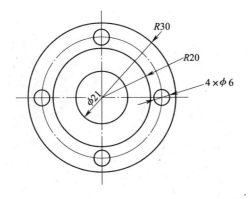

图 2—85 综合训练图 5

七、绘制如图 2—86 所示图形

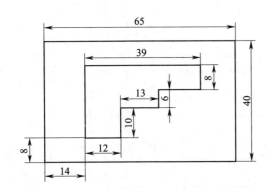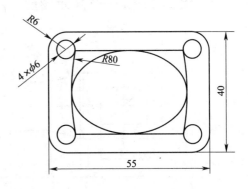

图 2—86 综合训练图 6

八、绘制如图 2—87 所示图形

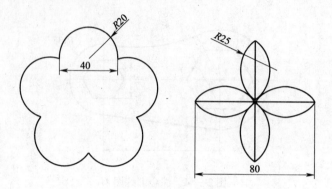

图 2—87　综合训练图 7

九、绘制如图 2—88 所示图形

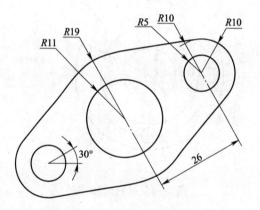

图 2—88　综合训练图 8

十、绘制如图 2—89 所示图形

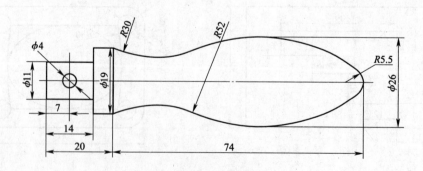

图 2—89　综合训练图 9

十一、绘制如图 2—90 所示图形

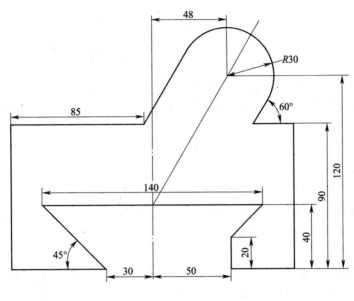

图 2—90 综合训练图 10

十二、绘制如图 2—91 所示图形

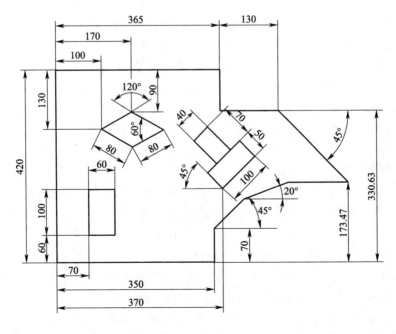

图 2—91 综合训练图 11

练 习 题

一、填空题

1. 在进行夹点编辑时，通常圆有_____个夹点，直线有_____个夹点。

2. 面积查询时，A 为_____，S 为_____。

3. 对圆用点的等分操作时，输入 6，会出现_____个节点；对直线用点的等分操作时，输入 7，会出现_____个节点。

4. 直线命令为_____，构造线命令为_____。

5. DYN 包含了_____、_____和_____三个板块。

6. 圆的绘制方式中的_____绘制方式不在命令中出现。

7. 启用捕捉自命令 from，是先找_____，再输入_____。

8. 在确定第一点为切点时，通过键盘_____加鼠标_____弹出的临时捕捉窗口中选取"切点"即可。

9. 绘制矩形的命令是_____，绘制圆的命令是_____，绘制椭圆的命令是_____。

10. 正多边形按照中心点的确定，有_____和_____两种绘制方法。

11. 多段线可以绘制连续的_____和_____，绘制的图元是一个整体。

12. 曲线命令是_____，控制曲线的关键在于控制曲线的_____和_____。

二、选择题

1. 在绘图时，如果要将最后一个点参照点（4，6）来作图，该输入的命令是_____。

A. from   B. for   C. @   D. f

2. arc 子命令中的（S，C，A）代表的画圆弧方式是_____。

A. 起点、圆心、终点   B. 起点、终点、半径

C. 起点、圆心、圆心角   D. 起点、终点、圆心角

3. 用 line 命令画出一个矩形，该矩形中有_____图元实体。

A. 1 个   B. 4 个   C. 数量不定的   D. 5 个

4. 剪切物体需用_____命令。

A. trim   B. extend   C. stretch   D. chamfer

5. 当使用 line 命令封闭多边形时，最快的方法是输入_____后按 Enter 键。

A. c   B. b   C. plot   D. draw

6. 在其他命令执行时可输入执行的命令称为_____。

A. 编辑命令   B. 执行命令   C. 透明命令   D. 绘图命令

7. circle 命令中的 TTR 选项是指用_____方式画圆。

A. 端点、端点、直径   B. 端点、端点、半径

C. 切点、切点、直径   D. 切点、切点、半径

8. 下列方式不是用于绘制正多边形的是_____。

A．外切于圆　　　　B．内切于圆　　　　C．内接于圆　　　　D．边

9．下列不能用于绘制矩形的选项是_____。

A．周长　　　　　　B．对角点　　　　　C．面积　　　　　　D．尺寸

10．查询命令中，可以完整地查询图形信息的命令是_____。

A．id　　　　　　　B．dist　　　　　　C．area　　　　　　D．list

11．下列图元对象中，多段线不能完成的是_____。

A．直线　　　　　　B．椭圆弧　　　　　C．圆弧　　　　　　D．带宽直线

12．曲线制图完成后需要_____次来确定结束命令。

A．1　　　　　　　　B．2　　　　　　　C．3　　　　　　　D．4

13．椭圆命令使用中心点来确定椭圆时，长轴和短轴的长度应为_____。

A．长轴，短轴　　　　　　　　　　　B．1/2 长轴，1/2 短轴

C．1/2 长轴，短轴　　　　　　　　　D．长轴，1/2 短轴

14．构造线等分角度的时候，_____用来确定最后一点。

A．起点　　　　　　B．顶点　　　　　　C．端点　　　　　　D．终点

15．在绘制 $a \times b$ 大小的矩形时，如果取左上角点为第一点，那么第二点坐标是_____。

A．@a，b　　　B．@$-a$，$-b$　　C．@$-a$，b　　D．@a，$-b$

三、判断题

1．在执行 line 命令的过程中又执行了 zoom 命令，则 line 命令会自动结束。　　（　　）

2．用 divide 命令等分一条直线段时，该线段上所显示的等分点样式总是"×"号。

（　　）

3．用 line 命令和 rectang 命令均可绘制矩形，并且所得结果是一样的。　　（　　）

4．不在一条直线上的 3 个点可以确定唯一的圆形。　　　　　　　　　　（　　）

5．用 ray 做线型图元时，有 3 个夹点。　　　　　　　　　　　　　　　（　　）

6．在修剪操作的过程中必须优先选择修剪对象。　　　　　　　　　　　（　　）

四、简答题

1．圆的六种画法包括哪些？

2．简述"捕捉自"命令 from 的操作步骤。

3．简述修剪的操作步骤。

4．查询点坐标、点点距离、图形面积和周长的命令分别是什么？

5．简述过一圆做切线的两种具体的方法。（键盘命令输入和鼠标点击两种）

五、操作题

1．图 2—92 中 A 点坐标为（39，59），用相对直角坐标或相对极坐标的方法通过直线命令完成该题。（不要求标尺寸）

步骤 1：line（按 Enter 键）

步骤 2：指定第一点：_____

步骤3：指定下一点：＿＿＿＿＿＿

步骤4：指定下一点：＿＿＿＿＿＿

步骤5：指定下一点：＿＿＿＿＿＿

步骤6：指定下一点：＿＿＿＿＿＿

步骤7：指定下一点或：C（按 Enter 键）

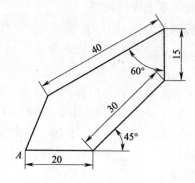

图 2—92　操作题图 1

2. 在坐标纸（见图 2—93）上完成以下命令行所绘制的图形。

步骤1：line（按 Enter 键）

步骤2：指定第一点：20，20

步骤3：指定下一点：50，20

步骤4：指定下一点：@50，30

步骤5：指定下一点：@ –50，50

步骤6：指定下一点：80 < 90

步骤7：指定下一点：@30 < 270

步骤8：指定下一点或：C（按 Enter 键）

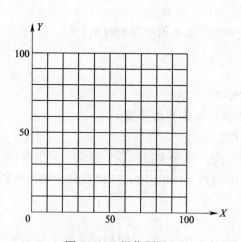

图 2—93　操作题图 2

3. 图 2—94 中 A 点坐标为（0，0），用相对直角坐标或相对极坐标的方法通过直线命令完成该题。（不要求标尺寸）

步骤1：line（按 Enter 键）

步骤2：指定第一点：0，0

步骤3：指定下一点：_____

步骤4：指定下一点：_____

步骤5：指定下一点：_____

步骤6：指定下一点：_____

步骤7：指定下一点：_____

步骤8：指定下一点：_____

步骤9：指定下一点：_____

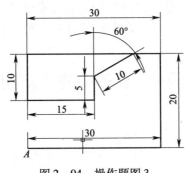

图2—94　操作题图3

4．在坐标纸（见图2—95）上完成以下命令行所绘制的图形。

步骤1：line（按 Enter 键）

步骤2：指定第一点：10，20

步骤3：指定下一点：50，20

步骤4：指定下一点：@50，80

步骤5：指定下一点：80 < 90

步骤6：指定下一点：@50 < 270

步骤7：指定下一点或：C（按 Enter 键）

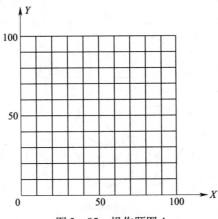

图2—95　操作题图4

第三章　图形的修改和编辑

在掌握基本图形绘制的基础上，本章的知识和技能重点是如何对图形进行更进一步的编辑。基本图形完成后还有很多地方需要局部的图元编辑，在 AutoCAD 中，能进行编辑的命令有很多，主要集中在菜单栏的"修改"或"修改"工具栏。上一章中已经学习了如何对图形进行修剪，"修剪"命令也是"修改"中的重要命令之一。总而言之，通过本章的学习，要求务必掌握通过"修改"工具或命令对图形进行进一步的编辑。

项目一　修改中的"复制"

项目展示

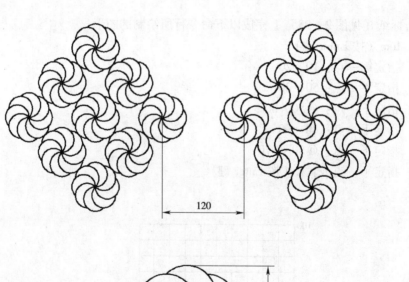

120

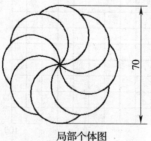

70

局部个体图

图 3—1　项目一要绘制的图形

学习目标

- ◆ 理解广义的复制
- ◆ 掌握复制命令
- ◆ 掌握偏移命令
- ◆ 掌握镜像命令
- ◆ 掌握阵列命令

项目分析

按要求绘制图 3—1，不标注尺寸。图 3—1 利用了阵列和镜像命令。在使用阵列操作时须注意阵列中各个参数的设置情况。

知识点

一、复制的定义

计算机中的"复制"是很常用的操作，可以通过复制将文本、文件或内容等单位进行再现。无论是文档的处理还是文件的编辑，甚至在 CAD 软件中，复制的基本步骤是一致的，大致可以总结为 3 步：①选择复制的内容；②执行复制的动作；③完成复制并将复制的内容粘贴到合适的位置（其中第 1 步和第 2 步可以相互调换）。第 2 步中复制的动作可以由快捷组合键 Ctrl + C 来完成。

在 AutoCAD 中具备复制功能的命令有很多，都能完成复制的基本功能，除此之外，还将复制的定义扩大化了，例如，某一具体坐标点进行复制、按某一旋转点环绕复制、按某一比例进行图元复制、同时根据有规律的位置进行单一或批量的复制等。这一系列的情况都可视为 CAD 中的"广义的复制"。其形式和内容比先前只对内容和格式（样式）的复制要丰富很多。

二、具备"复制"功能的命令

1. 复制命令

（1）命令的调用方法

1）键盘命令：copy（或简写 co）。

2）菜单："修改"→"复制"。

3）工具栏："修改"工具栏的 ⬚ 按钮。

（2）作用。对单个或者多个图元对象进行复制。

（3）相关选项说明。复制命令在复制过程中，通过指定复制的对象移动的距离和方向来定位目标对象，或者也可以输入一定的坐标值来通过相对距离和方向定位目标对象。

2. 偏移命令

（1）命令的调用方法

1）键盘命令：offset（或简写 o）。

2）菜单："修改"→"偏移"。

3）工具栏："绘图"工具栏的 按钮。

（2）作用。对单个或者多个图元对象进行位置移动，例如，可以创建同心圆、平行线和平行曲线等。

（3）相关选项说明。偏移命令在复制过程中，通过指定复制的对象移动的相对距离和方向来定位目标对象。例如，一条水平的直线，如果使用偏移，在确定偏移距离后存在两个偏移可能：一条在上方；一条在下方。偏移命令整体如下：

> 命令：offset
>
> 当前设置：删除源=否　图层=源　OFFSETGAPTYPE=0
>
> 指定偏移距离或[通过(T)/删除(E)/图层(L)]<通过>：

1）通过：创建通过指定点的对象。

> 选择要偏移的对象或<退出>：　　//选择一个对象或按 Enter 键结束命令
>
> //注意要在偏移带角点的多段线时获得最佳效果，请在直线段中点附近（而非角点附近）指定通过点
>
> 指定通过点或[退出(E)/多个(M)/放弃(U)]<退出或下一个对象>：
>
> //指定偏移对象要通过的点(1)或输入距离，如图3—2所示

选定对象　　　通过点　　　对象偏移

图 3—2　通过点偏移

2）偏移距离：在距现有对象指定的距离处创建对象。设置距离也是在绘图过程中最常用的方式。

> 选择要偏移的对象或[退出(E)/放弃(U)]<退出>：　　//选择一个对象、输入选项
>
> 　　　　　　　　　　　　　　　　　　　　　　　　或按 Enter 键结束命令
>
> 指定要偏移的那一侧上的点，或[退出(E)/多个(M)/放弃(U)]<退出或下一个对象>：　　//指定对象上要偏移的那一侧上的点(1)或输入选项，如图3—3所示

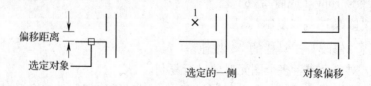

偏移距离　　选定对象　　选定的一侧　　对象偏移

图 3—3　设置偏移距离的偏移

该方法最常用，操作步骤可以简单总结为：①执行偏移，②设置偏移距离，③选择偏移对象和偏移一边的任意位置。

3）图层：确定将偏移对象创建在当前图层上还是源对象所在的图层上。

3. 镜像

（1）命令的调用方法

1）键盘命令：mirror。

2）菜单："修改"→"镜像"。

3）工具栏："修改"工具栏的 ⚐ 按钮。

（2）作用。对单个或者多个图元对象进行创建镜像图像副本。

（3）相关选项说明。

> 命令：mirror
> 选择对象：找到1个
> 选择对象：指定镜像线的第一点：指定镜像线的第二点：
> 要删除源对象吗?[是(Y)/否(N)]＜N＞：

图3—4中点1和点2可以构成一个镜面。

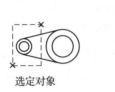
选定对象
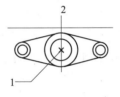

图3—4　镜像

镜像命令的操作步骤可以总结为：①执行镜像命令；②选择镜像的对象；③选择镜面并确定（①步和②步可以调换）。其中镜面的选择尤其要注意，对称面的位置在对象确定的前提下是由镜像线的位置确定的。

指定的两个点将成为直线的两个端点，选定对象相对于这条直线被镜像。对于三维空间中的镜像，这条直线定义了与用户坐标系（UCS）的 XY 平面垂直并包含镜像线的镜像平面。

> 要删除源对象吗?[是(Y)/否(N)]＜N＞：

"是"代表将镜像的图像放置到图形中并删除原始对象，"否"代表将镜像的图像放置到图形中但不删除原始对象，如图3—5所示。

删除的原始对象

保留的原始对象

图3—5　对原对象的处理

4. 阵列

（1）命令的调用方法

1）键盘命令：array（简写 ar）。

2）菜单："修改"→"阵列"。

3）工具栏："修改"工具栏的 ⊞ 按钮。

（2）作用。对单个或者多个图元对象进行创建阵列复制。阵列也可以理解为按一定的序列进行排列复制。

（3）相关选项说明。AutoCAD 中的阵列有两种：一是矩形阵列，二是环形阵列。使用"矩形阵列"选项是创建选定对象的副本的行和列阵列，使用"环形阵列"选项通过围绕圆心复制选定对象来创建阵列。

如图 3—6 都是对半径 10 的圆做的阵列，左边为矩形阵列，右边为环形阵列。

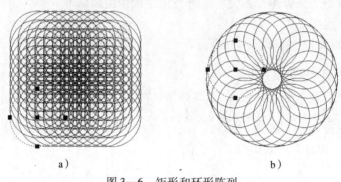

a)   b)

图 3—6   矩形和环形阵列

a）矩形阵列   b）环形阵列

1）矩形阵列。矩形阵列的排布有四个基本因素：阵列对象，行列数，行列偏移量，阵列角度。

图 3—7 所示为矩形阵列的对话框。其中对象的选择必须用点选。行列数需要输入数值。行列偏移量和阵列角度既可以输入数值也可以通过对象基点的方式来拾取。

图 3—7   矩形阵列对话框

①行列数：指定阵列中的行数（列数）。如果只指定了一行（列），则必须指定多列（行）。如果为此阵列指定了许多行和许多列，可能要花费一些时间来创建副本。默认情况下，在一个命令中可以生成的阵列元素最大数量为 100 000。该限制值由注册表中的 MAX-ARRAY 参数进行设置。

②行列偏移量：指定阵列偏移的距离和方向。行偏移指定行间距（按单位）。要向下添加行，应指定负值。要使用定点设备指定行间距，可用"拾取两者偏移"按钮或"拾取行偏移"按钮。列偏移指定列间距（按单位）。要向左边添加列，应指定负值。要使用定点设

备指定列间距，可用"拾取两者偏移"按钮或"拾取列偏移"按钮。

③阵列角度：指定旋转角度。此角度通常为0，因此，行和列与当前 UCS 的 *X* 和 *Y* 图形坐标轴正交。使用 units 可以更改测量单位。阵列角度受 angbase 和 angdir 系统变量影响。

2）环形阵列。环形阵列的排布有四个基本因素：阵列对象，中心点，项目总数，角度。

图 3—8 所示为环形阵列的对话框。其中对象的选择必须用点选。项目总数需要输入数值。中心点和角度既可以输入数值也可以通过对象基点的方式来拾取。

图 3—8　环形阵列对话框

①中心点：指定环形阵列的中心点。输入 *X* 和 *Y* 坐标值，或使用"拾取中心点"按钮以使用定点设备指定中心点。"拾取中心点"按钮将临时关闭"阵列"对话框，以便用户使用定点设备在绘图区域中指定中心点。

②方法和值：指定用于定位环形阵列中的对象的方法和值。此设置控制哪些"方法和值"字段可用于指定值。例如，如果方法为"项目总数和填充角度"，则可以使用相关字段来指定值，"项目间角度"字段将不可用。

③项目总数：设置在结果阵列中显示的对象数量。默认值为4。

④角度：填充角度通过定义阵列中第一个和最后一个元素的基点之间的包含角来设置阵列大小。正值指定逆时针旋转，负值指定顺时针旋转。默认值为360，不允许值为0。

项目间角度设置阵列对象的基点和阵列中心之间的包含角。输入一个正值，默认方向值为90。

"拾取要填充的角度"按钮将临时关闭"阵列"对话框，这样可以定义阵列中第一个元素和最后一个元素的基点之间的包含角。ARRAY 提示在绘图区域参照一个点选择另一个点。

无论是环形阵列还是矩形阵列都有一个预览区，它会显示基于对话框当前设置的阵列预览图像。当修改设置后移到另一个字段时，预览图像将被动态更新。

 技能操作

检查绘图环境，设置好"对象捕捉""极轴"和"对象追踪"。

步骤 1：设置绘图环境。

命令:limits　　　　　　　　　　　//图形空间界限命令
重新设置模型空间界限:
指定左下角点或[开(ON)/关(OFF)]＜0.0000,0.0000＞:
指定右上角点＜420.0000,297.0000＞:210,297
命令:zoom　　　　　　　　　　　//缩放命令
指定窗口的角点,输入比例因子(nX 或 nXP),或者[全部(A)/中心(C)/动态(D)/范围(E)/上一个(P)/比例(S)/窗口(W)/对象(O)]＜实时＞:a
正在重生成模型

步骤2：绘制图3—9。

命令:circle
指定圆的圆心或[三点(3P)/两点(2P)/相切、相切、半径(T)]:
指定圆的半径或[直径(D)]＜10.0000＞:35　　　//绘制半径35的圆
命令:circle
指定圆的圆心或[三点(3P)/两点(2P)/相切、相切、半径(T)]:2p　　//利用两点绘制图
　　　　　　　　　　　　　　　　　　　　　　　　3—8中的小圆
指定圆直径的第一个端点:
指定圆直径的第二个端点:

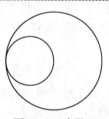

图3—9　步骤2

步骤3：将内切小圆作阵列再删除小圆,保留相邻的两个。

命令:array　　　　　　　　　　//阵列(阵列设置见图3—10a)
选择对象:找到1个　　　　　　　//选择小圆
选择对象:
指定阵列中心点:　　　　　　　　//选择大圆的圆心为中心点
命令:　　　　　　　　　　　　　//单击"确定"按钮完成阵列(见图3—10b)
命令:_.erase 找到6个　　　　　　//删除小圆,保留相邻的两个(见图3—10c)
命令:TRIM　　　　　　　　　　//利用修剪完成该步骤
当前设置:投影＝UCS,边＝无
选择剪切边...
选择对象或＜全部选择＞:指定对角点:找到3个
选择对象:

选择要修剪的对象,或按住 Shift 键选择要延伸的对象,或

[栏选(F)/窗交(C)/投影(P)/边(E)/删除(R)/放弃(U)]: //完成见图3—10d

......

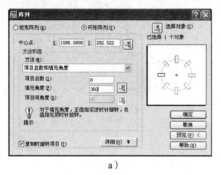
a)

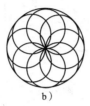
b)

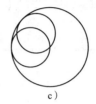
c)

d)

图 3—10 步骤 3

步骤4：对大圆内图形作阵列，并删除大圆。

命令:array //阵列,设置见图3—11a

选择对象:指定对角点:找到2个

选择对象:

指定阵列中心点:

命令: //完成见图3—11b

命令:_. erase 找到1个 //删除完成见图3—11c

a)

b)

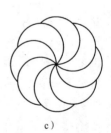
c)

图 3—11 步骤 4

步骤5：对已完成的步骤4图形作矩形阵列。

命令:array //用矩形阵列,注意行列数为3,项目中每个小图都相切,考虑到初始外圆直径为70,所以行列偏移量也为70,阵列角度45°,设置见图3—12a

选择对象:指定对角点:找到16个

选择对象:

命令: //完成见图3—12b

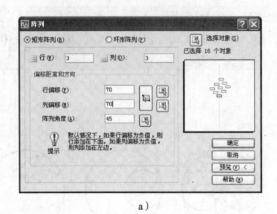
a）

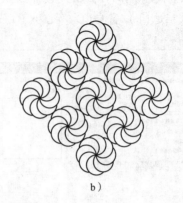
b）

图 3—12　步骤 5

步骤 6： 对已完成的步骤 5 图形做镜像（完成见图 3—13），镜像对象和本体之间最近圆心距为 120，做一辅助直线，长 120。

图 3—13　步骤 6

命令：line	
指定第一点：	//起点为最右单位中心点位置
指定下一点或[放弃(U)]：120	
指定下一点或[放弃(U)]：	
命令：mirror	//镜像命令
选择对象：指定对角点：找到144个	//框选对象并确定
选择对象：	
指定镜像线的第一点：指定镜像线的第二点：	//镜像线第一点为辅助线中点，第二点为利用极轴垂直于 X 轴的任意一点
要删除源对象吗?[是(Y)/否(N)] <N>：	//保留源对象，所以不可删除，保持默认选项 N
命令：	
命令：_. erase 找到1个	//删除辅助直线

项目小结

复制在 AutoCAD 中得到了拓展，偏移、镜像和阵列都可以认为是广义的复制，其中需要把握的要点为：偏移要注意设置偏移量和偏移的位置；镜像要把握好镜面的控制；阵列中要注意"四要素"的参数设置（矩形阵列：对象、行列数、行列偏移量和阵列角度；环形阵列：对象、项目总数、中心点和角度）

项目拓展练习

一、知识点

1. 镜像文字

除了一般的图元对象可以镜像以外，文字也可以镜像。命令为 mirrtext。默认情况下，镜像文字对象时，不更改文字的方向。如果确实要反转文字，请将 mirrtext 系统变量设置为 1，如图 3—14 所示。

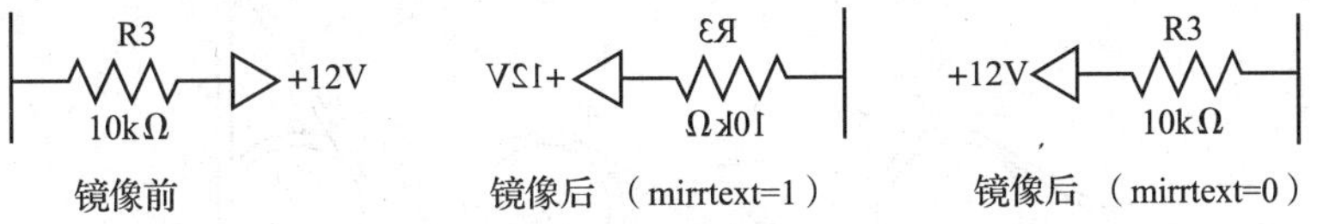

镜像前　　　　　镜像后　（mirrtext=1）　　　　　镜像后　（mirrtext=0）

图 3—14　镜像文字

2. 旋转

修改工具中还有个命令使用频率较高：旋转。旋转与环形阵列的区别是不保留原对象的位置。可以绕指定基点旋转图形中的对象，要确定旋转的角度，请输入角度值，使用光标进行拖动，或者指定参照角度，以便与绝对角度对齐。

```
命令：rotate
UCS 当前的正角方向：　ANGDIR = 逆时针　ANGBASE = 0
选择对象：找到1个
选择对象：找到1个，总计2个
选择对象：
指定基点：
指定旋转角度，或［复制（C）/参照（R）］<0 >：
```

旋转的基点相当于中心点，即所选择的对象是围绕该基点进行旋转的。

旋转的角度有以下几种情况。

（1）按指定角度旋转对象：输入旋转角度值（0°~360°）。还可以按弧度、百分度或勘测方向输入值。输入正角度值逆时针或顺时针旋转对象，这取决于"图形单位"对话框中的"方向控制"设置。

（2）通过拖动旋转对象：绕基点拖动对象并指定第二点。为了更加精确，请使用"正交"模式、极轴追踪或对象捕捉。如图 3—15 所示，通过选择对象 1，指定基点 2 并通过拖动到另一点 3 指定旋转角度来旋转房子的平面视图。

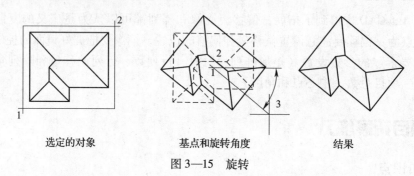

| 选定的对象 | 基点和旋转角度 | 结果 |

图 3—15　旋转

（3）旋转对象到绝对角度：使用"参照"选项，可以旋转对象，使其与绝对角度对齐。如图 3—16 所示，要旋转插图中的部件，使对角边旋转到 90°，可以选择要旋转的对象（1，2），指定基点 3，然后输入"参照"选项。对于参照角度，应指定对角线（4，5）的两个端点。对于新角度，应输入 90。

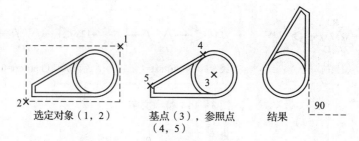

| 选定对象（1，2） | 基点（3），参照点（4，5） | 结果 |

图 3—16　旋转绝对角度

3. 修剪命令的扩展

鉴于修改工具中的修剪命令使用频率相当高，所以在第二章就做了简单介绍，这里将修剪命令全面展开，帮助读者理解修剪命令的内涵，掌握更加高效的绘图方式。

修剪命令的调用在这里不再介绍了，只介绍命令的选项。

> 命令:trim
> 当前设置:投影 = UCS,边 = 无
> 选择剪切边…
> 选择对象或 < 全部选择 >:
> 选择要修剪的对象,或按住 Shift 键选择要延伸的对象,或[栏选(F)/窗交(C)/投影(P)/边(E)/删除(R)/放弃(U)]:

（1）按住 Shift 键选择要延伸的对象：延伸选定对象而不是修剪它们。此选项提供了一种在修剪和延伸之间切换的简便方法。

（2）栏选：选择与选择栏相交的所有对象。选择栏是一系列临时线段，它们是用两个或多个栏选点指定的。选择栏不构成闭合环。

> 指定第一个栏选点:指定选择栏的起点
> 指定下一个栏选点或[放弃(U)]:指定选择栏的下一点或输入 u
> 指定下一个栏选点或[放弃(U)]:指定选择栏的下一个点、输入 u 或按 Enter 键

（3）窗交：选择矩形区域（由两点确定）内部或与之相交的对象。注意：某些要修剪的对象的交叉选择不确定。修剪命令将沿着矩形交叉窗口从第一个点以顺时针方向选择遇到的第一个对象。

> 指定第一个角点:指定点
> 指定对角点:指定第一点对角线上的点

（4）投影：指定修剪对象时使用的投影方式。

> 输入投影选项[无(N)/UCS(U)/视图(V)]<当前>:输入选项或按 Enter 键

1）无：指定无投影。该命令只修剪与三维空间中的剪切边相交的对象，如图 3—17 所示。

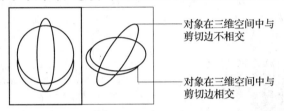

图 3—17　无投影旋转

2）UCS：指定在当前用户坐标系 XY 平面上的投影。该命令将修剪不与三维空间中的剪切边相交的对象，如图 3—18 所示。

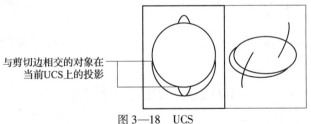

图 3—18　UCS

3）视图：指定沿当前视图方向的投影。该命令将修剪与当前视图中的边界相交的对象，如图 3—19 所示。

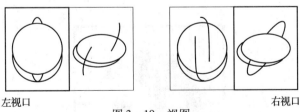

图 3—19　视图

（5）边：确定对象是在另一对象的延长边处进行修剪，还是仅在三维空间中与该对象相交的对象处进行修剪，如图 3—20 所示。

> 输入隐含边延伸模式[延伸(E)/不延伸(N)]<当前>:输入选项或按 Enter 键

1）延伸：沿自身自然路径延伸剪切边，使它与三维空间中的对象相交。

2）不延伸：指定对象只在三维空间中与其相交的剪切边处修剪。

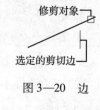

图 3—20　边

注意

修剪图案填充时，不要将"边"设置为"延伸"。否则，修剪图案填充时将不能填补修剪边界中的间隙，即使将允许的间隙设置为正确的值。

（6）删除：删除选定的对象。此选项提供了一种用来删除不需要的对象的简便方式，而无须退出修剪命令。

二、操作练习

1．绘制如图 3—21 所示图形（尺寸自拟）。

2．绘制如图 3—22 所示图形。

图 3—21　操作练习图 1

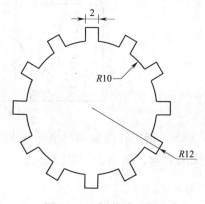

图 3—22　操作练习图 2

项目二　填充的应用

项目展示

图 3—23　项目二要绘制的图形

图 3—22 中，正方形边长为 100，内"太极"图的圆直径为 70，"太极"中的小圆半径为 6。

学习目标

◆ 理解填充的定义
◆ 掌握图案填充的设置

项目分析

按要求绘制图 3—23，不标注尺寸。该图中多次使用了填充，因此，填充的选项设置是本项目学习的重点。

知识点

一、填充的定义

AutoCAD 的图案填充功能不仅可以绘制工程图中的剖面线，而且可以做出很多图案效果。该功能为用户提供了丰富的填充图案，同时用户也可以自己定义或者预设填充图案和填充效果，另外强大的网络也为用户提供了各类图案填充内容的下载。

二、填充的使用

1. 填充命令的调用方法：

（1）键盘命令：bhatch（或简写 bh）。

（2）菜单："绘图"→"图案填充"。

（3）工具栏："绘图"工具栏的 按钮。

2. 作用

对单个或者多个闭合区间对象进行图案填充。

3. 相关选项说明

可以使用预定义填充图案填充区域、使用当前线型定义简单的线图案，也可以创建更复杂的填充图案。有一种图案类型叫作实体，它使用实体颜色填充区域。也可以创建渐变填充。渐变填充在一种颜色的不同灰度之间或两种颜色之间使用过渡。渐变填充提供光源反射到对象上的外观，可用于增强演示图形。填充的完整对话框如图 3—24 所示。

一般情况下没有最右边的"孤岛""边界保留""边界集""继承选项"。可以利用对话框最右下的 将此栏目收起。

对于初学者，图案的填充可以归纳为四点：①图案的选择，②角度，③比例，④边界。图案是指填充的图案效果和样式，角度是指填充图案是以什么角度进行填充，比例是指填充图案的密度比例，边界是指填充图案的区间限定的外部边界。

对话框中有两个选项卡："图案填充"和"渐变色"。"渐变色"选项卡是"单色"或者"双色"单选按钮来确定填充的颜色，通过"方向"来调整位置。渐变色有点类似 Word 绘图中的"填充效果"。本项目重点介绍"图案填充"选项卡。

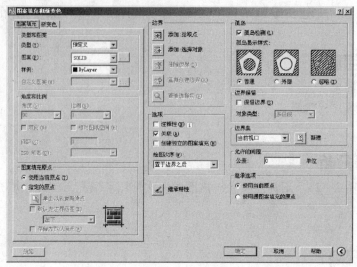

图 3—24　"图案填充和渐变色"对话框

（1）类型和图案。AutoCAD 提供了实体填充及 50 多种行业标准填充图案，可用于区分对象的部件或表示对象的材质。同时还提供了符合 ISO（国际标准化组织）标准的 14 种填充图案。当选择 ISO 图案时，可以指定笔宽。笔宽决定了图案中的线宽。

1）类型

①预定义：用于确定预定义的填充图案。

②用户定义：让用户自己使用当前线型定义一个简单的图案。

③自定义：用于从其他自定义的 .pat 文件中指定一个图案。

2）图案：单击"图案"下拉列表框，可以选择预定义的填充图案。也可以单击"浏览"，弹出"填充图案选项板"对话框，在该对话框中选择相应的图案。

3）样例：单击"样例"会弹出"填充图案选项板"对话框，可以选择需要的图案。

（2）角度和比例

1）角度：用于指定填充图案中的线条与水平方向（X 轴正方向）的夹角。如图 3—25 所示为 ANSI31 的图案填充，角度从左往右依次为 0°、45°、90°、135°。

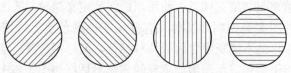

图 3—25　图案填充的不同角度

2）比例：用于选取或输入适当的比例系数。数值越大，图案填充得越稀疏；数值越小，图案填充得越紧密。如图 3—26 所示为 ANSI31 的图案填充，比例分别为 1、1.3、1.6、1.9。

图 3—26　图案填充的不同比例

（3）边界

1）"添加：拾取点"：是指以需要填充的闭合区间内任意一点为"拾取点"。例如，要填充一个圆，如果边界选项中点击的是"添加：拾取点"，可以在圆的内部点击任意一个位置即可。

2）"添加：选择对象"：是指以需要填充的闭合区间的整体作为一个可以选择的对象。例如，要填充一个圆，如果边界选项中点击的是"添加：选择对象"，可以在圆的圆圈上任意一个位置点击表示选择了该对象。

3）删除边界：用于在添加了拾取点或者选择对象后，删除不需要添加填充内容的区间。

4）编辑图案填充边界：因为可填充的对象组合非常多，所以编辑填充的几何图形可能会产生不可预料的结果。如果创建了不需要的图案填充，可以放弃操作、修剪或删除图案填充以及重新填充区域。

 技能操作

检查绘图环境，设置好对象捕捉、极轴和对象追踪。

步骤 1：设置绘图环境。

```
命令:limits              //图形空间界限命令
命令:zoom                //图形缩放命令
```

步骤 2：依次绘制正方形、内切圆、半径 35 圆、各根辅助线、半径 6 圆，如图 3—27 所示。

```
命令:rectang
指定第一个角点或[倒角(C)/标高(E)/圆角(F)/厚度(T)/宽度(W)]:
指定另一个角点或[面积(A)/尺寸(D)/旋转(R)]:@100,100
命令:_ circle 指定圆的圆心或[三点(3P)/两点(2P)/相切、相切、半径(T)]:
_ 3p 指定圆上的第一个点:_ tan 到        //利用三切绘制内切圆,切点任意
                                            选3个边

指定圆上的第二个点:_ tan 到
指定圆上的第三个点:_ tan 到
命令:circle
指定圆的圆心或[三点(3P)/两点(2P)/相切、相切、半径(T)]:
指定圆的半径或[直径(D)]<50.0000>:35          //绘制半径35的圆
命令:circle
指定圆的圆心或[三点(3P)/两点(2P)/相切、相切、半径(T)]:2p
指定圆直径的第一个端点:
指定圆直径的第二个端点:                    //利用两点绘制半径35圆内
                                             的两大圆

命令:circle
指定圆的圆心或[三点(3P)/两点(2P)/相切、相切、半径(T)]:2p
```

指定圆直径的第一个端点：

指定圆直径的第二个端点：

命令：circle

指定圆的圆心或［三点(3P)/两点(2P)/相切、相切、半径(T)］:

指定圆的半径或［直径(D)］<17.5000>:6   //绘制半径6的小圆

命令：mirror   //做小圆的镜像

选择对象：找到1个

选择对象：指定镜像线的第一点：指定镜像线的第二点：

要删除源对象吗？［是(Y)/否(N)］<N>:

命令：iline

指定第一点：   //绘制两直线

指定下一点或［放弃(U)］:

指定下一点或［放弃(U)］:

命令：LINE 指定第一点：

指定下一点或［放弃(U)］:

指定下一点或［放弃(U)］:

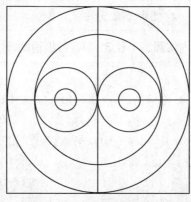

图 3—27　步骤 2

步骤 3：对步骤 2 图形进行修剪、删除，如图 3—28 所示。

命令：trim

当前设置：投影＝UCS,边＝无

选择剪切边...

选择对象或<全部选择>:　指定对角点：找到9个

选择对象：

选择要修剪的对象,或按住 Shift 键选择要延伸的对象,或［栏选(F)/窗交(C)/投影
(P)/边(E)/删除(R)/放弃(U)］:

……

命令：指定对角点：

命令：_.erase 找到2个

步骤4：完成填充，区间用代号表示，如图 3—29 所示。

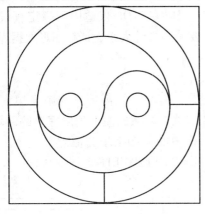

图 3—28 步骤 3

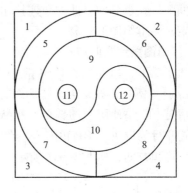

图 3—29 步骤 4

区间 1、2、3、4 选择图案为 ANSI31，角度 45°，比例 1。

区间 5、8 选择图案为 ANSI31，角度 0°，比例 1。

区间 6、7 选择图案为 ANSI31，角度 90°，比例 1。

区间 9、12 选择图案为 SOLID。

项目小结

填充时注意四点：①图案的选择，②角度，③比例，④边界。

填充的步骤可以简单总结为：①执行填充命令或单击"填充"按钮。②在"图案填充和渐变色"对话框中，单击"添加：选择对象"。③指定要填充的对象（对象最好是构成闭合边界，也可以指定任何不应被填充的孤岛。此外，对于不闭合区间可以设置 HPGAPTOL 系统变量，以便将几乎组成封闭区域的一组对象视为闭合的图案填充边界）。④在"绘制顺序"下，单击某个选项（可以更改填充绘制顺序，将其绘制在填充边界的后面或前面，或者其他所有对象的后面或前面）。⑤单击"确定"按钮完成填充。

项目拓展练习

一、知识点

1. 定义图案填充边界

BHATCH 和 HATCH 都是填充，前者是直接根据图形选择，后者则要输入命令。

可以从多个方法中进行选择以指定图案填充的边界。方法 1 是：指定对象封闭的区域中的点。方法 2 是：选择封闭区域的对象。方法 3 是：将填充图案从工具选项板或设计中心拖动到封闭区域。其中方法 1 和 2 前面已经提到。填充图形时，将忽略不在对象边界内的整个对象或局部对象。如果填充线与某个对象（如文本、属性或实体填充对象）相交，并且该对象被选定为边界集的一部分，则将围绕该对象来填充，如图 3—30 所示。

无论是哪种情况，所选择的区域必须是闭合的。选择边界对象或内部点时若提示边界无效，往往需要检查所填充的区域是否闭合。如果要填充边界未完全闭合的区域，可以设置 HPGAPTOL 系统变量以桥接间隔，将边界视为闭合。HPGAPTOL 仅适用于指定直线与圆弧之间的间隙，经过延伸后两者会连接在一起。另外要减小文件大小，请在图形数据库中将填充区域定义为单个图形对象。

2. 控制图案填充原点

默认情况下，填充图案始终相互"对齐"。但是，有时可能需要移动图案填充的起点（称为原点）。例如，如果创建砖形图案，可能希望在填充区域的左下角以完整的砖块开始。在这种情况下，请使用"图案填充和渐变色"对话框中的"图案填充原点"选项。填充图案的位置和行为取决于 HPORIGIN、HPORIGINMODE 和 HPINHERIT 系统变量，以及用户坐标系的位置和方向，如图 3—31 所示。

文字对象不属于边界集　文字对象包含在边界集中　　　默认图案填充原点　　　新的图案填充原点

图 3—30　围绕文字对象填充　　　　　　　图 3—31　图案填充原点

3. 创建关联图案填充

关联图案填充随边界的更改自动更新。默认情况下，用 HATCH 创建的图案填充区域是关联的。该设置存储在系统变量 HPASSOC 中。使用 HPASSOC 中的设置通过从工具选项板或 Design Center（设计中心）拖动填充图案来创建图案填充。任何时候都可以删除图案填充的关联性，或者使用 HATCH 创建无关联填充。当 HPGAPTOL 系统变量设置为 0（默认值）时，如果编辑会创建开放的边界，将自动删除关联性。可以使用 HATCH 来创建独立于边界的非关联图案填充，如图 3—32 所示。

填充的对象　　　编辑非关联填充边界　　编辑具有关联图案填
　　　　　　　　所得到的结果　　　　充的边界的结果

图 3—32　关联图案填充

4. 创建注释性图案填充

注释性图案填充是按照图纸尺寸进行定义的。可以创建单独的注释性填充对象，也可以创建注释性填充图案。使用注释性图案填充可象征性地表示材质（如沙子、混凝土、钢铁、泥土等）。注释性填充图案（存储在"acad. pat"文件中）创建注释性填充对象。当用户在"图案填充和渐变色"对话框中选择一个注释性填充图案后，系统将自动选中"注释性"复选框。

5. 指定图案填充的绘制顺序和限制填充图案密度

可以指定图案填充的绘制顺序，以便将其绘制在图案填充边界的后面或前面，或者其他所有对象的后面或前面。创建图案填充时，默认情况下将图案填充绘制在图案填充边界的后面。这样比较容易查看和选择图案填充边界。可以更改图案填充的绘制顺序，以便将其绘制在填充边界的前面，或者其他所有对象的后面或前面。该设置存储在 HPDRAWORDER 系统变量中。通过从工具选项板或设计中心拖动填充图案而创建的图案填充将使用 HPDRA-WORDER 中的绘图次序设置。另外对于图形密度问题，通过命令提示输入（setenv "Max Hatch" "n"）来设置注册表变量，更改填充线的最大值，其中 n 是一个介于 100 ~ 10000000 之间的数，Max Hatch 的默认值为 10000。

二、操作练习

绘制如图 3—33 所示图形。

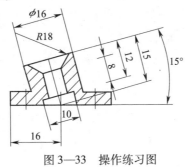

图 3—33　操作练习图

项目三　　"修改"的其他应用

项目展示

如图 3—34 所示，其中 10 个倒角 $C = 1$，10 个圆角 $R = 1.5$，4 个圆角 $R = 3$。

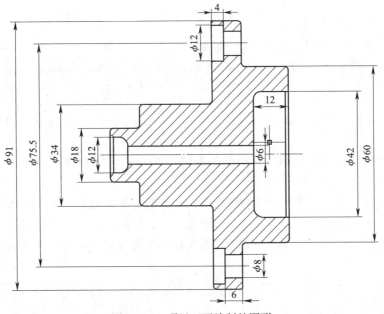

图 3—34　项目三要绘制的图形

- ◆ 掌握修改中的倒角方法
- ◆ 掌握修改中的圆角方法
- ◆ 理解"修改"工具栏的其他应用

按要求绘制图3—34，不标注尺寸。

一、"修改"中的倒角

1. 命令的调用方法

（1）键盘命令：chamfer（或简写 cha）。

（2）菜单："修改"→"倒角"。

（3）工具栏："修改"工具栏的 ▱ 按钮。

2. 作用

对单个或者多个闭合或未闭合角度对象进行倒角修改。注意：闭合边长值不得大于倒角的边距。

3. 相关选项说明

倒角命令内容如下：

> 命令：chamfer
> （"修剪"模式）当前倒角距离1 = 0. 0000，距离2 = 0. 0000
> 选择第一条直线或[放弃(U)/多段线(P)/距离(D)/角度(A)/修剪(T)/方式(E)/多个(M)]：

（1）第一条直线：指定定义二维倒角所需的两条边中的第一条边或要倒角的三维实体的边。

1）如果选择直线或多段线，它们的长度将调整以适应倒角线。选择对象时可以按住 Shift 键，用 0 值替代当前的倒角距离。

2）如果选定对象是二维多段线的直线段，它们必须相邻或只能用一条线段分开。如果它们被另一条多段线分开，执行 chamfer 将删除分开它们的线段并代之以倒角。

3）如果选定的是三维实体的一条边，那么必须指定与此边相邻的两个表面中的一个为基准表面。如下：

> 基面选择...
> 输入曲面选择选项[下一个(N)/确定(当前)(O)] <确定>：输入 n 或 o，或按 Enter 键

输入 o 或按 Enter 键将选定的曲面设置为基面。输入 n 将选择与选定边相邻的两个表面之一。

指定基面的倒角距离＜当前＞：
指定其他曲面的倒角距离＜当前＞：

选择了基面和倒角距离之后，应再选择需倒角的基面的边。可以一次选择一条边，也可一次选择所有边，如图 3—35 所示。

选择边或［环(L)］：选择一条边、输入 L 或按 Enter 键

选定第一个边　　　　　　第一个基面　　　　　　第二个基面

图 3—35　边和基面

①边：选择一条边进行倒角，如图 3—36 所示。

选择边　　　　　　　　选定的边　　　　　　　倒角的边

图 3—36　倒角的边

②环和边环：切换到"边环"模式，选择基面上的所有边，如图 3—37 所示。

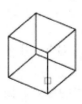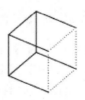

选择边环　　　　　　　选定的边环　　　　　　倒角的边环

图 3—37　倒角的边环

选择边环或［边(E)］：选择一条边、输入 e 或按 Enter 键

（2）多段线：对整个二维多段线倒角。相交多段线线段在每个多段线顶点被倒角。倒角成为多段线的新线段。如果多段线包含的线段过短以至于无法容纳倒角距离，则不对这些线段倒角，如图 3—38 所示。

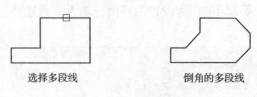

选择多段线　　　　　　　倒角的多段线

图 3—38　多段线倒角

选择二维多段线：

（3）距离：这种方法使用频率相对较高。设置倒角至选定边端点的距离。如果将两个距离均设置为零，chamfer 将延伸或修剪两条直线，以使它们终止于同一点，如图 3—39 所示。

指定第一个倒角距离 <当前>：
指定第二个倒角距离 <当前>：

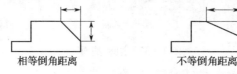

相等倒角距离　　　　　　不等倒角距离

图 3—39　倒角距离

（4）角度：用第一条线的倒角距离和第二条线的角度设置倒角距离，如图 3—40 所示。

指定第一条直线的倒角长度 <当前>：
指定第一条直线的倒角角度 <当前>：

第一个选定的　　　　　　　　　　　倒角距离
第二个选定的　　　　　　　　　　　　　角度

图 3—40　倒角角度

（5）修剪：控制 chamfer 是否将选定的边修剪到倒角直线的端点。注意"修剪"选项将 TRIMMODE 系统变量设置为 1；"不修剪"选项将 TRIMMODE 设置为 0。如果将 TRIMMODE 系统变量设置为 1，则 chamfer 会将相交的直线修剪至倒角直线的端点。如果选定的直线不相交，chamfer 将延伸或修剪这些直线，使它们相交。如果将 TRIMMODE 设置为 0，则创建倒角而不修剪选定的直线。

（6）方式：使用两个距离还是一个距离和一个角度来创建倒角。

输入修剪方法［距离（D）/角度（A）］<当前>：

（7）多个：为多组对象的边倒角。chamfer 将重复显示主提示和"选择第二个对象"的提示，直到用户按 Enter 键结束命令。

二、"修改"中的圆角

1. 命令的调用方法

（1）键盘命令：fillet（或简写 f）。

（2）菜单："修改"→"圆角"。

（3）工具栏："修改"工具栏的 按钮。

2. 作用

对单个或者多个闭合或未闭合的角度对象进行圆角修改。注意：闭合边长值不得大于圆角半径。

3. 相关选项说明

圆角命令内容如下：

> 命令：fillet
> 当前设置：模式 = 修剪,半径 = 0.0000
> 选择第一个对象或[放弃(U)/多段线(P)/半径(R)/修剪(T)/多个(M)]：

（1）第一个对象：选择定义二维圆角所需的两个对象中的第一个对象，或选择三维实体的边以便给其加圆角。选择第二个对象，或按住 Shift 键并选择要应用角点的对象：使用对象选择方法，或按住 Shift 键并选择对象，以创建一个锐角，如图 3—41 所示。

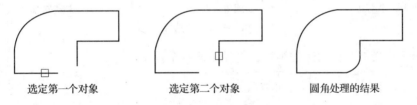

选定第一个对象　　　　选定第二个对象　　　　圆角处理的结果

图 3—41　对象的选定

如果选择直线、圆弧或多段线，它们的长度将进行调整以适应圆角弧度。选择对象时，可以按住 Shift 键，以便使用 0 值替代当前圆角半径；如果选定对象是二维多段线的两个直线段，则它们可以相邻或者被另一条线段隔开。如果它们被另一条多段线分开，执行 fillet 将删除分开它们的线段并代之以圆角。在圆之间和圆弧之间可以有多个圆角存在。选择靠近期望的圆角端点的对象。另外 fillet 不修剪圆；圆角弧与圆平滑地相连，如图 3—42 所示。

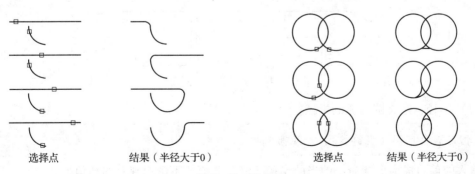

选择点　　　结果（半径大于0）　　　　选择点　　　结果（半径大于0）

图 3—42　选择点

如果选择了三维实体，则可以选择多条边，但必须分别选择这些边。

> 输入圆角半径＜当前＞:指定距离或按 Enter 键
> 选择边或[链(C)/半径(R)]:选择边或者输入 c 或 r

1）边：选择一条边。可以连续选择单个边直到按 Enter 键为止。如果选择会聚于顶点构成长方体角点的三条或三条以上的边，则当三条边相互之间的三个圆角半径都相同时，执行 fillet 将计算出属于球体一部分的顶点过渡。

2）链：从单边选择改为连续相切边选择（称为链选择）。边链是指选中一条边也就选中了一系列相切的边。例如，如果选择某个三维实体长方体顶部的一条边，则执行 fillet 还将选择顶部上其他相切的边。边则是指切换到单边选择模式，半径用于定义被圆整的边的半径，如图 3—43 所示。

> 选择边链或＜边(E)/半径(R)＞:选择边链,输入 e 或 r

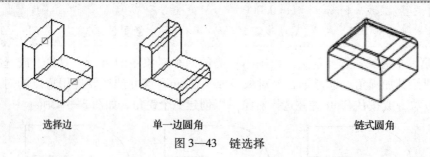

选择边　　　　　　单一边圆角　　　　　　　　链式圆角

图 3—43　链选择

半径用于定义被圆整的边的半径，将显示前一个提示。

> 输入圆角半径＜当前＞:指定距离或按 Enter 键
> 选择边或[链(C)/半径(R)]:选择一条或多条边,或者输入 c 或 r

（2）多段线：在二维多段线中两条线段相交的每个顶点处插入圆角弧，如果一条弧线段将会聚于该弧线段的两条直线段分开，则执行 fillet 将删除该弧线段并代之以圆角弧，如图 3—44 所示。

> 选择二维多段线:

图 3—44　多段线定义圆角

（3）半径：定义圆角弧的半径。

> 指定圆角半径＜当前＞:指定距离或按 Enter 键

输入的值将成为后续命令的当前半径。修改此值并不影响现有的圆角弧。

（4）修剪：控制是否将选定的边修剪到圆角弧的端点。

> 输入修剪模式选项[修剪(T)/不修剪(N)] <当前>:输入选项或按 Enter 键

修剪指的是修剪选定的边到圆角弧端点。不修剪指的是不修剪选定边。

（5）多个：给多个对象集加圆角。fillet 将重复显示主提示和"选择第二个对象"提示，直到用户按 Enter 键结束该命令。

三、"修改"中的合并（见第二章项目四）

四、"修改"中的拉伸

1. 命令的调用方法

（1）键盘命令：stretch。

（2）菜单："修改"→"拉伸"。

（3）工具栏："修改"工具栏的 ⬚ 按钮。

2. 作用

可以调整对象大小使其在一个方向上或是按比例增大或缩小。还可以通过移动端点、顶点或控制点来拉伸某些对象。

3. 相关选项说明

先依次单击"修改"菜单中的"拉伸"（或执行拉伸命令），再使用交叉窗口选择对象，最后可以利用两个方法来进行操作。方法一：以相对直角坐标、极坐标、柱坐标或球坐标的形式输入位移。无须包含@符号，因为相对坐标是假设的。提示输入第二位移点时，按Enter 键。方法二：指定拉伸基点，然后指定第二点，以确定距离和方向。需要注意的是拉伸至少有一个顶点或端点包含在交叉窗口内部的任何对象。将移动（而不是拉伸）完全包含在交叉窗口中的或单独选择的所有对象。

命令中的相关选项如下：

> 命令:stretch
> 以交叉窗口或交叉多边形选择要拉伸的对象...
> 选择对象:找到1个
> 选择对象:
> 指定基点或[位移(D)] <位移>:

（1）以交叉窗口或交叉多边形选择要拉伸的对象：使用圈交选项或交叉对象选择方法，并按 Enter 键。将移动而非拉伸单个选定的对象和通过交叉选择完全封闭的对象。stretch 仅移动位于交叉选择内的顶点和端点，不更改那些位于交叉选择外的顶点和端点。stretch 不修改三维实体、多段线宽度、切向或者曲线拟合的信息。

（2）基点：

> 指定基点或[位移(D)] <上次位移>:　　　　//指定基点或输入位移坐标
> 指定第二点或 <使用第一点作为位移>:　　　//指定第二点,或按 Enter 键使用
> 　　　　　　　　　　　　　　　　　　　　　　　以前的坐标作为位移

（3）位移：如图 3—45 所示。

图 3—45　修改中的位移

指定位移＜上个值＞:输入 X、Y(可能包括 Z)的位移值

如果输入第二点，对象将从基点到第二点拉伸矢量距离。如果在"指定位移的第二点"提示下按 Enter 键，则第一点将视为 *X*、*Y*、*Z* 位移。

 技能操作

检查绘图环境，设置好对象捕捉、极轴和对象追踪。

步骤 1： 设置绘图环境。

步骤 2： 利用直线绘制项目的外部轮廓，其间可以考虑偏移和镜像，如图 3—46a 所示。

步骤 3： 绘制内部构建，如图 3—46b 所示。

步骤 4： 分别做 10 个倒角 $C = 1$，10 个圆角 $R = 1.5$，4 个圆角 $R = 3$，如图 3—46c 所示。

命令:CHAMFER

("修剪"模式) 当前倒角距离1 = 0.0000,距离2 = 0.0000

选择第一条直线或[放弃(U)/多段线(P)/距离(D)/角度(A)/修剪(T)/方式(E)/多个(M)]:d

指定第一个倒角距离 ＜0.0000＞:1

指定第二个倒角距离 ＜1.0000＞:1

选择第一条直线或[放弃(U)/多段线(P)/距离(D)/角度(A)/修剪(T)/方式(E)/多个(M)]:m

选择第二个对象,或按住 Shift 键选择要应用角点的对象:

……

命令:FILLET

当前设置:模式 = 修剪,半径 = 0.0000

选择第一个对象或[放弃(U)/多段线(P)/半径(R)/修剪(T)/多个(M)]:r

指定圆角半径 ＜0.0000＞:1.5

选择第一个对象或[放弃(U)/多段线(P)/半径(R)/修剪(T)/多个(M)]:m

选择第二个对象,或按住 Shift 键选择要应用角点的对象:

……

命令:FILLET

当前设置:模式 = 修剪,半径 = 1.5000

选择第一个对象或[放弃(U)/多段线(P)/半径(R)/修剪(T)/多个(M)]:r指定圆角

> 半径 < 1.5000 > :3
>
> 选择第一个对象或[放弃(U)/多段线(P)/半径(R)/修剪(T)/多个(M)]:m
>
> 选择第二个对象,或按住 Shift 键选择要应用角点的对象:
>
> ……

步骤 5：填充项目，如图 3—46d 所示。

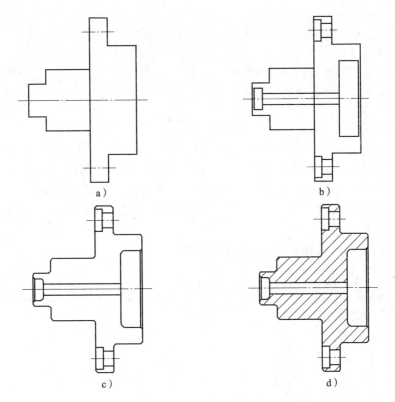

图 3—46　项目三图形绘制过程

项目小结

倒角和圆角无论是在机械工程制图中还是建筑工程制图中都经常遇到。一般情况下，倒角的设置只需要先注意调节倒角的两边距离或者角度；而圆角需要先规定所产生圆角的半径。在三维建模中亦是如此，后面再做介绍。

项目拓展练习

一、知识点

1."修改"中的移动

（1）命令的调用方法

1）键盘命令：move（或简写 m）。

2）菜单："修改"→"移动"。

3）工具栏："修改"工具栏的 ✛ 按钮。

（2）作用。可以从原对象以指定的角度和方向移动对象。可以使用坐标、栅格捕捉、对象捕捉和其他工具精确移动对象。

（3）相关选项说明

命令：move

选择对象：

指定基点或[位移(D)]＜位移＞：

指定第二个点或＜使用第一个点作为位移＞：

指定的两个点定义了一个矢量，用于指示选定对象要移动的距离和方向。

如果在"指定第二点"提示下按 Enter 键，第一点将被认为是相对的 X、Y、Z 位移。例如，如果指定基点为（2，3）并在下一个提示下按 Enter 键，则该对象从它当前的位置开始在 X 方向上移动 2 个单位，在 Y 方向上移动 3 个单位。如果指定基点为（4＜40）并在下一个提示下按 Enter 键，则该对象从它当前的位置开始在长度上移动 4 个单位，在基点的水平方向上移动 40°。

"位移"：输入的坐标值将指定相对距离和方向。

指定位移＜上个值＞：输入表示矢量的坐标

---

2. "修改"中的缩放

（1）命令的调用方法

1）键盘命令：scale。

2）菜单："修改"→"缩放"。

3）工具栏："修改"工具栏的 ▣ 按钮。

（2）作用。在 X、Y 和 Z 方向按比例放大或缩小对象。

（3）相关选项说明

命令：scale

选择对象：   //使用对象选择方法并在完成时按 Enter 键

指定基点：   //指定点

指定比例因子或[复制(C)/参照(R)]：指定比例、输入 c 或输入 r

1）基点：指定的基点表示选定对象的大小发生改变（从而远离静止基点）时位置保持不变的点。

2）比例因子：按指定的比例放大选定对象的尺寸。大于 1 的比例因子使对象放大。介于 0 和 1 之间的比例因子使对象缩小。还可以拖动光标使对象放大或缩小。

3）复制：创建要缩放的选定对象的副本。

4）参照：按参照长度和指定的新长度缩放所选对象。

指定参照长度<1>:指定缩放选定对象的起始长度

指定新的长度或[点(P)]:指定将选定对象缩放到的最终长度,或输入 p,使用两点来定义长度

3."修改"中的拉长

（1）命令的调用方法

1）键盘命令：lengthen。

2）菜单："修改"→"拉长"。

（2）作用。修改对象的长度和圆弧的包含角。

（3）相关选项说明

命令:_ lengthen

选择对象或[增量(DE)/百分数(P)/全部(T)/动态(DY)]:

1）"选择对象"：显示对象的长度和包含角（如果对象有包含角），lengthen 命令不影响闭合的对象。选定对象的拉伸方向不需要与当前用户坐标系（UCS）的 Z 轴平行。

当前长度:<当前>,包含角:<当前>

选择对象或[增量(DE)/百分数(P)/全部(T)/动态(DY)]:选择一个对象,输入选项或按 Enter 键结束命令

2）"增量"：以指定的增量修改对象的长度，该增量从距离选择点最近的端点处开始测量。差值还以指定的增量修改弧的角度，正值为扩展对象，负值为修剪对象。

输入长度差值或[角度(A)]<当前>:指定距离、输入 a 或按 Enter 键

长度差值用于以指定的增量修改对象的长度。提示将一直重复，直到按 Enter 键结束命令，如图3—47 所示。

选择要修改的对象或[放弃(U)]:选择一个对象或输入 u

图3—47 长度增量

角度用于以指定的角度修改选定圆弧的包含角。提示将一直重复，直到按 Enter 键结束命令，如图3—48 所示。

输入角度差值<当前角度>:指定角度或按 Enter 键

选择要修改的对象或[放弃(U)]:选择一个对象或输入 u

图 3—48　角度增量

3）"百分数"：通过指定对象总长度的百分数设置对象长度，提示将一直重复，直到按 Enter 键结束命令。

> 输入长度百分数＜当前＞:输入非零正值或按 Enter 键
>
> 选择要修改的对象或[放弃(U)]:选择一个对象或输入 u

4）"全部"：通过指定从固定端点测量的总长度的绝对值来设置选定对象的长度。"全部"选项也按照指定的总角度设置选定圆弧的包含角，如图 3—49 所示。

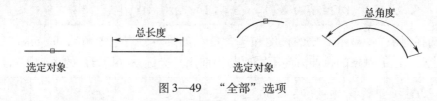

图 3—49　"全部"选项

> 指定总长度或[角度(A)]＜当前＞:指定距离,输入非零正值,输入 a,或按 Enter 或空格键

总长度是将对象从离选择点最近的端点拉长到指定值，提示将一直重复，直到按 Enter 键结束命令。角度是用于设置选定圆弧的包含角，提示将一直重复，直到按 Enter 键结束命令。

5）"动态"：打开动态拖动模式。通过拖动选定对象的端点之一来改变其长度。其他端点保持不变。

二、操作练习

按标注要求绘制图 3—50 和图 3—51，不标注。

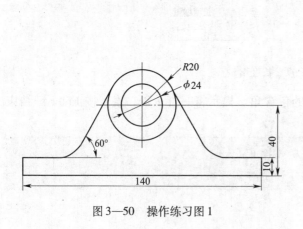

图 3—50　操作练习图 1　　　　　图 3—51　操作练习图 2

项目四　修改Ⅱ、特性及其特性匹配

在工具栏中，提供了常用的修改工具，其名称为"修改"，另外还有一个修改工具，名称为"修改Ⅱ"，在此不做专门的项目练习，仅介绍一下主要用途。除此之外，特性工具也是应熟练掌握的技能。

学习目标

◆ 了解修改Ⅱ中的操作命令
◆ 理解修改Ⅱ的操作方法
◆ 理解特性的概念和调出
◆ 掌握特性的相关操作

知识点

一、修改Ⅱ

1. 显示顺序

其图标为 ▩ ，作用是修改图像和其他对象的绘图顺序。命令格式如下：

> 命令：draworder
> 选择对象：使用对象选择方法
> 输入对象排序选项［对象上(A)/对象下(U)/最前(F)/最后(B)］＜最后＞：输入选项或按 Enter 键

选项说明如下：
"对象上"：将选定对象移动到指定参照对象的上面。

> 选择参照对象：使用对象选择方法

"对象下"：将选定对象移动到指定参照对象的下面。

> 选择参照对象：使用对象选择方法

"最前"：将选定对象移动到图形中对象顺序的顶部。
"最后"：将选定对象移动到图形中对象顺序的底部。
可以控制将重叠对象中的哪一个对象显示在前端。通常情况下，重叠对象（如文字、宽多段线和实体填充多边形）按其创建的次序显示：新创建的对象在现有对象的前面，如图3—52所示。

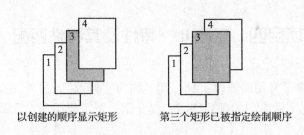

以创建的顺序显示矩形　　　　第三个矩形已被指定绘制顺序

图3—52　重叠对象的显示次序

2. 编辑类

编辑图案的图标为 ▨ ，编辑多段线的图标为 ✍ ，编辑样条曲线的图标为 ✎ 。

（1）编辑图案填充：可以修改填充图案和填充边界。还可以修改实体填充区域，使用的方法取决于实体填充区域是实体图案、二维实面，还是宽多段线或圆环。还可以修改图案填充的绘制顺序。

1）控制填充图案密度：图案填充可以生成大量的线和点对象。尽管存储为图案填充对象，这些线和点对象使用磁盘空间并要花一定时间才能生成。如果在填充区域时使用很小的比例因子，图案填充需要成千上万的线和点，因此要花很长时间完成并且很可能耗尽可用资源。通过限定单个 hatch 命令创建的对象数，可以避免此问题。

2）更改现有图案填充的填充特性：可以修改特定图案填充的特性，如现有图案填充的图案、比例和角度。还可以将特性从一个图案填充复制到另一个图案填充。

3）修改填充边界：图案填充边界可以被复制、移动、拉伸和修剪等。像处理其他对象一样，使用夹点可以拉伸、移动、旋转、缩放和镜像填充边界以及和它们关联的填充图案。

4）修改实体填充区域：修改这些实体填充对象的方式与修改任何其他图案填充、二维实面、宽多段线或圆环的方式相同。

5）修改图案填充的绘制顺序：编辑图案填充时，可以更改其绘制顺序，使其显示在图案填充边界后面、图案填充边界前面、所有其他对象后面或所有其他对象前面。

（2）编辑多段线：使用其编辑选项修改多段线对象的形状并合并各自独立的多段线。可以通过闭合和打开多段线，以及移动、添加或删除单个顶点来编辑多段线。可以在任何两个顶点之间拉直多段线，也可以切换线型以便在每个顶点前或后显示虚线。可以为整个多段线设置统一的宽度，也可以分别控制各个线段的宽度。还可以通过多段线创建线性近似样条曲线。其作用可以总结为：

1）合并多段线线段：如果直线、圆弧或另一条多段线的端点相互连接或接近，则可以将它们合并到打开的多段线。如果端点不重合，而是相距一段可设定的距离（称为模糊距离），则通过修剪、延伸或将端点用新的线段连接起来的方式来合并端点。

2）修改多段线的特性：如果被合并到多段线的若干对象的特性不相同，则得到的多段线将继承所选择的第一个对象的特性。如果两条直线与一条多段线相接构成 Y 形，将选择其中一条直线并将其合并到多段线。合并将导致隐含非曲线化，程序将放弃原多段线和与之合并的所有多段线的样条曲线信息。一旦完成了合并，就可以拟合新的样条曲线生成多段线。

3）多段线的其他编辑操作：包括闭合、合并、宽度、编辑顶点、拟合、样条曲线、非曲线化和线性生成。

（3）编辑样条曲线：编辑选项可用于修改样条曲线对象的形状。除了在大多数对象上使用的一般编辑操作外，使用 splinedit 编辑样条曲线时还可以使用其他选项，如拟合数据、细化、反转等。常用方式有：

1）使用夹点编辑样条曲线：选择样条曲线时，夹点显示在其拟合点上（GRIPS 系统变量必须设置为1）。可以使用夹点修改样条曲线的形状和位置。

2）细化样条曲线的形状：可以在一段样条曲线中增加控制点的数目或改变指定的控制点的权值来控制样条曲线的精度。

3．块编辑类

主要针对块的属性、数据及其管理（该类在第四章会详细讨论）。

二、特性及特性的调出

1．特性

利用特性命令可以全方位地修改单个对象，例如，可以修改直线、圆、椭圆、正多边形、样条曲线、尺寸、图块等的几何特性，也可以同时修改多个对象共有的特性。

根据所选对象的不同，AutoCAD 2008 将分别显示不同内容的"特性"对话框。如一次选择多个对象，对话框中将显示这些对象的共有特性；如要修改一个对象独有的特性，一次只能选择一个对象。如果未选择对象，"特性"选项板只显示当前图层的基本特性、图层附着的打印样式表的名称、查看特性及有关 UCS 的信息。

2．特性的调出

特性命令可以用下面的方法调出：

（1）单击菜单栏中的"修改"→"特性"命令。

（2）单击"标准"工具栏中的"特性"按钮。

（3）双击需要进行特性编辑的对象。

（4）选择对象后，从快捷菜单中选择"特性"命令。

（5）从键盘上输入命令"pr"。

弹出的对话框如图 3—53 所示。

图 3—53a 所显示的"特性"对话框没有选择特性对象，图 3—53b 所显示的"特性"对话框所选择的对象为一个圆。

用"特性"对话框修改对象特性的方式包括：

（1）双击"对象特性管理器"的特性栏，输入一个需要的新值。

（2）双击"对象特性管理器"的特性栏，从下拉列表中选择一个需要的新值。

（3）双击"对象特性管理器"的特性栏，用弹出的"拾取"按钮改变点的坐标。

要结束特性修改就按 Esc 键。如果有其他对象需要进行特性编辑修改，再重复以上的操作即可。单击"特性"对话框上的"关闭"按钮来结束命令。

a）　　　　　　　　　　　　　b）

图 3—53　　"特性"对话框

 技能操作

一、特性匹配

特性匹配是把源对象的颜色、图层、线型、线型比例、线宽、文字样式、标注样式和剖面线等特性复制给其他的对象。如果把上述特性全部复制则称为全特性匹配，如果只是把上述的某些特性进行部分复制则称为选择性特性匹配。

二、特性匹配的调出

特性匹配命令可以使用下列的方法调用：

1．单击工具栏中的"特性匹配"按钮 ✎ 。
2．单击菜单栏中的"修改"→"特性匹配"命令。
3．从键盘输入"ma"命令。

三、相关操作

1．全特性匹配

在默认设置状态的时候全特性匹配的操作步骤为：输入命令后，根据提示选择源对象，然后再选择需要修改的目标对象就可以了。

2．选择性特性匹配

输入命令后，根据提示选择源对象，然后在快捷菜单中单击"设置"命令，Auto-CAD 会马上弹出"特性设置"对话框。"特性设置"对话框中的默认设置为全特性匹配，如果需要复制某些特性，则只需将要复制的特性复选框勾选就可以了，如图 3—54所示。

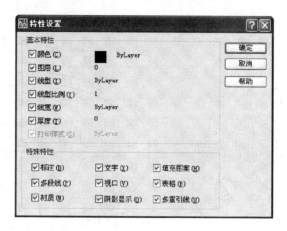

图 3—54　"特性设置"对话框

项目五　综 合 训 练

1. 绘制如图 3—55 所示图形。
2. 绘制如图 3—56 所示图形。

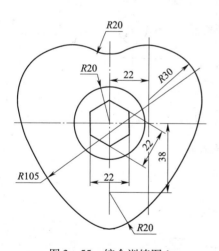

图 3—55　综合训练图 1

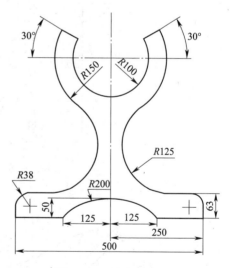

图 3—56　综合训练图 2

3. 绘制如图 3—57 所示图形。
4. 绘制如图 3—58 所示图形。
5. 绘制如图 3—59 所示图形。
6. 绘制如图 3—60 所示图形。
7. 绘制如图 3—61 所示图形。
8. 绘制如图 3—62 所示图形。

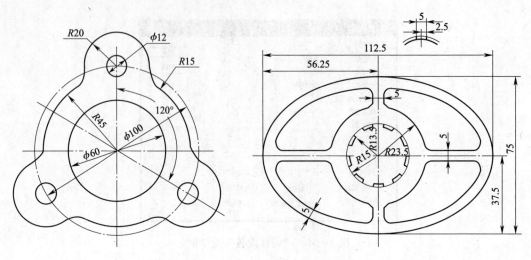

图 3—57　综合训练图 3　　　　　　　　图 3—58　综合训练图 4

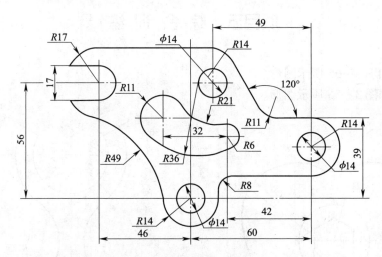

图 3—59　综合训练图 5

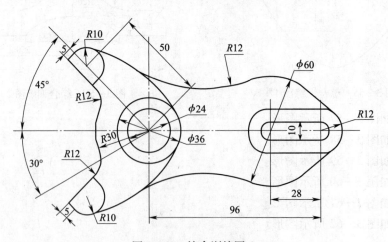

图 3—60　综合训练图 6

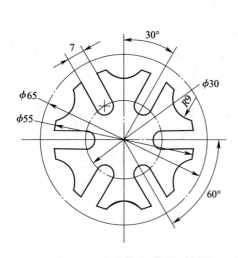

图 3—61 综合训练图 7

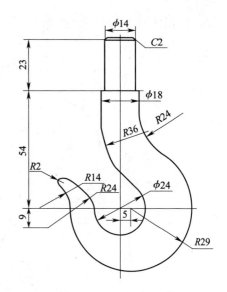

图 3—62 综合训练图 8

9. 绘制如图 3—63 所示图形（自定义尺寸）。

图 3—63 综合训练图 9

10. 绘制如图 3—64 所示图形。

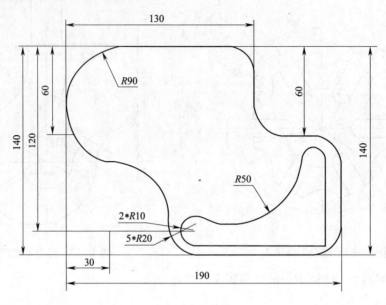

图 3—64　综合训练图 10

11. 绘制如图 3—65 所示图形。

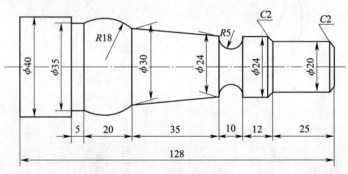

图 3—65　综合训练图 11

12. 绘制如图 3—66 所示图形。

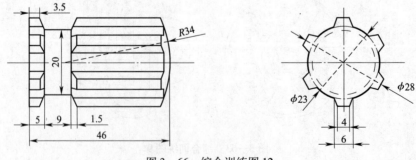

图 3—66　综合训练图 12

13. 绘制如图 3—67 所示图形。

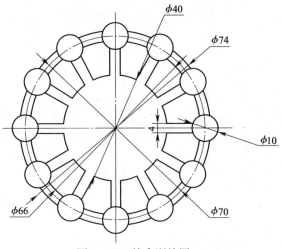

图 3—67 综合训练图 13

14. 绘制如图 3—68 所示图形。

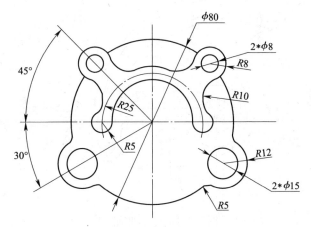

图 3—68 综合训练图 14

15. 绘制如图 3—69 所示图形。

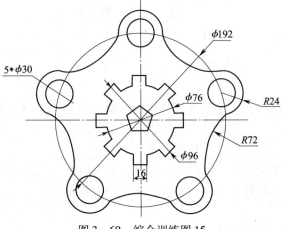

图 3—69 综合训练图 15

16. 绘制如图 3—70 所示图形。

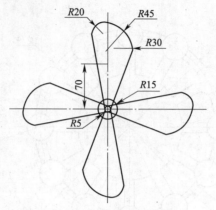

图 3—70   综合训练图 16

17. 绘制如图 3—71 所示图形。

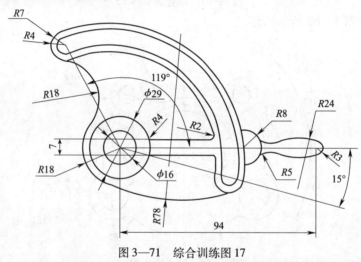

图 3—71   综合训练图 17

练 习 题

一、填空题

1. 在绘制矩形阵列时，除了要选择阵列的对象、给定行数和列数，还要给出_____和_____。

2. 镜像命令为_____，阵列命令为_____。

3. 实现复制对象的命令是_____；在复制命令中默认的方式是进行_____次复制。

4. 矩形阵列的基本图形及起始对象放在左下角，以向_____、向_____为正方向。

5. AutoCAD 的删除命令是_____；Trim 命令是_____。

6. 环形阵列的四要素包括对象、_____、_____和角度。

7. 使用偏移编辑操作时，要先设置_____。

8. AutoCAD 中能复制对象的命令操作包括复制、_____、偏移和_____。

9. 使用倒角时默认先要设置_____，圆角时优先设置_____。

二、单项选择题

1. 下列命令可以移动所选图形的是_____。

A. move   B. rotatf   C. copv   D. mocoro

2. extend 命令的功能是_____。

A. 扩大图形显示范围   B. 延伸线段至某一实体

C. 动态缩放图形   D. 修剪实体

3. 剪切物体需用_____命令。

A. trim   B. extend   C. stretch   D. chamfer

4. 一行文字在镜像之后，要使其仍保持原来的排列方式，则应将 MIRRTEXT 变量的值设置为_____。

A. 0   B. 1   C. ON   D. OFF

5. 执行 offset 命令前，必须先设置_____。

A. 比例   B. 圆   C. 距离   D. 角度

6. 图案填充时，_____不是边界选项。

A. 捡取点   B. 方向   C. 选项对象   D. 创建边界

7. 下列不属于倒角选项的是_____。

A. 距离   B. 角度   C. 方式   D. 半径

8. 下列不属于圆角选项的是_____。

A. 半径   B. 修剪   C. 多段线   D. 距离

9. 不能弹出特性窗口的操作是_____。

A. 点击"修改"中的特性   B. 直接点击图元对象

C. 双击图元对象   D. 点击图元对象再按 Enter 键

10. 属于修改Ⅱ工具栏的选项是_____。

A. 倒角   B. 修剪   C. 属性提取   D. 偏移

三、判断题

1. mirror、offset、array 命令实际上都是广义的物体复制命令。　　　（　　）

2. 因为 copy、offset、mirror、array 等命令都能复制实体，因此它们是一样的。（　　）

3. 旋转二维物体需用 rotate 命令。　　　（　　）

4. 使用 mirror 和 array 等类似命令时不需要选择好对象。　　　（　　）

5. 对于一个整体的图块，需用 explode 命令分解后才能进行局部编辑。　　　（　　）

四、简答题

1. 简述修剪命令的使用过程。

2. 说明 array（阵列）命令中的矩形阵列和环形阵列的选项因素。（提示：矩形阵列选项因素 4 个，环形阵列选项因素 4 个）

3. 简述 AutoCAD 中能进行复制对象的操作命令及其作用。

五、操作题

1. 用矩形命令作一长 300、宽 180 的矩形，然后在矩形内作一内切椭圆，如图 3—72 所示。请按每步小括号内的提示补充操作。

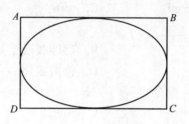

图 3—72　操作题图 1

命令：_options

命令：＿＿＿＿＿＿＿＿＿　　（矩形命令）

指定第一个角点或［倒角（C）/标高（E）/圆角（F）/厚度（T）/宽度（W）］：（在空间中任意取一点为 A 点）

指定另一个角点或［面积（A）/尺寸（D）/旋转（R）］：＿＿＿＿＿＿＿＿＿　　（注：请指定 C 点为另一角点）

＿＿＿＿＿＿＿＿＿＿＿＿＿＿＿＿＿＿＿＿＿＿＿＿＿＿＿＿＿＿＿＿＿＿＿＿＿＿（叙述如何设置捕捉 AB、BC、CD、AD 边的中点）

命令：＿＿＿＿＿＿＿＿＿　　（椭圆命令）

指定椭圆的轴端点或［圆弧（A）/中心点（C）］：　　//指定 BC 边中点为长轴的端点

指定轴的另一个端点：　　//指定＿＿＿＿＿＿＿＿＿＿＿＿＿＿为长轴的另一端点

指定另一条半轴长度或［旋转（R）］：

2. 补充下列操作步骤，按图 3—73 中 ABCD…… 的逻辑顺序填充相对坐标。

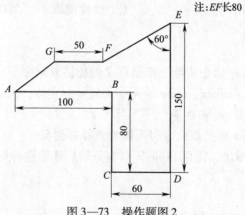

图 3—73　操作题图 2

命令：line

指定第一点： //空间任取一点为 A

指定下一点或 ［放弃（U）］：_____ （B 点）

指定下一点或 ［放弃（U）］：_____ （C 点）

指定下一点或 ［闭合（C）/放弃（U）］：_____ （D 点）

指定下一点或 ［闭合（C）/放弃（U）］：_____ （E 点）

指定下一点或 ［闭合（C）/放弃（U）］：_____ （F 点）

指定下一点或 ［闭合（C）/放弃（U）］：_____ （G 点）

指定下一点或 ［闭合（C）/放弃（U）］：_____ （返回 A 点）

3. 如图 3—74 所示，有两矩形 ABCD 和 EFGH，按提示补充下列操作步骤：

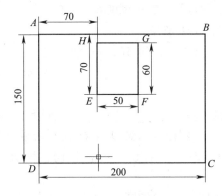

图 3—74 操作题图 3

命令：line 指定第一点： //空间任取一点为 A

指定下一点或 ［放弃（U）］：_____ （B 点）

指定下一点或 ［放弃（U）］：_____ （C 点）

指定下一点或 ［闭合（C）/放弃（U）］：_____ （E 点）

指定下一点或 ［闭合（C）/放弃（U）］：_____ （返回 A 点）

命令：_____ （矩形命令）

指定第一个角点或 ［倒角（C）/标高（E）/圆角（F）/厚度（T）/宽度（W）］：

_____ （启用捕捉自命令）

基点：＜偏移＞：_____ （以 A 点为基点，偏移至 E 点）

指定另一个角点或 ［面积（A）/尺寸（D）/旋转（R）］：_____

（G 点）

4. 按照图形（见图 3—75）标注（O_1半径 200，O_2半径 100，O_3半径 400，O_1O_2圆心距 669.65）和所给的提示补充下列操作步骤：

命令：_____ （圆命令，做圆 O_1）

指定圆的圆心或 ［三点（3P）/两点（2P）/相切、相切、半径（T）］： //空间中任取一点做 O_1 的圆心

指定圆的半径或 ［直径（D）］＜48.9040＞：_____ （O_1 半径）

命令：_____ （圆命令，做圆 O_2）

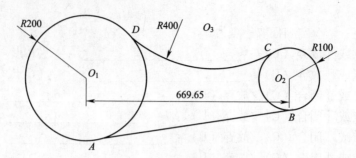

图 3—75　操作题图 4

CIRCLE 指定圆的圆心或 ［三点（3P）/两点（2P）/相切、相切、半径（T）］：

指定圆的半径或 ［直径（D）］ ＜200.0000＞：100

命令：＿＿＿＿＿＿＿＿＿＿＿＿　（O_2 半径）

命令：＿＿＿＿＿＿＿＿＿＿＿＿　（做公切线 AB，直线命令）

指定下一点或 ［放弃（U）］：＿＿＿＿＿＿＿＿＿＿＿＿　（提示：确定 A 点，切点命令或者叙述出确定切点的操作步骤）

指定下一点或 ［放弃（U）］：＿＿＿＿＿＿＿＿＿＿＿＿　（同上，确定 B 点）

命令：＿＿＿＿＿＿＿＿＿＿＿＿　（圆命令，做 O_1 和 O_2 的共切圆 O_3）

指定圆的圆心或 ［三点（3P）/两点（2P）/相切、相切、半径（T）］：＿＿＿＿＿＿＿＿＿（选择共切圆的确定方式）

指定对象与圆的第一个切点：　//O_1 圆

指定对象与圆的第二个切点：　//O_2 圆

指定圆的半径 ＜100.0000＞：＿＿＿＿＿＿＿＿＿＿＿＿　（共切圆半径）

命令：＿＿＿＿＿＿＿＿＿＿＿＿　（剪切命令）

＿＿＿

＿＿＿

＿＿＿＿＿＿＿＿＿＿＿＿＿＿＿＿＿＿＿＿＿＿＿＿＿＿＿＿＿＿＿＿＿＿＿＿＿＿＿　（叙述剪切出共切弧 CD 的步骤或者方法，注意要保留 CD 弧）

第四章　文字创建与尺寸标注

项目一　尺寸标注

项目展示

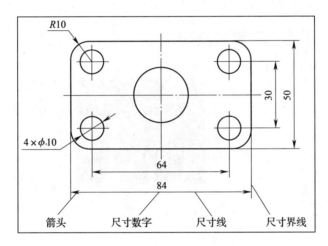

图4—1　项目一要绘制的图形

学习目标

◆ 了解尺寸标注的基本概念
◆ 掌握基本的尺寸标注
◆ 掌握标注样式管理器

知识点

一、尺寸标注的基本概念

尺寸标注是绘图中的重要一步，图样上的实体大小要通过尺寸来表达。利用 AutoCAD 提供的尺寸标注功能可以方便准确地标注图样上的各种尺寸。

1. 尺寸标注的组成

一个完整的尺寸标注一般由尺寸界线、尺寸线、尺寸箭头和尺寸数字四部分组成。

2．尺寸标注的类型

尺寸标注分为线性尺寸标注、角度尺寸标注、直径尺寸标注、半径尺寸标注、弧长尺寸标注、引线标注、坐标尺寸标注、圆心标注、快速标注尺寸等。

二、标注样式管理器

1．功能

该命令用于创建和修改尺寸标注样式。

2．操作方法

（1）单击"标注"工具栏中的 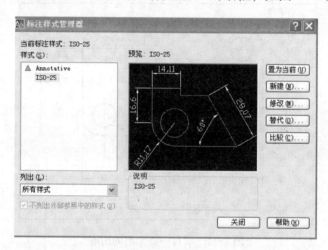 按钮。

（2）选择"标注"（或"格式"）菜单中的"标注样式"命令。

（3）键盘命令：dimstyle（或 d 或 dst 或 ddim 或 dimsty）。

执行上述操作后，系统弹出"标注样式管理器"对话框，如图 4—2 所示。

图 4—2　"标注样式管理器"对话框

3．标注样式管理器各选项说明

"当前标注样式"标签显示出当前标注样式的名称。

"样式"列表框用于列出已有标注样式的名称。

"列出"下拉列表框用于确定要在"样式"列表框中列出哪些标注样式。

"预览"图片框用于预览在"样式"列表框中所选中标注样式的标注效果。

"说明"标签框用于显示在"样式"列表框中所选定标注样式的说明。

"置为当前"按钮把指定的标注样式置为当前样式。

"新建"按钮用于创建新标注样式。

"修改"按钮用于修改当前标注样式。

"替代"按钮用于设置当前样式的替代样式。

"比较"按钮用于对两个标注样式进行比较，或了解某一样式的全部特性。

下面就详细介绍如何新建标注样式。

在"标注样式管理器"对话框中单击"新建"按钮，AutoCAD 弹出如图 4—3 所示"创建新标注样式"对话框。

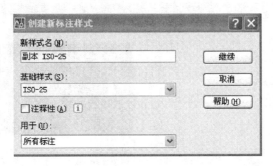

图4—3 "创建新标注样式"对话框

可通过该对话框中的"新样式名"文本框指定新样式的名称；通过"基础样式"下拉列表框确定用来创建新样式的基础样式；通过"用于"下拉列表框，可确定新建标注样式的适用范围。"用于"下拉列表中有"所有标注""线性标注""角度标注""半径标注""直径标注""坐标标注""引线和公差"等选择项，分别用于使新样式适用于对应的标注。确定新样式的名称和有关设置后，单击"继续"按钮，AutoCAD弹出"新建标注样式"对话框，如图4—4所示。

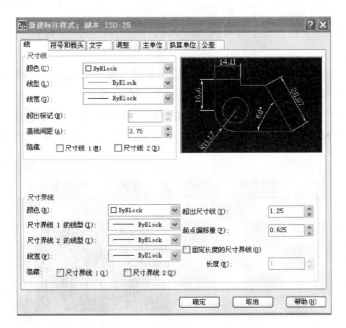

图4—4 "新建标注样式"对话框

对话框中有"线""符号和箭头""文字""调整""主单位""换算单位""公差"7个选项卡，下面分别介绍。

（1）"线"选项卡。设置尺寸线和尺寸界线的格式与属性，如图4—4所示。选项卡中，"尺寸线"选项组用于设置尺寸线的样式。"尺寸界线"选项组用于设置尺寸界线的样式。预览窗口可根据当前的样式设置显示出对应的标注效果示例。

（2）"符号和箭头"选项卡。"符号和箭头"选项卡用于设置尺寸箭头、圆心标记、弧长以及半径折弯标注等方面的格式，如图4—5所示。

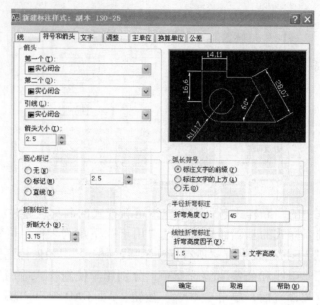

图 4—5　"符号和箭头"选项卡

"箭头"选项组用于确定尺寸线两端的箭头样式。

"圆心标记"选项组用于确定当对圆或圆弧执行标注圆心标记操作时，圆心标记的类型与大小。

"折断标注"选项用于确定在尺寸线或延伸线与其他线重叠处打断尺寸线或延伸线时的尺寸。

"弧长符号"选项组用于为圆弧标注长度尺寸时的设置。

"半径折弯标注"选项通常用于标注尺寸的圆弧的中心点位于较远位置时。

（3）"文字"选项卡。此选项卡用于设置尺寸标注的文字的外观、位置、对齐方式等，如图 4—6 所示。

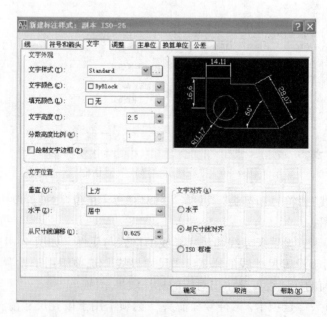

图 4—6　"文字"选项卡

（4）"调整"选项卡。此选项卡用于控制尺寸文字、尺寸线、尺寸箭头等的位置和其他一些特征，如图4—7所示。

图4—7 "调整"选项卡

"调整选项"选项组确定当尺寸界线之间没有足够的空间同时放置尺寸文字和箭头时，应首先从尺寸界线之间移出尺寸文字和箭头的哪一部分，用户可通过该选项组中的各单选按钮进行选择。

"文字位置"选项组确定当尺寸文字不在默认位置时，应将其放在何处。

"标注特征比例"选项组用于设置所标注尺寸的缩放关系。

"优化"选项组用于设置标注尺寸时是否进行附加调整。

（5）"主单位"选项卡。此选项卡用于设置主单位的格式、精度以及尺寸文字的前缀和后缀，如图4—8所示。

"线性标注"选项组用于设置线性标注的格式、精度、测量单位比例以及是否消零。

"角度标注"选项组用于确定标注角度尺寸时的单位格式、精度以及是否消零。

（6）"换算单位"选项卡。"换算单位"选项卡用于确定是否使用换算单位以及换算单位的格式，如图4—9所示。

"显示换算单位"复选框用于确定是否在标注的尺寸中显示换算单位。"换算单位"选项组用于确定换算单位的单位格式、精度等。"消零"选项组用于确定是否消除换算单位的前导或后续零。"位置"选项组则用于确定换算单位的位置。

（7）"公差"选项卡。"公差"选项卡用于确定是否标注公差，如果标注公差的话，以何种方式进行标注，如图4—10所示。

图 4—8 "主单位"选项卡

图 4—9 "换算单位"选项卡

"公差格式"选项组用于确定公差的标注格式。"换算单位公差"选项组用于确定当标注换算单位时换算单位公差的精度与是否消零。

利用"新建标注样式"对话框设置样式后，单击对话框中的"确定"按钮，完成样式的设置，AutoCAD 返回到"标注样式管理器"对话框，单击对话框中的"关闭"按钮关闭对话框，完成尺寸标注样式的设置。

图4—10　"公差"选项卡

标注样式管理器中的"修改"按钮和"替代"按钮单击打开的分别是"修改标注样式"对话框和"替代当前样式"对话框，子选项卡和"新建标注样式"对话框的子选项卡完全一样，只是功能略有差异，在此不再重复介绍。

三、尺寸标注

1. 线性标注

（1）功能。线性标注指标注图形对象在水平方向、垂直方向或指定方向的尺寸，又分为水平标注、垂直标注和旋转标注三种类型。水平标注用于标注对象在水平方向的尺寸，即尺寸线沿水平方向放置；垂直标注用于标注对象在垂直方向的尺寸，即尺寸线沿垂直方向放置；旋转标注则标注对象沿指定方向的尺寸。

（2）操作方法

1）单击"标注"工具栏上的 按钮。

2）选择"标注"菜单中的"线性"命令。

3）键入命令：dimlinear（或 dli、dimlin）。

（3）选项说明。执行上述操作后，AutoCAD 提示：

> 指定第一条尺寸界线原点或 <选择对象>：

在此提示下用户有两种选择，确定一点作为第一条尺寸界线的起始点，或直接按 Enter 键选择对象。

1）指定第一条尺寸界线原点。如果在"指定第一条尺寸界线原点或 <选择对象>："提示下指定第一条尺寸界线的起始点，AutoCAD 提示：

指定第二条尺寸界线原点：   //确定另一条尺寸界线的起始点位置

指定尺寸线位置或［多行文字（M）/文字（T）/角度（A）/水平（H）/垂直（V）/旋转（R）］：

其中，"指定尺寸线位置"选项用于确定尺寸线的位置。通过拖动鼠标的方式确定尺寸线的位置后，单击拾取键，AutoCAD 根据自动测量出的两尺寸界线起始点间的对应距离值标注出尺寸。

"多行文字"选项用于根据文字编辑器输入尺寸文字。"文字"选项用于输入尺寸文字。"角度"选项用于确定尺寸文字的旋转角度。"水平"选项用于标注水平尺寸。"垂直"选项用于标注垂直尺寸。"旋转"选项用于旋转标注。

2）选择对象。如果在"指定第一条尺寸界线原点或＜选择对象＞："提示下直接按 Enter 键，即执行"＜选择对象＞"选项，AutoCAD 提示：

选择标注对象：

此提示要求用户选择要标注尺寸的对象。用户选择后，AutoCAD 将该对象的两端点作为两条尺寸界线的起始点，并提示：

指定尺寸线位置或［多行文字（M）/文字（T）/角度（A）/水平（H）/垂直（V）/旋转（R）］：

对此提示的操作与前面介绍的操作相同，不再赘述。

看图 4—11 的例子，边长为 10 的正方形 4 个角点坐标分别为：

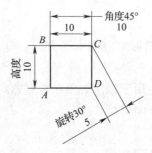

图 4—11　线性标注示例

步骤 1：

命令：_dimlinear

指定第一条尺寸界线原点或 ＜选择对象＞：   //点击 B 点

指定第二条尺寸界线原点   //点击 C 点

指定尺寸线位置或［多行文字（M）/文字（T）/角度（A）/水平（H）/垂直（V）/旋转（R）］   //向上移动一点鼠标后按 Enter 键即可

步骤2：

命令：_dimlinear
指定第一条尺寸界线原点或 <选择对象>　　//点击A点
指定第二条尺寸界线原点　　//点击B点
指定尺寸线位置或[多行文字(M)/文字(T)/角度(A)/水平(H)/垂直(V)/旋转(R)]：m
　　//输入"高度"二字后按Enter键，并单击弹出窗口"文字格式"（见图4—12）中的"确定"按钮
指定尺寸线位置或[多行文字(M)/文字(T)/角度(A)/水平(H)/垂直(V)/旋转(R)]：　　//在指定尺寸线位置单击鼠标即可

图4—12　"文字格式"窗口

步骤3：

命令：_dimlinear
指定第一条尺寸界线原点或 <选择对象>：　　//点击B点
指定第二条尺寸界线原点：　　//点击C点
指定尺寸线位置或[多行文字(M)/文字(T)/角度(A)/水平(H)/垂直(V)/旋转(R)]：a
指定标注文字的角度：45
指定尺寸线位置或[多行文字(M)/文字(T)/角度(A)/水平(H)/垂直(V)/旋转(R)]：m　　//键入角度45°并确定
指定尺寸线位置或[多行文字(M)/文字(T)/角度(A)/水平(H)/垂直(V)/旋转(R)]：　　//指定尺寸线位置即可

步骤4：

命令：_dimlinear
指定第一条尺寸界线原点或 <选择对象>：　　//点击C点
指定第二条尺寸界线原点：　　//点击D点
指定尺寸线位置或[多行文字(M)/文字(T)/角度(A)/水平(H)/垂直(V)/旋转(R)]：r

指定尺寸线的角度 <0>:30

指定尺寸线位置或［多行文字（M）/文字（T）/角度（A）/水平（H）/垂直（V）/旋转（R）］:m　　//键入旋转30°并点确定

指定尺寸线位置或［多行文字（M）/文字（T）/角度（A）/水平（H）/垂直（V）/旋转（R）］:　　//指定尺寸线位置即可

2. 对齐标注

（1）功能。对齐标注指所标注尺寸的尺寸线与两条尺寸界线起始点间的连线平行。一般用于标注带有倾斜尺寸线的尺寸标注。

（2）操作方法

1）单击"标注"工具栏上的 ↘ 按钮。

2）选择"标注"菜单中的"对齐"命令。

3）键入命令 dimaligned（或 dal、dimali）。

（3）选项说明

"多行文字"选项用于根据文字编辑器输入尺寸文字。

"文字"选项用于输入尺寸文字。

"角度"选项用于确定尺寸文字的旋转角度。

对齐标注的示例如图4—13所示。

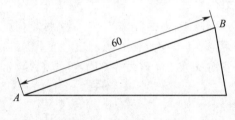

图4—13　对齐标注示例

命令:_dimaligned

指定第一条尺寸界线原点或 <选择对象>：　　//点击A点

指定第二条尺寸界线原点：　　//点击B点

指定尺寸线位置或［多行文字(M)/文字(T)/角度(A)］：　　//指定尺寸线位置即可

3. 角度标注

（1）功能。该命令用于标注圆弧的圆心角、两条非平行直线之间的夹角以及不共线三点决定的两直线之间的夹角。

（2）操作方法

1）单击"标注"工具栏上的 △ 按钮。

2）选择"标注"菜单中的"角度"命令。

3）键入命令 dimangular（或 dan、dimang）。

（3）选项说明

"多行文字"选项用于根据文字编辑器输入尺寸文字。

"文字"选项用于输入尺寸文字。

"角度"选项用于确定尺寸文字的旋转角度。

"象限"指定标注应锁定到的象限。打开象限行为后，将标注文字放置在角度标注外时，尺寸线会延伸超过尺寸界线。

角度标注的示例如图 4—14 至图 4—16 所示。

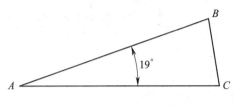

图 4—14　角度标注示例 1

```
命令：_dimangular
选择圆弧、圆、直线或 ＜指定顶点＞：      //按 Enter 键（只针对类似于图4—14的角度
                                                标注）

指定角的顶点：      //点击 A 点
指定角的第一个端点：      //点击 B 点
指定角的第二个端点：      //点击 C 点
指定标注弧线位置或［多行文字(M)/文字(T)/角度(A)/象限点(Q)］：      //指定
尺寸线位置即可
```

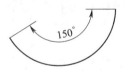

图 4—15　角度标注示例 2

```
命令：_dimangular
选择圆弧、圆、直线或 ＜指定顶点＞：      //拾取圆弧
指定标注弧线位置或［多行文字(M)/文字(T)/角度(A)/象限点(Q)］：      //指定
尺寸线位置即可
```

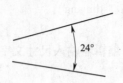

图 4—16　角度标注示例 3

命令：_dimangular

选择圆弧、圆、直线或 ＜指定顶点 ＞：　　//拾取第一条直线

选择第二条直线：　　//拾取第二条直线

指定标注弧线位置或 ［多行文字（M）/文字（T）/角度（A）/象限点（Q）］：　　//指定尺寸线位置即可

4. 直径标注

（1）功能。用于标注圆或圆弧的直径尺寸。

（2）操作方法

1）单击"标注"工具栏上的 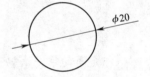 按钮。

2）选择"标注"菜单中的"直径"命令。

3）键入命令 dimdiameter（或 ddi、dimdia）。

（3）选项说明

"多行文字"选项用于根据文字编辑器输入尺寸文字。

"文字"选项用于输入尺寸文字。

"角度"选项用于确定尺寸文字的旋转角度 。

示例如图 4—17 所示。

图 4—17　直径标注示例

命令：_dimdiameter

选择圆弧或圆：　　//拾取圆弧

指定尺寸线位置或 ［多行文字（M）/文字（T）/角度（A）］：　　//指定尺寸线位置即可

5. 半径标注

（1）功能。用于标注圆或圆弧的半径尺寸。

（2）操作方法

1）单击"标注"工具栏上的 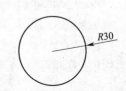 按钮。

2）选择"标注"菜单中的"半径"命令。

3）键入命令 dimradius（或 dra、dimrad）。

（3）选项说明

"多行文字"选项用于根据文字编辑器输入尺寸文字。

"文字"选项用于输入尺寸文字。

"角度"选项用于确定尺寸文字的旋转角度。

示例如图 4—18 所示。

图 4—18　半径标注示例

命令：_dimradius

选择圆弧或圆： //拾取圆

指定尺寸线位置或［多行文字(M)/文字(T)/角度(A)]： //指定尺寸线位置即可

6. 弧长标注

（1）功能。用于标注圆弧的长度尺寸。

（2）操作方法

1）单击"标注"工具栏上的 按钮。

2）选择"标注"菜单中的"弧长"命令。

3）键入命令 dimarc。

（3）选项说明

"多行文字"选项用于根据文字编辑器输入尺寸文字。

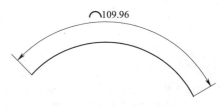

"文字"选项用于输入尺寸文字。

"角度"选项用于确定尺寸文字的旋转角度。

示例如图4—19所示。

图4—19 弧长标注示例

命令：_dimarc

选择弧线段或多段线弧线段： //拾取圆弧

指定弧长标注位置或［多行文字(M)/文字(T)/角度(A)/部分(P)/引线(L)]:A

指定标注文字的角度:45

指定弧长标注位置或［多行文字(M)/文字(T)/角度(A)/部分(P)/引线(L)]:

//指定尺寸线位置即可

标注文字 =109.96

"部分"用于标注部分圆弧长度尺寸，示例如图4—20所示。

图4—20 "部分"选项示例

命令：_dimarc

选择弧线段或多段线弧线段： //拾取圆弧

指定弧长标注位置或［多行文字(M)/文字(T)/角度(A)/部分(P)/引线(L)]:P

指定圆弧长度标注的第一个点： //按要求响应即可

指定圆弧长度标注的第二个点： //按要求响应即可

指定弧长标注位置或［多行文字(M)/文字(T)/角度(A)/部分(P)/引线(L)]:

//指定尺寸线位置即可

标注文字 =60.16

"引线"为弧长标注添加引线。当圆弧或弧线段的圆心角大于90°时才会显示此选项。示例如图4—21所示。

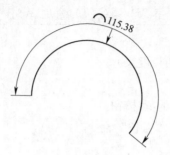

图4—21　"引线"选项示例

> 命令：_dimarc
> 选择弧线段或多段线弧线段：　　//拾取圆弧
> 指定弧长标注位置或［多行文字（M）/文字（T）/角度（A）/部分（P）/引线（L）］：L
> 指定弧长标注位置或［多行文字（M）/文字（T）/角度（A）/部分（P）/无引线（N）］：
> //指定尺寸线位置即可
> 标注文字 =115.38

7.　折弯标注

（1）功能。为圆或圆弧创建折弯标注。

（2）操作方法

1）单击"标注"工具栏上的 🖈 按钮。

2）选择"标注"菜单中的"折弯"命令。

3）键入命令 dimjogged。

（3）选项说明

"多行文字"选项用于根据文字编辑器输入尺寸文字。

"文字"选项用于输入尺寸文字。

"角度"选项用于确定尺寸文字的旋转角度。

示例如图4—22所示。

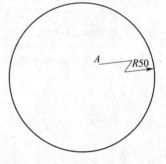

图4—22　圆的折弯标注示例

> 命令：_dimjogged
> 选择圆弧或圆：　　//拾取圆
> 指定图示中心位置：　　//点击 A 点
> 标注文字 =50
> 指定尺寸线位置或［多行文字（M）/文字（T）/角度（A）］：　　//指定尺寸线的适当位置
> 指定折弯位置：　　//指定适当的折弯位置

圆弧半径的折弯标注示例如图4—23所示。命令如下：

图4—23 圆弧半径的折弯标注示例

命令：_dimjogged

选择圆弧或圆： //拾取圆弧

指定图示中心位置： //指定中心点(指定折弯半径标注的新中心点,以替代圆弧或圆的实际中心点)

标注文字 = 60.38

指定尺寸线位置或 [多行文字(M)/文字(T)/角度(A)]： //指定尺寸线的适当位置(确定尺寸线的位置,或进行其他设置)

指定折弯位置： //指定适当的折弯位置即可

8. 连续标注

（1）功能。连续标注指在标注出的尺寸中，相邻两尺寸线共用同一条尺寸界线。

（2）操作方法

1）单击"标注"工具栏上的 按钮。

2）选择"标注"菜单中的"连续"命令。

3）键入命令 dimcontinue。

（3）选项说明

"放弃"选项用于放弃上一个连续尺寸标注。

"选择"选项用于指定连续标注将从哪一个尺寸的尺寸界线引出。

示例如图4—24所示。

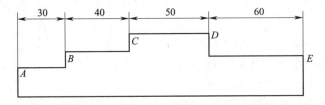

图4—24 连续标注示例

命令：_dimlinear //标注第一个线性尺寸30

指定第一条尺寸界线原点或 <选择对象>： 拾取A点

指定第二条尺寸界线原点： 拾取B点

指定尺寸线位置或[多行文字(M)/文字(T)/角度(A)/水平(H)/垂直(V)/旋转(R)]：   //指定尺寸线位置即可

标注文字 =30

命令：_dimcontinue   //进行连续标注

指定第二条尺寸界线原点或[放弃(U)/选择(S)] <选择>：   //拾取 C 点

标注文字 =40

指定第二条尺寸界线原点或[放弃(U)/选择(S)] <选择>：   //拾取 D 点

标注文字 =50

指定第二条尺寸界线原点或[放弃(U)/选择(S)] <选择>：   //拾取 E 点

标注文字 =60

指定第二条尺寸界线原点或[放弃(U)/选择(S)] <选择>：

//单击右键,单击"确定"按钮,按 Enter 键(或按 Esc 键),完成标注

角度尺寸的连续标注如图 4—25 所示。

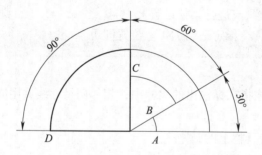

图 4—25   角度尺寸的连续标注示例

命令：_dimangular   //标注第一个角度30°

选择圆弧、圆、直线或 <指定顶点>：

选择第二条直线：

指定标注弧线位置或[多行文字(M)/文字(T)/角度(A)/象限点(Q)]：

标注文字 =30

命令：_dimcontinue   //进行连续标注

指定第二条尺寸界线原点或[放弃(U)/选择(S)] <选择>：   //拾取 C 点

标注文字 =60

指定第二条尺寸界线原点或[放弃(U)/选择(S)] <选择>：   //拾取 D 点

标注文字 =90

指定第二条尺寸界线原点或[放弃(U)/选择(S)] <选择>：

//单击右键,单击"确定"按钮,按 Enter 键(或按 Esc 键),完成标注

9. 基线标注

（1）功能。基线标注指各尺寸线从同一条尺寸界线处引出。

（2）操作方法

1）单击"标注"工具栏上的 🔲 按钮。

2）选择"标注"菜单中的"基线"命令。

3）键入命令 dimbaseline。

（3）选项说明

"放弃"选项用于放弃上一个基线尺寸标注。

"选择"选项用于指定连续标注将从哪一个尺寸的尺寸界线引出。

示例如图 4—26 所示。

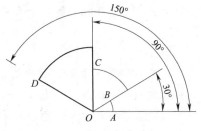

图 4—26　基线标注示例 1

命令：_dimangular　　//标注第一个角度30°

选择圆弧、圆、直线或 <指定顶点>：

选择第二条直线：

指定标注弧线位置或［多行文字(M)/文字(T)/角度(A)/象限点(Q)］：

标注文字 = 30

命令：_dimbaseline

指定第二条尺寸界线原点或［放弃(U)/选择(S)］<选择>：　　//拾取 C 点

标注文字 = 90

指定第二条尺寸界线原点或［放弃(U)/选择(S)］<选择>：　　//拾取 D 点

标注文字 = 150

指定第二条尺寸界线原点或［放弃(U)/选择(S)］<选择>：　　// * 取消 *

再举一个基线标注的例子，如图 4—27 所示。

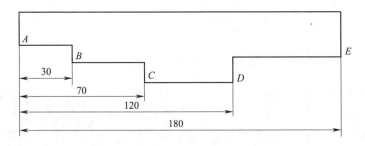

图 4—27　基线标注示例 2

命令：_dimlinear　　//标注第一个线性尺寸30

指定第一条尺寸界线原点或 <选择对象>：

指定第二条尺寸界线原点：

指定尺寸线位置或［多行文字(M)/文字(T)/角度(A)/水平(H)/垂直(V)/旋转(R)］：

标注文字 = 30

命令:_dimbaseline

指定第二条尺寸界线原点或［放弃(U)/选择(S)］＜选择＞:　　//拾取 C 点

标注文字 = 70指定第二条尺寸界线原点或［放弃(U)/选择(S)］＜选择＞:　　//拾取D 点

标注文字 = 120

指定第二条尺寸界线原点或［放弃(U)/选择(S)］＜选择＞:　　//拾取 E 点

标注文字 = 180

指定第二条尺寸界线原点或［放弃(U)/选择(S)］＜选择＞:

//单击右键,单击"确定"按钮,按 Enter 键(或按 Esc 键),完成标注

10. 绘圆心标记

（1）功能。为圆或圆弧绘圆心标记或中心线。

（2）操作方法

1）单击"标注"工具栏上的 ⊕ 按钮。

2）选择"标注"菜单中的"圆心标记"命令。

3）键入命令 dimcenter。

示例如图 4—28 所示。

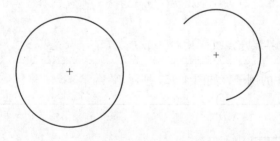

图 4—28　绘制图心标记示例

命令:_dimcenter

选择圆弧或圆:　　//在该提示下选择圆弧或圆即可

11. 坐标尺寸标注

（1）功能。为图纸上的点标出 X 或 Y 坐标。

（2）操作方法

1）单击"标注"工具栏上的 ⨍ 按钮。

2）选择"标注"菜单中的"坐标"命令。

3）键入命令 dimordinate。

（3）选项说明

"X 基准"用于标注 X 坐标。

"Y 基准"用于标注 Y 坐标。

"多行文字"选项用于根据文字编辑器输入尺寸文字。

"文字"选项用于输入尺寸文字。

"角度"选项用于确定尺寸文字的旋转角度。

示例如图 4—29 所示。

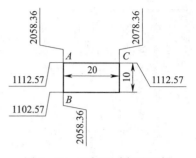

图 4—29　坐标尺寸标注示例

```
命令:_dimordinate
指定点坐标：    //拾取 A 点
指定引线端点或 [X 基准(X)/Y 基准(Y)/多行文字(M)/文字(T)/角度(A)]:x
指定引线端点或 [X 基准(X)/Y 基准(Y)/多行文字(M)/文字(T)/角度(A)]:
//指定尺寸线位置即可
标注文字 = 2058.36
命令:_dimordinate
指定点坐标：    //拾取 A 点
指定引线端点或 [X 基准(X)/Y 基准(Y)/多行文字(M)/文字(T)/角度(A)]:y
指定引线端点或 [X 基准(X)/Y 基准(Y)/多行文字(M)/文字(T)/角度(A)]:
//指定尺寸线位置即可
标注文字 = 1112.57


命令:_dimordinate
指定点坐标：    //拾取 B 点
指定引线端点或 [X 基准(X)/Y 基准(Y)/多行文字(M)/文字(T)/角度(A)]:x
指定引线端点或 [X 基准(X)/Y 基准(Y)/多行文字(M)/文字(T)/角度(A)]:指定
尺寸线位置即可
标注文字 = 2058.36
命令:_dimordinate
指定点坐标：    //拾取 B 点
指定引线端点或 [X 基准(X)/Y 基准(Y)/多行文字(M)/文字(T)/角度(A)]:y
指定引线端点或 [X 基准(X)/Y 基准(Y)/多行文字(M)/文字(T)/角度(A)]:
//指定尺寸线位置即可
标注文字 = 1102.57


命令:_dimordinate
指定点坐标：    //拾取 C 点
指定引线端点或 [X 基准(X)/Y 基准(Y)/多行文字(M)/文字(T)/角度(A)]:
//可以标注 X 基准也可以标注 Y 基准。鼠标相对于 C 点右移,然后确定
```

标注文字 =1112. 57

命令：_dimordinate

指定点坐标：　　//拾取 C 点

指定引线端点或 [X 基准(X)/Y 基准(Y)/多行文字(M)/文字(T)/角度(A)]：

//可以标注 X 基准也可以标注 Y 基准。鼠标相对于 C 点上移,然后确定

标注文字 =2078. 36

12. 快速标注尺寸

（1）功能。为图样上的多个对象进行快速尺寸标注。

（2）操作方法

1）单击"标注"工具栏上的 █ 按钮。

2）选择"标注"菜单中的"快速标注"命令。

3）键入命令 qdim。

（3）选项说明

"连续（C）"用于连续尺寸标注。

"并列（S）"用于并列样式尺寸标注。

"基线（B）"用于基线尺寸标注。

"坐标（O）"用于坐标尺寸标注。

"半径（R）"用于半径尺寸标注。

"直径（D）"用于直径尺寸标注。

"基准点（P）"用于更改标注时的基准点。

"编辑（E）"用于快速标注所选择对象的添加或删除。

"设置（T）"用于设置快速标注的关联标注优先级为交点（或者端点）。

示例如图 4—30 所示。

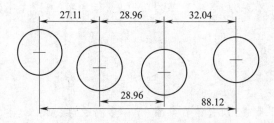

图 4—30　快速标注尺寸示例 1

命令：_qdim

选择要标注的几何图形：　　//依次拾取四个圆并单击右键确认拾取结束

指定尺寸线位置或 [连续(C)/并列(S)/基线(B)/坐标(O)/半径(R)/直径(D)/基准点(P)/编辑(E)/设置(T)] <连续>：　　//默认连续,按 Enter 键（图4—30上边的尺寸标注）

命令：_qdim

选择要标注的几何图形：　　//依次拾取四个圆并单击右键确认拾取结束

指定尺寸线位置或［连续(C)/并列(S)/基线(B)/坐标(O)/半径(R)/直径(D)/基准点(P)/编辑(E)/设置(T)］＜连续＞:s

指定尺寸线位置或［连续(C)/并列(S)/基线(B)/坐标(O)/半径(R)/直径(D)/基准点(P)/编辑(E)/设置(T)］＜并列＞：　　//确定即可(得到图4—30下边的尺寸标注)

再举一个例子，如图4—31所示。

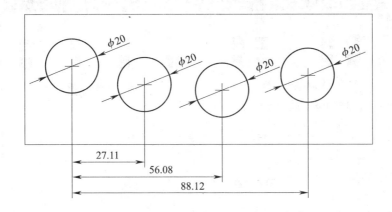

图4—31　快速标注尺寸示例2

首先是对上面直径的快速标注。命令如下：

命令：_qdim

选择要标注的几何图形：　　//依次拾取四个圆并单击右键确认拾取结束

指定尺寸线位置或［连续(C)/并列(S)/基线(B)/坐标(O)/半径(R)/直径(D)/基准点(P)/编辑(E)/设置(T)］＜基线＞:d

指定尺寸线位置或［连续(C)/并列(S)/基线(B)/坐标(O)/半径(R)/直径(D)/基准点(P)/编辑(E)/设置(T)］＜直径＞：　　//指定尺寸线的位置按Enter键即可

其次是对下面的快速标注中的基线标注样式。命令如下：

命令：_qdim

选择要标注的几何图形：　　//依次拾取四个圆并单击右键确认拾取结束

指定尺寸线位置或［连续(C)/并列(S)/基线(B)/坐标(O)/半径(R)/直径(D)/基准点(P)/编辑(E)/设置(T)］＜并列＞:b

指定尺寸线位置或［连续(C)/并列(S)/基线(B)/坐标(O)/半径(R)/直径(D)/基准点(P)/编辑(E)/设置(T)］＜基线＞：　　//指定尺寸线的位置按Enter键即可

13. 标注尺寸公差与形位公差

（1）功能。在图样上标注尺寸公差与形位公差。

（2）操作方法

1）单击"标注"工具栏上的 ▦ 按钮。

2）选择"标注"菜单中的"公差"命令。

3）键入命令 tolerance。

（3）标注说明。执行上述操作后，AutoCAD 弹出如图 4—32 所示的"形位公差"对话框。

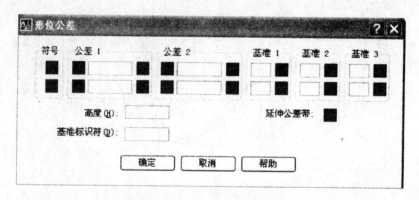

图 4—32　"形位公差"对话框

单击"符号"下边的黑色框，弹出"特征符号"对话框（见图 4—33），可以从中选取要标注的特征符号。

在"公差 1"和"公差 2"下边的白色方框输入形位公差值，该白色方框前面的黑色方框可以选择有无 ◎，后面的黑色方框单击弹出可供选择的"附加符号"对话框，如图 4—34 所示。

图 4—33　"特征符号"对话框

图 4—34　"附加符号"对话框

"形位公差"对话框中的"基准 1""基准 2""基准 3"下边的白色方框中可键入形位公差所参照的基准（如 *A*、*B*、*C* 等）；单击黑色方框弹出可供选择的附加符号（见图 4—34）；"高度"文本框里可以设置高度；"基准标识符"文本框里可以设置基准标识符；"延伸公差带"后的黑色方框可以设置延伸公差带的有无。

示例如图 4—35 所示。

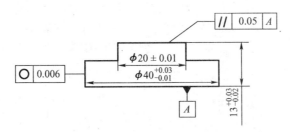

图4—35 尺寸公差与形位公差标注示例

步骤1: 标注尺寸公差。

命令:_dimlinear   //标注文字=20处
指定第一条尺寸界线原点或<选择对象>:
指定第二条尺寸界线原点:
指定尺寸线位置或[多行文字(M)/文字(T)/角度(A)/水平(H)/垂直(V)/旋转(R)]:t
输入标注文字<20>:%%C20%%P0.01
指定尺寸线位置或[多行文字(M)/文字(T)/角度(A)/水平(H)/垂直(V)/旋转(R)]:   //指定尺寸线位置即可
命令:_dimlinear   //标注文字=40处
指定第一条尺寸界线原点或<选择对象>:
指定第二条尺寸界线原点:
指定尺寸线位置或[多行文字(M)/文字(T)/角度(A)/水平(H)/垂直(V)/旋转(R)]:m
//在弹出的多行文字对话框中输入"%%C40+0.03^-0.01",然后用弹出的工具条上的堆叠文字命令 对"+0.03^-0.01"进行堆叠,最后确定
指定尺寸线位置或[多行文字(M)/文字(T)/角度(A)/水平(H)/垂直(V)/旋转(R)]:   //指定尺寸线位置即可
命令:_dimlinear
指定第一条尺寸界线原点或<选择对象>:
指定第二条尺寸界线原点:
指定尺寸线位置或[多行文字(M)/文字(T)/角度(A)/水平(H)/垂直(V)/旋转(R)]:
标注文字=13
//命令行输入"properties",按Enter键弹出如图4—36所示的选项板,拉动滚动条至公差选项组,并对该选项组的选项进行改动:选择显示公差为"极限偏差",公差下偏差设置为0.02,公差上偏差设置为0.03,水平放置公差选择"下",如图4—37所示,关闭该对话框,完成标注

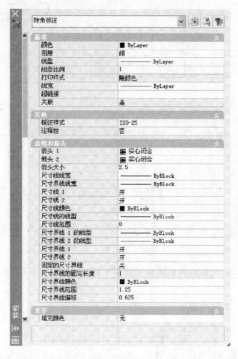

图 4—36 "特性"选项板

图 4—37 设置公差选项

特殊字符的输入方法如下：

下划线——%%U，直径符号——%%C，加减符号——%%P，角度符合——%%D，上划线——%%O，百分比符号——%%%。

步骤2：标注形位公差。

命令：_tolerance   //弹出的对话框按图4—38设置即可
输入公差位置：   //指定公差位置即可

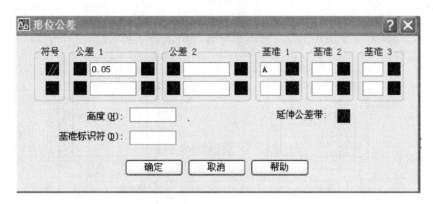

图4—38　设置形位公差1

命令：_tolerance　　//弹出的对话框按图4—39设置即可
输入公差位置：　　//指定公差位置即可

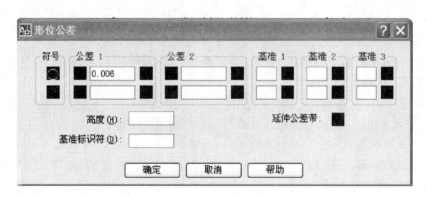

图4—39　设置形位公差2

 技能操作

一、修改尺寸文字和尺寸界线

1. 功能
对尺寸文字和尺寸界线进行修改或恢复。

2. 操作方法
（1）单击"标注"工具栏上的 按钮。
（2）键入命令 dimedit。

3. 选项说明
"默认"选项会按默认位置和方向放置尺寸文字。
"新建"选项用于修改尺寸文字。

"旋转"选项可将尺寸文字旋转指定的角度。

"倾斜"选项可使非角度标注的尺寸界线旋转一定角度。

通过下面的例子（见图4—40）可以很好地理解该命令的功能。

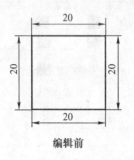
编辑前

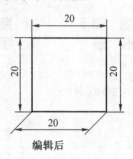
编辑后

图4—40　修改尺寸文字和尺寸界线示例

```
命令:_dimedit      //对左边的尺寸20进行默认类型编辑
输入标注编辑类型[默认(H)/新建(N)/旋转(R)/倾斜(O)] <默认>:H
选择对象:找到1个
选择对象：     //按Enter键确定即可
命令:_dimedit      //对上边的尺寸20进行新建类型编辑
输入标注编辑类型[默认(H)/新建(N)/旋转(R)/倾斜(O)] <默认>:N
选择对象:找到1个
选择对象：     //按Enter键确定即可
命令:_dimedit      //对右边的尺寸20进行旋转类型编辑
输入标注编辑类型[默认(H)/新建(N)/旋转(R)/倾斜(O)] <默认>:R
指定标注文字的角度:30
选择对象:找到1个
选择对象：     //按Enter键确定即可
命令:_dimedit      //对下边的尺寸20进行倾斜类型编辑
输入标注编辑类型[默认(H)/新建(N)/旋转(R)/倾斜(O)] <默认>:0
选择对象:找到1个
选择对象：     //按Enter键确定
输入倾斜角度(按Enter表示无):45
```

二、修改尺寸文字的位置

1. 功能

修改已标注尺寸的尺寸文字的位置。

2. 操作方法

（1）单击"标注"工具栏上的 ┵ 按钮。

（2）选择"标注"菜单"对齐文字"子菜单中的选项命令。

（3）键入命令 dimtedit。

3. 选项说明

"指定标注文字的新位置"选项用于确定尺寸文字的新位置，通过鼠标将尺寸文字拖动到新位置后单击拾取键即可。

"左（L）"和"右（R）"选项仅对非角度标注起作用，它们分别决定尺寸文字是沿尺寸线左对齐还是右对齐。

"中心（C）"选项可将尺寸文字放在尺寸线的中间。

"默认（H）"选项将按默认位置、方向放置尺寸文字。

"角度（A）"选项可以使尺寸文字旋转指定的角度。

示例如图 4—41 所示。

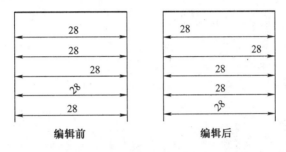

图 4—41 修改尺寸文字位置示例

```
命令:_dimtedit      //第一个文字28 左移
选择标注：        //拾取第一个尺寸
指定标注文字的新位置或[左(L)/右(R)/中心(C)/默认(H)/角度(A)]:l
命令:_dimtedit      //第二个文字28 右移
选择标注：        //拾取第二个尺寸
指定标注文字的新位置或[左(L)/右(R)/中心(C)/默认(H)/角度(A)]:r
命令:_dimtedit      //第三个文字28 居中
选择标注：        //拾取第三个尺寸
指定标注文字的新位置或[左(L)/右(R)/中心(C)/默认(H)/角度(A)]:c
命令:_dimtedit      //第四个文字28 恢复默认
选择标注：        //拾取第四个尺寸
指定标注文字的新位置或[左(L)/右(R)/中心(C)/默认(H)/角度(A)]:h
命令:_dimtedit      //第五个文字28 倾斜45°
选择标注：        //拾取第五个尺寸
指定标注文字的新位置或[左(L)/右(R)/中心(C)/默认(H)/角度(A)]:a
指定标注文字的角度:45
```

三、翻转标注箭头

更改尺寸标注上每个箭头的方向。具体操作是：首先，选择要改变方向的箭头，然后单击右键，从弹出的快捷菜单中选择"翻转箭头"命令，即可实现尺寸箭头的翻转。

四、调整标注间距

1. 功能

调整相互平行的尺寸标注（平行的线性标注或角度标注）之间的间距。

2. 操作方法

（1）单击"标注"工具栏上的 ▣ 按钮。

（2）选择"标注"菜单中的"标注间距"命令。

（3）键入命令 dimspace。

示例如图 4—42 所示。

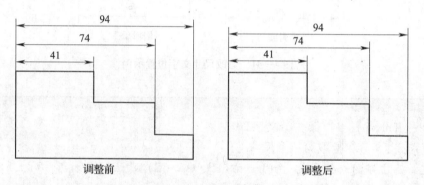

调整前　　　　　　　　　　　　调整后

图 4—42　调整标注间距示例

命令：_DIMSPACE
选择基准标注：　　//单击尺寸41
选择要产生间距的标注：　　//选择尺寸74和94
选择要产生间距的标注：　　//按 Enter 键
输入值或［自动（A）］＜自动＞：　　//键入距离值或者按 Enter 键（选择自动）
　　//如果输入距离值后按 Enter 键，AutoCAD 将调整各尺寸线的位置，使它们之间的距离值为指定的值。如果直接按 Enter 键，AutoCAD 会自动调整尺寸线的位置。

五、利用"特性"选项板编辑尺寸标注

"特性"选项板可以对任何 AutoCAD 对象进行编辑。在一个已经完成的尺寸标注上双击鼠标左键（或单击右键选择"特性"选项），可以打开"特性"选项板，如图 4—43 所示，在这里可以对尺寸标注的全部设置进行编辑。

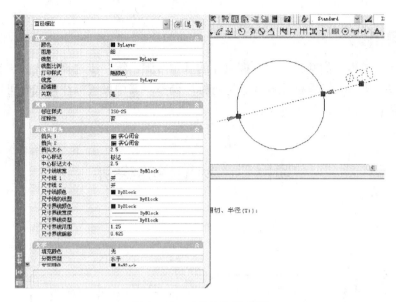

图4—43　"特性"选项板

六、用"特性匹配"命令编辑尺寸标注

利用"特性匹配"功能，可以将选定的尺寸标注的特性复制到要修改的尺寸标注上，达到修改尺寸标注特性的目的。可以通过单击"标准"工具栏上的　按钮或选择菜单"修改"菜单中的"特性匹配"命令来调用，该功能类似于 Microsoft Word 里的"格式刷"功能。

示例如图4—44所示。

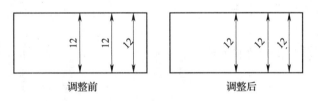

调整前　　　　　　　　　　调整后

图4—44　特性匹配

命令:_ matchprop
　　选择源对象：　　//选择左图中倾斜的尺寸12为源对象,单击拾取并单击右键确定
　　当前活动设置:颜色　图层　线型　线型比例　线宽　厚度　打印样式　标注　文字
填充图案　多段线　视口　表格材质　阴影显示　多重引线
　　选择目标对象或［设置(S)］：　　//拾取左图中剩余的两个尺寸为目标对象,先拾取
第一个目标尺寸12
　　选择目标对象或［设置(S)］：　　//拾取第二个目标尺寸12
　　选择目标对象或［设置(S)］：　　//按 Enter 键,得到右图的结果

项目小结

对象的标注是本章的基础，要掌握标注的基本步骤：第一步选择标注的类型，第二步选择标注的对象，第三步设置标注样式，进行标注调整。其中设置标注样式既可以放在第一步也可以放在第三步。

项目二　标题栏的绘制

项目展示

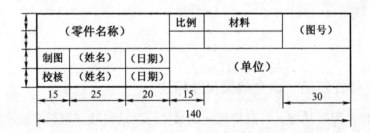

图 4—45　项目二要绘制的图形

学习目标

◆ 学会文字样式的设置方法
◆ 学会绘制标题栏
◆ 学会创建单行文字和多行文字

项目分析

本项目涉及的知识点包括线类的绘制、长度标注、文字的录入。

知识点

一、文字样式

1. 操作方法

（1）单击"格式"工具栏上的 $\triangle$ 按钮。

（2）选择"格式"菜单中的"文字样式"命令。

（3）键入命令 style（或 st）。

2. 功能

根据用户要求设置文字样式，包括样式名、字体大小、高度和效果。

3. 操作及选项说明

执行上述操作后，将弹出"文字样式"对话框（见图 4—46），可进行以下设置。

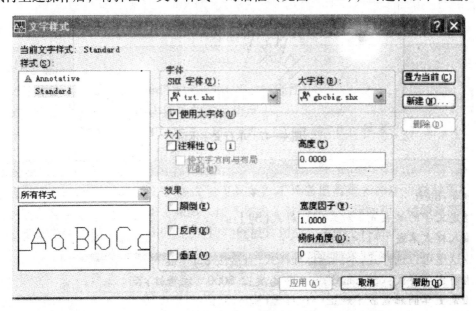

图 4—46 "文字样式"对话框

"样式"选项组可以创建新的样式。

"字体"选项组可以用来更改字体。

"大小"选项组可以用来更改字体大小。

"效果"选项组可以用来更改字体的效果，包括颠倒、反向、垂直、宽度因子和倾斜角度。

二、单行文字

1. 操作方法

（1）单击工具栏上的 A 按钮。

（2）选择"绘图"菜单"文字"子菜单中的"单行文字"命令。

（3）键入命令 dtext（或 dt）。

2. 功能

创建和编辑文字。单行文字也可以创建多行文字，不同的是系统将每行文字视为一个单独的对象。

3. 操作及选项说明

示例如图 4—47 所示。

图4—47　单行文字示例

命令：dtext

指定文字的起点或［对正(J)/样式(S)］:s

输入样式名或［?］＜Standard＞:

//这里可以选样式，本例选标准样式，直接按 Enter 键

当前文字样式："Standard"　文字高度:2.5000　注释性:否

指定文字的起点或［对正(J)/样式(S)］:j

输入选项[对齐(A)/调整(F)/中心(C)/中间(M)/右(R)/左上(TL)/中上(TC)/右上(TR)/左中(ML)/正中(MC)/右中(MR)/左下(BL)/中下(BC)/右下(BR)]:

//这里可以选对齐方式，本例键入 MC，按 Enter 键

指定文字的中间点:　　//这里拾取大致位于矩形中间的一点

指定高度 ＜2.5000＞:20

指定文字的旋转角度 ＜0＞:45

//键入"中华人民共和国"，然后确认即可

三、多行文字

1. 操作方法

（1）单击工具栏上的 **A** 按钮。

（2）选择"绘图"菜单"文字"子菜单中的"多行文字"命令。

（3）键入命令 mtext（或 mt）。

2. 功能

创建和编辑多行文字。系统将多行文字视为一个整体对象。

3. 操作及选项说明

示例如图4—48 所示。

技术要求

1. 各密封件装配前必须浸透油。

2. 齿轮箱装配后应按设计和工艺规定进行空载试验。

3. 装配过程中零件不允许磕、碰、划伤和锈蚀。

图4—48　多行文字示例

命令：_mtext
//当前文字样式："Standard"文字高度:20　注释性:否
指定第一角点：　　//点击矩形的左上角点
指定对角点或［高度（H）/对正（J）/行距（L）/旋转（R）/样式（S）/宽度（W）/栏
（C）］：　　//指定矩形的右下角点

弹出如图4—49所示的"文字格式"工具条。工具条里有很多命令可以对多行文字进行编辑，包括字体、字高、加粗、倾斜、加下划线、对齐方式、行间距、倾斜角度和宽度因子等，这些功能与 Microsoft Word 里的对应功能极其相似，在此不再赘述。

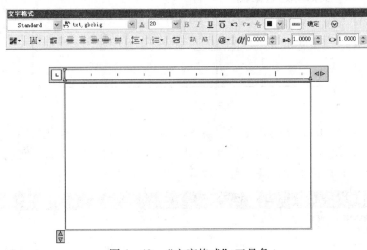

图4—49　"文字格式"工具条

按图4—48的要求键入文字。设置"技术要求"字高为20，居中，其他默认。设置"1. 各密封件装配前必须浸透油。2. 齿轮箱装配后应按设计和工艺规定进行空载试验。3. 装配过程中零件不允许磕、碰、划伤和锈蚀。"字高为10，行间距为1.5倍行距。

技能操作

步骤1：绘制140×32的矩形外框，并用分解命令进行分解。

步骤2：使用偏移命令，把底边水平边框向上偏移8的距离，偏移3次。结果如图4—50所示。

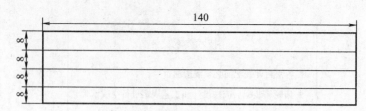

图 4—50　步骤 2

步骤 3：使用偏移命令，把左边垂直边框线向右边依次偏移 15、25、20、15、35 的距离，结果如图 4—51 所示。

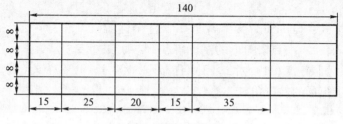

图 4—51　步骤 3

步骤 4：使用修剪命令、删除命令清除多条线段，把标题栏外边框线改为粗实线，最后效果如图 4—52 所示，完成标题栏绘制。

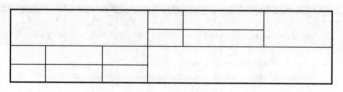

图 4—52　步骤 4

步骤 5：设置标题栏的文字格式。新建名为"标题栏文字"的样式，将"使用大字体"复选项取消，字体设置为仿宋，宽度因子设为 0.7，高度设置为 0，输入使用单行文字命令（或多行文字命令）时再根据实际需要输入汉字高度，如图 4—53 所示。

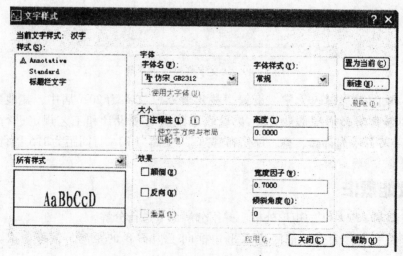

图 4—53　步骤 5

步骤6： 在标题栏中添加文字。除"（零件名称）""（单位）"高度为7，其他均为5，执行移动命令，适当调整文字的位置。最后如图4—54所示。

（零件名称）			比例	材料		（图号）
制图	（姓名）	（日期）	（单位）			
校核	（姓名）	（日期）				

图4—54　步骤6

项目三　块的创建和使用

项目展示

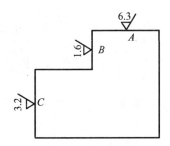

图4—55　项目三要绘制的图形

 **学习目标**

◆ 理解块的概念
◆ 掌握创建块的方法
◆ 掌握插入块的方法
◆ 掌握写块的方法

项目分析

块的应用能极大地提高制图效率。对于块的操作，重点要掌握创建块、插入块、写块。

知识点

一、块的概念

在工程设计中，有很多图形元素需要大量重复应用，如螺栓、螺母、垫圈、轴承等。为了避免重复绘制，AutoCAD 将逻辑上相关联的一系列图形对象定义成一个整体，称之为块。系统把块视为单一的对象，可方便地对其进行插入、移动、复制等操作。另外，块的使用可以提高绘图的效率和质量，节省存储空间，使图形修改更加方便等。

二、创建块

1. 操作方法

（1）单击"绘图"工具栏上的 按钮。

（2）选择"绘图"菜单"块"子菜单中的"创建"命令。

（3）键入命令 block 或 b。

2. 功能

在当前图形中将选定对象定义为块，并保存到当前图形文件的内部。

看下边的例子，将图 4—56 已经画好的轴承生成无属性块。

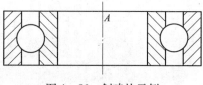

图 4—56　创建块示例

执行 block 命令，弹出如图 4—57 所示的"块定义"对话框。

输入块名称"滚动轴承"，单击"拾取点"按钮（也可以选择"在屏幕上指定"或者直接输入坐标），回到 AutoCAD 主工作界面，拾取图中的 A 点，回到"块定义"对话框，单击"选择对象"（或者选择"在屏幕上指定"），回到 AutoCAD 主工作界面，这时把所有的对象都选中并单击右键确认选择完毕，之后又回到"块定义"对话框，如图 4—58 所示，单击"确定"按钮完成块的创建。

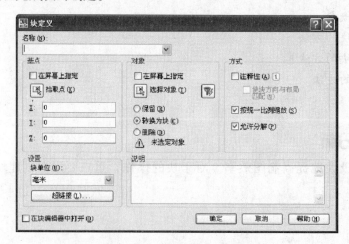

图 4—57　"块定义"对话框

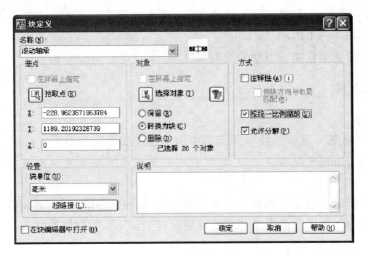

图4—58　设置完成的对话框

三、插入块

1．操作方法

（1）单击"绘图"工具栏上的 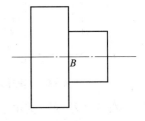 按钮。

（2）选择"插入"菜单中的"块"命令。

（3）键入命令 insert 或 i。

2．功能

将已经定义的块插入当前图形中，实现块的引用。

看图4—59的例子，将上例已经生成好的"滚动轴承"块插

入 B 点。

图4—59　插入块示例

键入命令"insert"后按 Enter 键，弹出如图4—60所示的"插入"对话框。

图4—60　"插入"对话框

在"名称"下拉列表框中找到"滚动轴承"，插入点选中"在屏幕上指定"，比例可以

根据需要选取，也可以选"在屏幕上指定"，这里设为"1"，旋转选项可以选"在屏幕上指

定"，或者根据需要输入角度，这里设为 90°，单击"确定"按钮，然后拾取图中的 *B* 点，完成块插入。如图 4—61 所示。

上面介绍的是无属性块，下面介绍有属性块。

四、定义属性

1. 操作方法

（1）选择"绘图"菜单"块"子菜单中的"定义属性"命令。

（2）键入命令 attdef 或 att。

2. 功能

该命令用于创建块的文本信息，并使具有属性的块在使用时具有通用性。

示例如图 4—62 所示，首先绘制表面粗糙度符号，不需要标注尺寸。

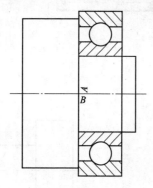

图 4—61 块插入结果

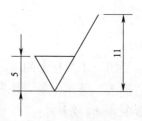

图 4—62 定义属性命令示例

执行"绘图"菜单"块"子菜单中的"定义属性"命令，弹出"属性定义"对话框，如图 4—63 所示。"模式"选项组可根据需要选择。"插入点"选项组可选择"在屏幕上指定"或直接输入坐标。"属性"选项组中的"标记"输入"AB"，"提示"输入"输入表面粗糙度值:"，"默认"中输入"6.3"。"文字设置"选项组中"对正"选择"左"（可根据需要适当选择），"文字样式"默认即可，"文字高度"定为"3.5"，"旋转"定为 0。

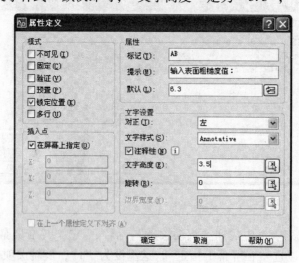

图 4—63 "属性定义"对话框

单击"确定"按钮，并移动字符"AB"到粗糙度符号上方的适当位置，单击左键完成属性设置，如图4—64所示。

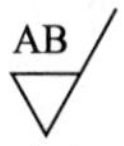

执行"绘图"菜单"块"子菜单中的"创建"命令，弹出如图4—65所示的"块定义"对话框。在"名称"中输入"表面粗糙度块"，单击"基点"选项组中的"拾取点"，拾取表面粗糙度符号最下边的顶点，单击"对象"选项组中的"选择对象"，选取图4—64中的所有元素，点右键确认选取结束。

图4—64 移动
字符

图4—65 "块定义"对话框

这时单击"确定"按钮，弹出如图4—66所示的"编辑属性"对话框，输入表面粗糙度值，这里默认6.3，然后单击"确定"按钮完成有属性的表面粗糙度块的创建。

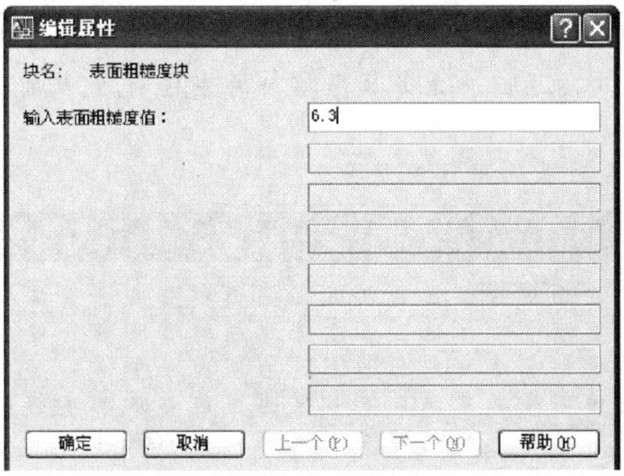

图4—66 "编辑属性"对话框

再来看下面的插入属性块的例子。利用上例中生成的"表面粗糙度块"做图4—67的粗糙度的标注。

执行"插入"菜单中的"块"命令，弹出如图4—68所示的"插入"对话框，在"名称"下拉列表框中选择"表面粗糙度块"，所有选项默认，单击"确定"按钮，此时系统要求"指定插入点或

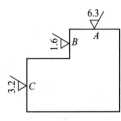

图4—67 粗糙度块

［基点（B）/比例（S）/旋转（R）］:"，指定图4—67中A点，此时系统要求"输入属性值"，默认为6.3，A处的标注，直接取默认值按 Enter 键即可。

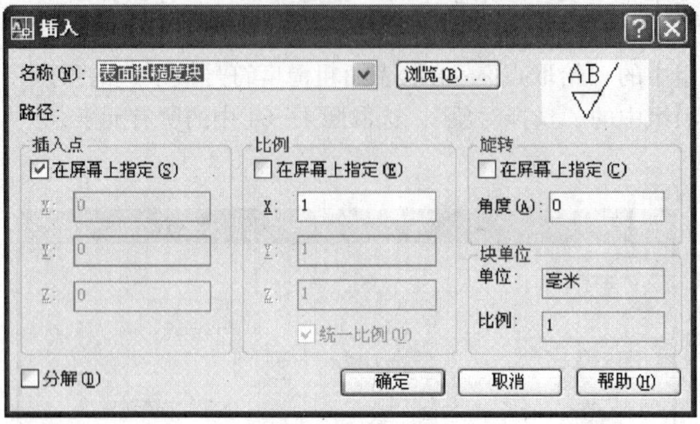

图4—68　插入块1

执行"插入"菜单中的"块"命令，弹出如图4—69所示的"插入"对话框，在"名称"下拉列表框中选择"表面粗糙度块"，把"旋转"选项组里的角度改为"90"，其他选项默认，单击"确定"按钮，此时系统要求"指定插入点或［基点（B）/比例（S）/旋转（R）］:"，指定图4—67中C点，此时系统要求"输入属性值"，这里输入3.2，按 Enter 键即可完成C处的标注。

执行"插入"菜单中的"块"命令，弹出如图4—70所示的对话框，在"名称"下拉列表框中选择"表面粗糙度块"，选择"旋转"选项组中的"在屏幕上指定"，其他选项默认，单击"确定"按钮，此时系统要求"指定插入点或［基点（B）/比例（S）/旋转（R）］:"，指定图4—67中B点，此时系统要求"指定旋转角度 <0>:"，可以手动指定位置，也可以命令行输入90，之后系统要求"输入属性值"，这里输入1.6，按 Enter 键即可完成B处的标注。

图4—69　插入块2

图 4—70　插入块 3

五、写块

1. 操作方法

键入命令 wblock（或 W）。

2. 功能

将整个图形、对象或内部块保存到独立的图形文件中，又称为外部块。外部块可以用于其他的 AutoCAD 图形文件。

3. 操作及选项说明

执行 wblock 命令会弹出"写块"对话框，如图 4—71 所示。选择好源对象，如内部块、整个图形或者对象，设置好存储路径后单击"确定"按钮即可完成外部块的写块。

图 4—71　"写块"对话框

六、工具选项板

工具选项板是 AutoCAD 中图形资源的高效管理与共享工具。单击"工具"菜单"选项板"子菜单中的"工具选项板"命令，或在"标准"工具栏中单击 按钮，或者按组合键Ctrl＋3均可打开"工具选项板"窗口，如图 4—72 所示。这里有很多可以根据需要直接插入的块，节省了绘图时间，引用方法也很简单，鼠标左键单击要引用的对象，然后指定插入点即可。

七、设计中心

AutoCAD 设计中心为用户提供了一个直观且高效的工具，该工具与 Windows 资源管理器极其相似。单击"工具"菜单"选项板"子菜单中的"设计中心"命令，或在"标准"工具栏中单击 按钮，或者按组合键 Ctrl＋2 均可打开"设计中心"窗口，如图 4—73 所示。

这里也有很多可能要用到的块，可以直接插入以节省绘图时间。引用方法也很简单，只需要将图形文件或块拖放到当前图形中或者单击右键，接着复制并粘贴，然后指定插入点，输入 X 比例因子和 Y 比例因子，最后指定旋转角度，就可以实现从设计中心到所绘图形的块插入。插入后的块是一个整体，用分解命令分解后就可以单个使用了。设计中心的使用可以减少重复劳动，大大提高工作效率。

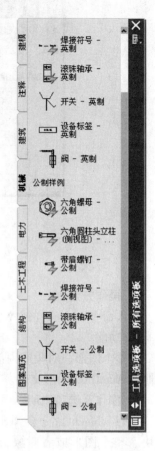

图 4—72　工具选项板

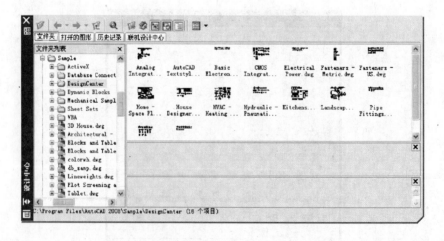

图 4—73　设计中心

技能操作

绘制图4—67。

步骤1：绘制表面粗糙度符号。

步骤2：定义表面粗糙度参数属性。

选择"绘图"菜单"块"子菜单中的"定义属性"命令设置参数。

步骤3：创建带属性的粗糙度块。

在"块定义"和"编辑属性"对话框中设置。

步骤4：编辑块的属性。

步骤5：保存为外部块。

项目四　偏心块的尺寸标注

项目展示

给如图4—74所示的偏心块标注尺寸。

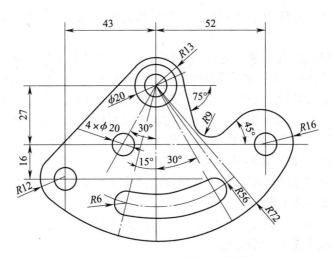

图4—74　项目四要绘制的图形

 学习目标

◆ 掌握并选择正确的标注方式

 项目分析

为了便于表述，把图中的点进行字母标记，如图4—75所示。

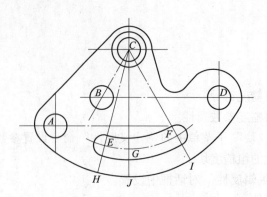

图 4—75　对点进行字母标记

以图中直径为 20 的 C 处的圆的圆心 X 坐标为长度方向基准，以该圆的 Y 坐标为高度方向基准。尺寸标注注意先定位后定形的原则。

 知识点

一、标注的基本规则

1. 机件的真实大小应以图样上所标注的尺寸数值为依据，与图形的大小及绘图的准确度无关。

2. 图样中（包括技术要求和其他说明）的尺寸，一般以毫米为单位。以毫米为单位时，不标注计量单位的代号或名称，如采用其他单位，则必须注明相应的计量单位的代号或名称。

3. 图样中所标注的尺寸为该图样所表示机件的最后完工尺寸，否则应另加说明。

4. 机件的每一尺寸一般只标注一次，并应标注在反映该结构最清晰的图形上。为了便于图样的绘制、使用和保管，图样均应画在规定幅面和格式的图纸上。

5. 尺寸标注通常由以下几种基本元素构成。

（1）尺寸文字：表示实际测量值。系统自动计算出测量值，并附加公差、前缀和后缀等。用户可自定义文字或编辑文字。

（2）尺寸线：表示标注的范围。尺寸线两端的起止符表示尺寸的起点和终点。尺寸线平行所注线段，两端指到尺寸界线上。

（3）起止符：表示测量的起始和结束位置。系统提供多种符号供选用，用户可以创建自定义起止符。

（4）尺寸界线：从被标注的对象延伸到尺寸线，起点自标注点偏移一定距离。

二、标注尺寸的三要素

1. 尺寸界线

用来限定所标注尺寸的范围，用细实线绘制。一般由轮廓线、轴线、对称线引出作尺寸界线，也可直接用以上线型为尺寸界线。超出尺寸线终端 2～3 mm。

2. 尺寸线（含有箭头）

用细实线绘制。要与所标注线段平行。

3. 尺寸数字

标注尺寸的符号直径用"ϕ"表示，球用"Sϕ""SR"表示。半径用"R"表示，方形结构用"□"表示，参考尺寸其数字加注"（ ）"。

（1）标注线性尺寸时，水平方向数字字头朝上；垂直方向数字字头朝左。

（2）标注角度尺寸时，数字一般与尺寸线平行书写，注在尺寸线的中断处、外侧或引出，尺寸线是圆弧线。

（3）标注圆和圆弧时，圆在数字前加"ϕ"，圆弧在数字前加"R"，球面在数字前加"Sϕ"。或"SR"。标注圆和圆弧时，尺寸线应通过圆心。尺寸数字不能被任何图线穿过；大尺寸在外，小尺寸在内。

 技能操作

步骤1：利用线性尺寸命令标注尺寸"16""27""43""52"。

> 命令：_dimlinear
> 指定第一条尺寸界线原点或 <选择对象>： //拾取 A 点
> 指定第二条尺寸界线原点： //拾取 B 点
> 指定尺寸线位置或[多行文字(M)/文字(T)/角度(A)/水平(H)/垂直(V)/旋转(R)]：
> //指定尺寸线位置即可
> 标注文字 =16

用类似方法可以标注其他几个线性尺寸。

步骤2：利用角度尺寸标注命令标注"30°""15°""30°""75°""45°"五个角度尺寸。

> 命令：_dimangular
> 选择圆弧、圆、直线或 <指定顶点>： //拾取直线 CH
> 选择第二条直线： //拾取直线 CG
> 指定标注弧线位置或[多行文字(M)/文字(T)/角度(A)/象限点(Q)]： //指定
> 尺寸线位置即可
> 标注文字 =15°

用类似方法可以标注其他几个角度尺寸。

步骤3：利用半径尺寸标注命令标注"R13""R8""R16""R72""R56""R6""R12"。

> 命令：_dimradius
> 选择圆弧或圆： //拾取圆弧 HJI
> 标注文字 =R72
> 指定尺寸线位置或[多行文字(M)/文字(T)/角度(A)]： //指定尺寸线位置即可

用类似方法可以标注其他几个半径尺寸。

步骤4：利用直径标注命令标注"ϕ20""4 * ϕ10"。

> 命令：_dimdiameter
> 选择圆弧或圆： //拾取 B 处的圆

指定尺寸线位置或 [多行文字(M)/文字(T)/角度(A)]:t

输入标注文字 <10>:4*%%c10

指定尺寸线位置或 [多行文字(M)/文字(T)/角度(A)]:　　//指定尺寸线位置即可

命令:_dimdiameter

选择圆弧或圆:　　//拾取 *C* 处的大圆

标注文字 =φ20

指定尺寸线位置或 [多行文字(M)/文字(T)/角度(A)]:　　//指定尺寸线位置即可

至此，所有标注都已完成。

项目小结

工程图形从绘制到标注都需要认真、严谨地对待并严格符合其规则。为此务必要达到较高的基本要求。以下几点是对标注提出的基本要求：

1. 正确：要符合国家标准的有关规定。
2. 完全：要标注制造零件所需要的全部尺寸，不遗漏、不重复。
3. 清晰：尺寸布置要整齐、清晰，便于阅读。
4. 合理：标注的尺寸要符合设计的要求和工艺的要求。

项目五　套筒的尺寸标注

项目展示

给如图 4—76 所示的套筒标注尺寸。

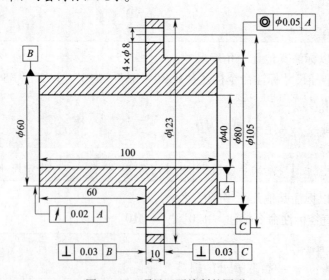

图 4—76　项目五要绘制的图形

**项目分析**

为了便于描述，把图中的点用字母进行标记，如图4—77所示。

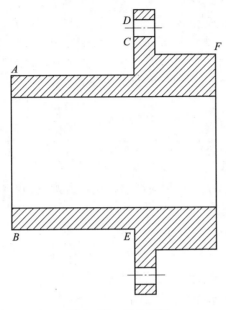

图4—77 字母标记

技能操作

步骤1：利用线性尺寸命令标注"φ105""φ80""φ40""φ123""φ60""4∗φ8"。

命令：_dimlinear

指定第一条尺寸界线原点或＜选择对象＞： //拾取A点

指定第二条尺寸界线原点： //拾取B点

指定尺寸线位置或［多行文字（M）/文字（T）/角度（A）/水平（H）/垂直（V）/旋转（R）］：t

输入标注文字＜60＞:％％C60

指定尺寸线位置或［多行文字（M）/文字（T）/角度（A）/水平（H）/垂直（V）/旋转（R）］： //指定尺寸线位置即可

标注文字 =φ60

命令：_dimlinear

指定第一条尺寸界线原点或＜选择对象＞： //拾取C点

指定第二条尺寸界线原点： //拾取D点

指定尺寸线位置或［多行文字（M）/文字（T）/角度（A）/水平（H）/垂直（V）/旋转（R）］：t

输入标注文字 ＜8＞:4 *%%C8

指定尺寸线位置或［多行文字（M）/文字（T）/角度（A）/水平（H）/垂直（V）/旋转（R）］： //指定尺寸线位置即可

标注文字 ＝4 *ϕ8

用类似方法标注其他尺寸，如"ϕ105""ϕ80""ϕ40""ϕ123"。

步骤2： 利用线性尺寸命令标注尺寸"100""60""10"。

命令:_dimlinear

指定第一条尺寸界线原点或 ＜选择对象＞： //拾取 B 点

指定第二条尺寸界线原点： //拾取 E 点

指定尺寸线位置或［多行文字（M）/文字（T）/角度（A）/水平（H）/垂直（V）/旋转（R）］： //指定尺寸线位置即可

标注文字 ＝60

用类似方法标注其他几个线性尺寸，如"100""10"。

步骤3： 标注形位公差的基准"A""B""C"。

先画如图 4—78 所示的图形，不需要标尺寸，然后执行 block 命令将其生成为块，块名称定为"基准符号"，基点选为线段"5"的中点，块定义如图 4—79 所示。

图4—78 绘制块

执行插入块命令，弹出如图 4—80 所示对话框。

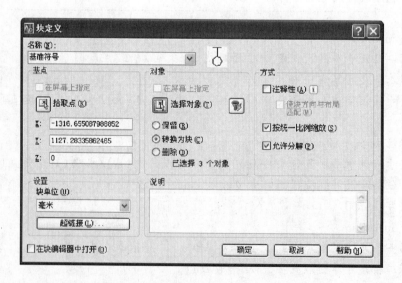

图4—79 定义块

图4—80　插入块

在"名称"下拉列表框中选择"基准符号",单击"确定"按钮,指定插入点为尺寸"φ80"正下方一点,指定旋转角度为0,单击"确定"按钮即可。然后利用单行文字命令在圆内写上字母"C"。命令行如下:

> 命令:dt
> TEXT
> 当前文字样式:"Annotative"　文字高度:3.5000　注释性:是
> 指定文字的起点或 [对正(J)/样式(S)]:　　//拾取圆内圆心偏左些一点
> 指定图纸高度 <3.5000>:3.5
> 指定文字的旋转角度 <0>:0

在闪烁光标处键入"C"后按 Enter 键即可。至此基准 C 标注完成。

用类似方法标注基准 A。基准 B 的标注和基准 C 几乎完全一样,不同的是在插入"基准符号"块的时候,指定旋转角度由0°改为180°即可。

步骤4:利用引线命令和形位公差命令标注图4—81 至图4—83 四个形位公差。

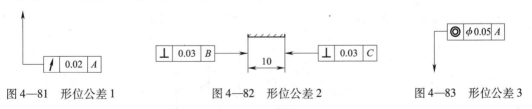

图4—81　形位公差1　　　　　图4—82　形位公差2　　　　　图4—83　形位公差3

> 命令:_mleader　　//也可以选择"标注"菜单中的"多重引线"命令
> 指定引线箭头的位置或 [引线基线优先(L)/内容优先(C)/选项(O)] <选项>:
> //指定"φ80"尺寸的上方箭头处
> 指定引线基线的位置:　　//指定引线基线的位置即可(本例中略向右上方偏移)

执行命令 tolerance,弹出如图4—84 所示对话框,在"符号"中选择"◎",单击"公差1"的第一个黑色小方框,出现"⌀",在"公差1"中的白色方框输入"0.05",在

"基准 1"中输入基准代号"A"，单击"确定"按钮，然后拾取引线基线的位置并单击左键即可完成图 4—83 中形位公差的标注。

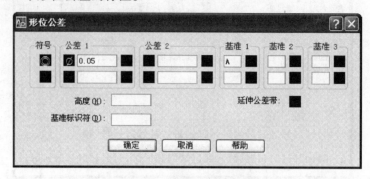

图 4—84　"形位公差"对话框

用类似方法完成其他三处形位公差的标注，在此不再赘述。

项目六　综合训练

1. 绘制标题栏，如图 4—85 所示，不标注尺寸。

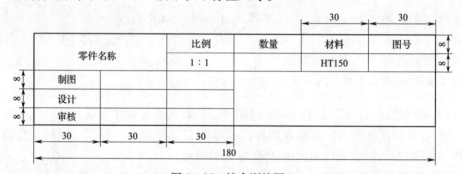

零件名称		比例	数量	材料	图号	
		1：1		HT150		
制图						
设计						
审核						

图 4—85　综合训练图 1

2. 使用块命令，绘制图 4—86 的图形，尺寸自定，不需要标注。

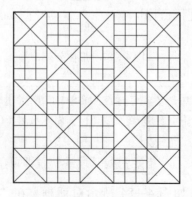

图 4—86　综合训练图 2

3. 绘制图 4—87 的主视图、左视图，并标注尺寸，绘制标题栏。

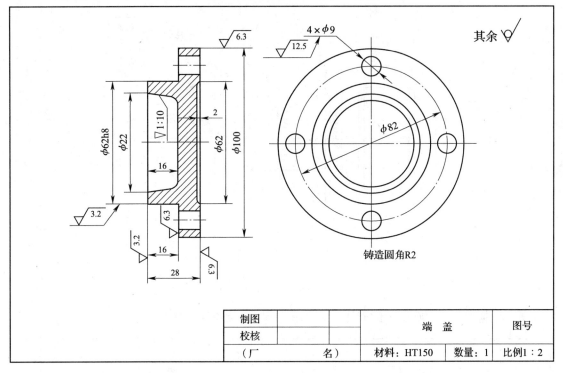

制图			端　盖		图号	
校核						
（厂　　　名）			材料：HT150	数量：1	比例1：2	

图 4—87 综合训练图 3

4. 绘制如图 4—88 所示的传动轴，并标注尺寸。

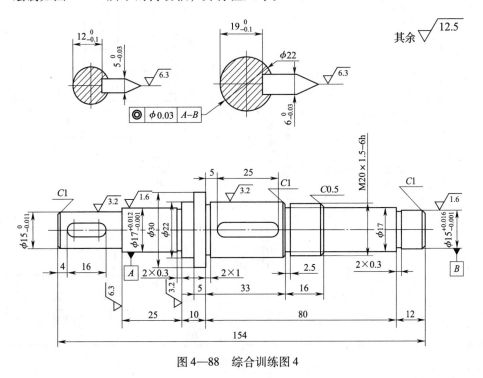

图 4—88 综合训练图 4

5. 绘制如图 4—89 所示的图形并标注尺寸。

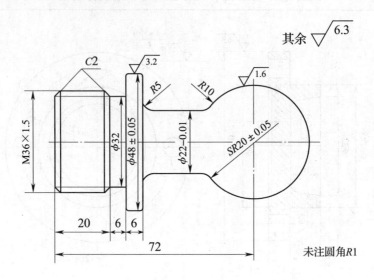

图 4—89　综合训练图 5

6. 绘制如图 4—90 所示的架体图，并标注尺寸，绘制标题栏。

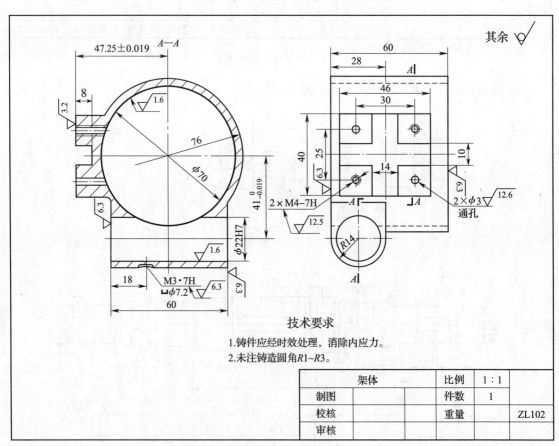

技术要求

1.铸件应经时效处理，消除内应力。

2.未注铸造圆角R1~R3。

架体		比例	1∶1	
制图		件数	1	
校核		重量		ZL102
审核				

图 4—90　综合训练图 6

练 习 题

一、填空题

1. 单行文字标注的命令是_____，可简写为_____。

2. 写块的命令是_____，插入块的命令是_____。

3. "标注样式"中的"线"选项卡，用于设置_____和_____的格式和属性。

4. "换算单位"选项卡中_____复选框用于确定是否在标注的尺寸中显示换算单位。

5. 角度标注的对象可以有_____、_____和_____。

6. 定义属性命令用于创建块的_____，并使具有属性的块在使用时具有_____。

7. AutoCAD 设计中心为用户提供了一个直观且高效的工具，其调用的快捷键是_____。

8. 图样中的尺寸，在不做任何说明的情况下，一般是以_____为单位。

二、单项选择题

1. 外部定义块的命令是（   ）。

A. L　　　　　　　B. Wblock　　　　　C. Base　　　　　　D. Units

2. 假如在 AutoCAD 系统屏幕上已绘制了一个图形，现将它作为一个实体来处理，应使用（   ）命令。

A. move　　　　　　B. cop　　　　　　C. block　　　　　D. array

3. 把用户定义的块作为一个单独文件存储在磁盘上可用（   ）命令。

A. Wblock

B. Save（菜单为［File］=>［Save］）

C. Block（菜单为［Draw］=>［Block］）

D. Insert（菜单为［Insert］=>［Block］）

4. 在【标注样式】对话框中，【文字】选项卡中的【分数高度比例】选项只有设置了（   ）选项后才有效。

A. 单位精度　　　　B. 公差　　　　　　C. 换算单位　　　　D. 使用全局比例

5. 执行（   ）命令，可打开"标注样式管理器"对话框，在其中可对标注样式进行设置。

A. dimradius　　　B. dimstyle　　　　C. dimdiameter　　　D. dimlinear

6. 多行文本标注命令是（   ）。

A. text　　　　　　B. mtext　　　　　C. qtext　　　　　D. wtext

7. 下面命令中用于标注在同一方向上连续的线性尺寸或角度尺寸的是（   ）。

A. dimbaseline　　B. dimcontinue　　　C. qleader　　　　D. qdim

8. （   ）命令用于创建平行于所选对象或平行于两尺寸界线源点连线的直线型尺寸。

A. 对齐标注　　　　B. 快速标注　　　　C. 连续标注　　　　D. 线性标注

9. 下列不属于基本标注类型的标注是（   ）。

A. 对齐标注　　　　B. 基线标注　　　　C. 快速标注　　　　D. 线性标注

10. 如果在一个线性标注数值前面添加直径符号，则应用（　　）命令。

A. %%c　　　　　　B. %%o　　　　　　C. %%d　　　　　　D. %%%

11. 在创建块时，在块定义对话框中必须确定的要素为（　　）。

A. 块名、基点、对象　　　　　　　　B. 块名、基点、属性

C. 基点、对象、属性　　　　　　　　D. 块名、基点、对象、属性

12. 在进行文字标注时，若要插入"度数"称号，则应输入（　　）。

A. d%%　　　　　　B. %d　　　　　　C. d%　　　　　　D. %%d

13. 下面命令中用于为图形标注多行文本、表格文本和下划线文本等特殊文字的是(　　)。

A. mtext　　　　　B. text　　　　　C. dtext　　　　　D. ddedit

14. 如果要标注倾斜直线的长度，应该选用（　　）操作。

A. 快速标注　　B. 对齐　　　　C. 角度标注　　　　D. 半径标注

15. 使用【快速标注】命令标注圆或圆弧时，不能自动标注（　　）选项。

A. 半径　　　　B. 基线　　　　C. 圆心　　　　　D. 直径

三、判断题

1. 用尺寸标注命令所形成的尺寸文本，尺寸线和尺寸界线类似于块，可以用 explode 命令来分解。　　　　　　　　　　　　　　　　　　　　　　　　　　　　　　（　　）

2. 用插入命令 insert 把块图形文件插入到图形中之后，如果把块文件删除，主图中所插入的块图形将会被删除。　　　　　　　　　　　　　　　　　　　　　　　（　　）

3. 用 dtext 命令写的多行文本，每行文本成为一图元可独立进行编辑。　　（　　）

4. 在没有任何标注的情况下，也可以用基线和连续标注。　　　　　　　　（　　）

5. 图块做好后，在插入时，是不可以放大或旋转的。　　　　　　　　　　（　　）

6. 所有尺寸标注都应该在视图中给出。　　　　　　　　　　　　　　　　（　　）

7. 不能为尺寸文字添加后缀。　　　　　　　　　　　　　　　　　　　　（　　）

8. 当标注关联的图形对象尺寸发生改变时，必须对标注进行更新。　　　　（　　）

9. 已经标注的尺寸无法进行修改，需要重新标注。　　　　　　　　　　　（　　）

10. 线性标注既可以选择标注对象进行标注，也可以选取标注对象的断电进行标注。

　　　　　　　　　　　　　　　　　　　　　　　　　　　　　　　　　　（　　）

11. 径向类的标注包括了直径标注和半径标注。　　　　　　　　　　　　（　　）

12. "特征"选项板无法编辑尺寸标注。　　　　　　　　　　　　　　　　（　　）

13. 机件的真实大小应以图样上所注的尺寸数值为依据，与图形的大小及绘图的准确度无关。　　　　　　　　　　　　　　　　　　　　　　　　　　　　　　　　　（　　）

四、简答题

1. 尺寸标注的类型有哪些？

2. 完整的尺寸，其标注由哪四部分组成？

3. 折弯标注所适用的对象是哪几个？

4. 简述如何利用"特性匹配"命令编辑尺寸标注。

5. 写块命令的作用是什么？

6. 标注尺寸的三要素是什么？

7. 工程图形绘制的 4 个基本要求是什么？

第五章　机械类和建筑类专业图形绘制

项目一　三视图的绘制（机械类）

项目展示

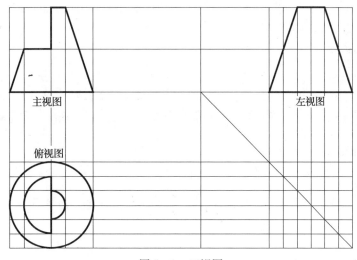

图 5—1　三视图

学习目标

◆ 学会通过作辅助线或画辅助圆的方式绘制三视图
◆ 掌握自动追踪法的绘图技巧

项目分析

本项目要绘制如图 5—1 所示三视图。根据正投影法的基本原理，三视图的绘制应保证"三等"关系，即主视图、俯视图长对正，主视图、左视图高平齐，左视图、俯视图宽相等。在长度和高度上比较容易保证，在宽度方向上可以通过作辅助线的方式来实现宽相等。

在屏幕的左上角（即第二象限）绘制主视图，从主视图上各个点画垂直构造线，与俯视图保持长对正；再从主视图上各个点画水平构造线，与左视图保持高平齐；然后在屏幕左下角（即第三象限）绘制俯视图，从俯视图的各个点作水平构造线和第四象限的平分线相交，过交点作垂直构造线和第二象限主视图上画的水平构造线相交，实现宽相等；最后在屏幕的右上角（即第一象限）绘制左视图。

知识点

一、射线命令

1. 操作方法

（1）选择"绘图"菜单中的"射线"命令。

（2）键入命令 ray。

2. 作用

射线命令用来创建单向无限延长的直线，可以绘制多条过同一点的射线。射线和构造线一样，通常用作辅助线，如在三视图的绘制中作辅助线等。

3. 命令选项说明

```
命令:_ ray
指定起点:          //射线的起点(确定第一点,固定射线的位置)
指定通过点:        //由第一点发出的射线所经过的点(即射线的方向)
```

二、对齐命令

1. 操作方法

（1）菜单："修改"菜单"三维操作"子菜单中的"对齐"命令。

（2）键入命令 align。

2. 作用

将选定的对象进行移动、旋转或倾斜，使之与另一个对象对齐。

3. 命令选项说明

```
命令:_ align
选择对象:           //选择要对齐的对象,直至按 Enter 键结束选择
指定第一个源点:      //指定一点作为源点,一般在选定的对象上定点
指定第一个目标点:    //指定一点作为第一个源点将要对齐的目标点
指定第二个源点:      //按上述方法指定第二个、第三个源点和目标点
指定第二个目标点:
指定第三个源点或<继续>:
指定第三个目标点:
```

技能操作

步骤1：绘制构造线，将绘图窗口分成四个象限，利用射线命令在第四象限绘制角平分线。

步骤2：在第二象限（左上角区域）绘制主视图。

步骤3：从主视图上的各端点作水平构造线，保证主视图与左视图"高平齐"；从主视图上的各端点作垂直构造线，保证主视图与俯视图"长对正"。

步骤4：在第三象限（左下角区域）绘制俯视图。

步骤5：从俯视图上的各端点绘制水平构造线，并与第四象限的角平分线相交，过角平分线上的各交点作垂直构造线，保证"宽相等"。

步骤6：通过主视图和俯视图上各点的对应关系，绘制出左视图。

项目小结

在 AutoCAD 中，射线和构造线都只是作为绘制图形的辅助线，它们不会被打印输出，不会影响图形在图样上的效果，也不会影响图形界限。

另外，在绘制三视图时，也可以考虑用直线命令来绘制平行（或垂直）于轴的直线作为辅助线，以实现三个视图中图形的"长对正、高平齐、宽相等"。但三视图绘制完成后，必须将这些辅助线删除或修剪掉。

项目二　泵盖剖视图的绘制（机械类）

项目展示

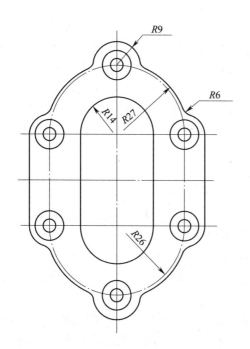
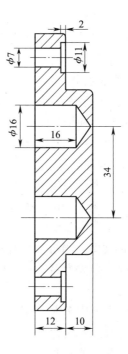

图5—2　泵盖剖视图

学习目标

◆ 学会剖视图的画法
◆ 掌握泵盖类零件视图的绘制方法与绘图技巧

项目分析

泵盖剖视图如图 5—2 所示。泵盖的结构比较复杂，如果直接绘制左视图，会有比较多的虚线，对于绘图和读者读图来说不太方便，但它的外形相对简单，所以左视图可以采用全剖视图。

从图 5—2 中可以看出泵盖的主视图是上下完全对称的图形，可以先绘制上半部分，然后通过镜像得到下半部分。在主视图的绘制过程中，除了用到直线、圆等绘图命令，还会用到阵列、圆角、修剪和镜像等修改命令。在绘制左视图的全剖视图时，先绘制左视图上半部分最左边的垂直轮廓线，再用平移命令来得到另外几条垂直轮廓线，依据"高平齐"的原则，从主视图上相应各点绘制水平构造线来确定剖视图上水平轮廓线的位置，再修剪剖视图的上半部分，镜像后得到剖视图的轮廓，最后对剖视图进行剖面线的填充，完成剖视图的绘制。

知识点

一、剖视图

如果零件的内部结构比较复杂，视图中会产生较多的虚线，这些虚线与虚线、虚线与实线之间常常重合在一起或相互交错，极大地影响零件图的清晰程度，既不便于作者画图和读者读图，也不便于尺寸的标注。为此，国家标准规定了剖视图的基本表示法。

1. 剖视图的定义

剖视图主要用于表达机件内部的结构形状。假想用一个剖切面（平面或曲面）剖开机件，将处在观察者和剖切面之间的那部分移去，而将其余部分向投影面上投射，这样得到的图形称为剖视图。

2. 剖视图的种类

剖视图可分为全剖视图、半剖视图和局部剖视图。

（1）全剖视图：用剖切面完全地剖开机件所得的剖视图称为全剖视图。全剖视图是为了表达机件完整的内部结构，通常用于内部结构较为复杂的场合。

（2）半剖视图：当机件具有对称平面时，向垂直于对称平面的投影面上投射所得的图形，可以对称中心线为界，一半画成视图，另一半画成剖视图，这种组合的图形称为半剖视图。

半剖视图主要用于内、外形状都需要表达的对称或基本对称的机件。画半剖视图时，剖视图与视图应以点画线为分界线，剖视图一般位于主视图对称线的右侧，俯视图对称线的下方，左视图对称线的右方。

（3）局部剖视图：假想用剖切面局部地剖开机件所得的剖视图称为局部剖视图。局部剖视图主要用于表达机件的局部内部结构或不宜采用全剖视图或半剖视图的地方（孔、槽等）。局部剖视图中被剖部分与未剖部分的分界线用波浪线表示。

3．剖视图的标注

标注内容包括剖切符号、剖切线及字母。

4．剖面线的画法

当不需要在剖面区域中表示材料的种类时，可以采用通用剖面线表示。通用剖面线应以适当角度的细实线绘制，最好与主要轮廓线或剖面区域的对称线成45°角。

二、绘制剖视图常用的命令

绘制剖面符号，可以使用图案填充命令 bhatch。

表示剖切面的起、止和转折位置的箭头可使用多段线（pline）命令单独绘制。

绘制局部剖面中的断裂线可以用样条曲线（splne）命令。

对已有图案填充对象进行修改可使用图案填充（hatchedit）命令。单击该命令弹出的对话框与 bhatch 命令弹出的对话框一样，操作方法也基本相同。

 技能操作

步骤1：设置绘图环境。

步骤2：绘制中心线。

设置图层、线型、线宽、颜色并绘制相应的中心线。

步骤3：绘制主视图的上半部分。

如图5—3a所示，以水平中心线与垂直中心线的交点为圆心，绘制圆 R14 和 R27。

以中心线圆的右象限点为圆心，分别绘制圆 ϕ11、ϕ7 和 R9。

再通过180°角度阵列，对圆 R9、ϕ7 和 ϕ11 进行阵列，得到左边和上边两组圆。

对圆 R9 与圆 R27 进行圆角（圆角半径为6），得到四段过渡圆弧。

用直线命令从圆 R14 和左右圆 R9 的左右象限点向下方的水平中心线绘制四条垂直线。

步骤4：修剪主视图的上半部分。

对所绘制图形的多余线条进行修剪，如图5—3b所示。

步骤5：镜像主视图的上半部分得到完整主视图。

对步骤4的图形进行镜像，获得主视图，如图5—3c所示。

步骤6：绘制剖视图的上半部分。

如图5—4a所示，从主视图的上半部分各点绘制水平线，以确定剖视图轮廓线中水平轮廓线的位置，并将上方水平中心线上下各偏移8 mm。

在剖视图上绘制一条垂直线1作为剖视图的左边轮廓线，然后将垂直线1分别向右偏移10 mm、12 mm、16 mm 和22 mm，以确定剖视图轮廓线中各条垂直轮廓线的位置。

绘制直线 AC、BC，利用直线命令，捕捉 A 点，打开极轴追踪（设置极轴角为60°），对象追踪与水平中心线的交点（C 点），然后再捕捉 B 点。

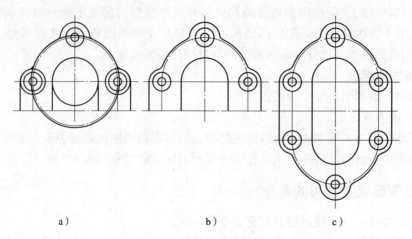

a）　　　　　　　　b）　　　　　　　　c）

图5—3　绘制泵盖主视图

a）绘制主视图上半部分　b）修剪主视图上半部分　c）镜像获得主视图

步骤7：修剪、圆角、镜像和填充。

如图5—4b所示，先修剪得到剖视图上半部分。

使用圆角（fillet）命令，对剖视图右边轮廓进行圆角（圆角半径为2 mm）。

使用镜像（mirror）命令，对剖视图上半部分绕水平中心线镜像。

使用图案填充（bhatch）命令，为剖视图填充剖面线。

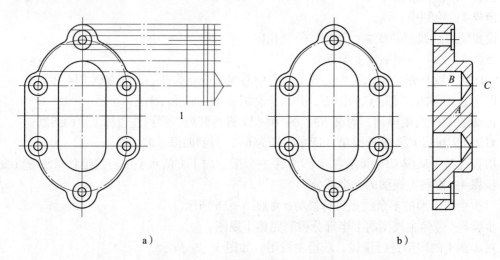

a）　　　　　　　　　　　　　　　　b）

图5—4　绘制泵盖左视图剖视图

a）绘制剖视图上半部分　b）修剪、圆角、镜像和填充

 项目小结

剖视图是一种常见的机件表达方法，绘制剖视图时最重要的是填充剖面符号，在Auto-CAD中欲填充剖面符号的区域应该是封闭的图形，这就要求在绘制图形时要保证图形的精确性，尽可能采用目标捕捉的方式来绘制图形。

项目三　轴类零件图的绘制与打印（机械类）

项目展示

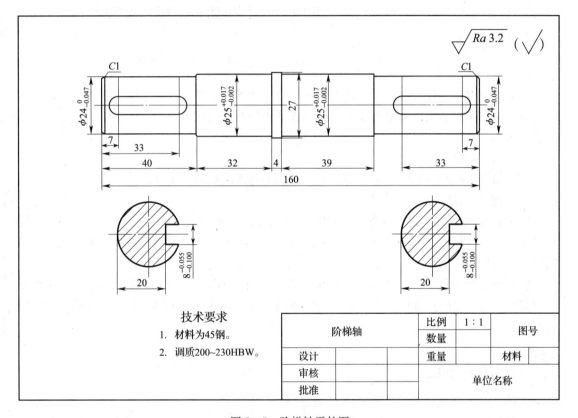

图 5—5　阶梯轴零件图

 学习目标

◆ 掌握使用镜像命令绘制轴对称类图形
◆ 掌握轴类零件的绘制方法与技巧
◆ 学会绘制断面图

 项目分析

　　如图 5—5 所示为一阶梯轴零件图。阶梯轴是一种典型的比较规则的零件，其主视图的轮廓线多为直线并关于轴对称，所以可以通过镜像和偏移的方法来绘制阶梯轴的主视图。如果开有键槽，可以通过断面图来表达键槽的深度和宽度。

知识点

一、零件图

零件图是表达单个零件形状、大小和特征的图样，是生产中制造和检验机器零件的根据。零件图包括一组视图、完整的尺寸、标题栏和技术要求四个部分。绘制零件图时，要遵循机械制图国家标准，同时可以充分利用图块、图层等功能来提高绘图效率。

二、断面图

1. 断面图的定义

假想用剖切面剖开物体后，仅画出该剖切面与物体接触部分的正投影，所得的图形称为断面图。断面图通常用来表示物体上某一局部结构的断面形状，如机件的轮辐、肋板，轴上的键槽和孔等。

2. 断面图的分类

根据断面图在绘制时所处的位置不同，可分为移出断面图和重合断面图。

3. 断面图的画法

（1）移出断面图：画在视图外面的断面图称为移出断面图。移出断面图的轮廓线用粗实线画出，并尽量画在剖切符号或剖切面迹线的延长线上，必要时也可将移出断面图配置在其他适当的位置。

（2）重合断面图：画在视图之内的断面图称为重合断面图。画重合断面图时，轮廓线是细实线，当视图的轮廓线与重合断面的图形重叠时，视图中的轮廓线仍应连续画出，不可间断。

 技能操作

步骤1：A4 横装图框及标题栏的绘制。

按照国家标准，绘制 A4 横装图框和标题栏，如图 5—6 所示。如果事先已创建相关块，也可用插入块的方式绘制。

步骤2：设置绘图环境。

设置有关的对象捕捉，激活并且打开极轴、对象追踪和对象捕捉等功能。

步骤3：绘制中心线。

设置绘图所需要的图层、线型、线宽和颜色，再绘制相应的中心线（长 160）。

步骤4：确定阶梯轴上半部分的轮廓位置。

如图 5—7 所示，将水平中心线向上偏移，偏移值分别为各段轴的半径值（12、12.5、13.5）。

由水平中心线最左侧向上绘制垂直直线（长 13.5），然后依次向右偏移 2、40、32、4、39、44 和 1。

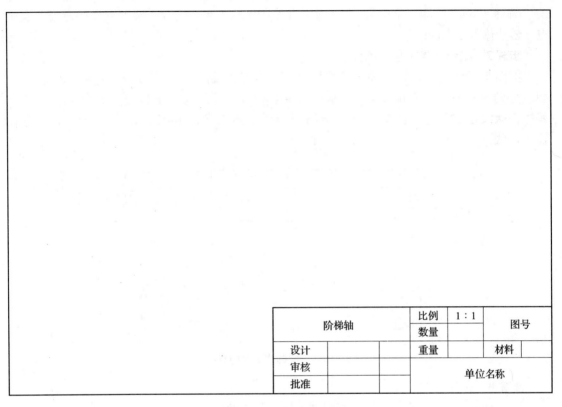

阶梯轴	比例	1∶1	图号	
	数量			
设计		重量		材料
审核		单位名称		
批准				

图 5—6　标题栏

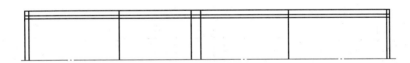

图 5—7　偏移直线确定轴的上半部分轮廓线的位置

步骤 5：通过修剪、倒角工具得到阶梯轴的外轮廓，如图 5—8 所示。

图 5—8　修剪、倒角得到轴的上半部分轮廓线

步骤 6：绘制完整的阶梯轴主视图。

如图 5—9 所示，将图形沿着水平中心线进行镜像，得到完整的阶梯轴外轮廓。

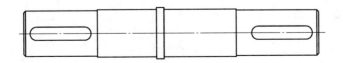

图 5—9　镜像、画圆、修剪得到轴的主视图

键槽部分的绘制：在水平中心线上分别绘制 4 个半径为 4 的圆［圆心用定位点自参照点的"偏移（from）"命令定位］，再分别用直线连接左边和右边两个圆的上象限点及下象限点，最后修剪多余的线条。

步骤 7：绘制键槽轴段的断面图。

如图 5—10 所示，在阶梯轴轮廓图的下方分别绘制两个半径为 12 的圆，将水平中心线分别向上和向下各偏移 4，再从圆心向右偏移 8，绘制一条直线与圆相交，然后修剪掉多余线条，再进行图案填充，绘制剖面线，最后用"拉长（lengthen）"工具拉长轴中心线。

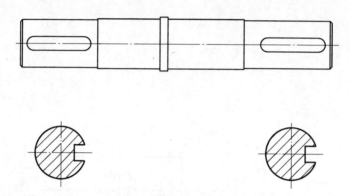

图 5—10　绘制键槽轴段的断面图

步骤 8：标注尺寸。

如图 5—11 所示，在主视图和断面图上标注相应的尺寸。

步骤 9：标注表面粗糙度、编写技术要求并填写标题栏。

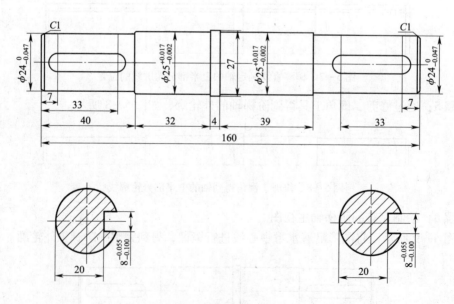

图 5—11　标注尺寸

项目小结

　　轴类零件一般都是轴对称图形，通常绘制其主视图和辅助视图。通用做法是先绘制对称图形中的一半，然后通过镜像得到完整图形。对于一些轴上开有键槽等特殊结构的情况，可以通过绘制断面图来表达。此外，倒角、镜像、修剪工具的灵活运用，可以降低绘制难度，是编辑图形细节的关键。

项目四　齿轮啮合装配图的绘制（机械类）

项目展示

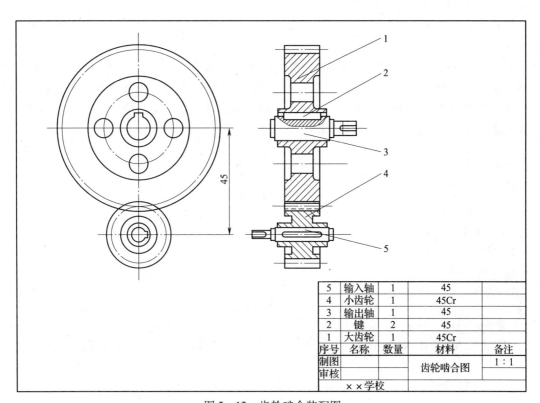

5	输入轴	1	45	
4	小齿轮	1	45Cr	
3	输出轴	1	45	
2	键	2	45	
1	大齿轮	1	45Cr	
序号	名称	数量	材料	备注
制图			齿轮啮合图	1：1
审核				
××学校				

图 5—12　齿轮啮合装配图

 学习目标

◆ 掌握装配图的内容及表达方式
◆ 掌握零件图拼接组装装配图
◆ 掌握多个图形文件的操作

项目分析

如图 5—12 所示，组成齿轮啮合装配图的零件有 5 个，通常单独绘制出装配图中各个零件的零件图，然后将零件图创建成块或块文件，通过插入块或引用的方式，插入或引用零件图，再根据装配图的要求进行适当编辑，最后标注尺寸，填写技术要求、标题栏和明细表等，最终完成装配图。

知识点

一、装配图

装配图是表达机器或部件的图样，主要表达其工作原理和装配关系。在设计过程中，装配图的绘制位于零件图之前，并且装配图与零件图的表达内容不同，它主要用于机器或部件的装配、调试、安装、维修等场合。

装配图的内容包括 4 大部分：一组图形，必要的尺寸、技术要求，零部件序号及明细栏和标题栏。

装配图的本质仍是用二维图形表达三维立体形体，机件的常用表达方法也同样适用于装配图；而由于装配图侧重于表达多个零件之间的装配关系，故国家标准对装配图又增加了规定画法和特殊画法。具体使用哪些表达方法，则需根据具体的装配体进行分析，即便是同一个装配体，各人选择的表达方法也并非完全一致。

二、基点命令

1. 操作方法

（1）选择"绘图"菜单"块"子菜单中的"基点"命令。

（2）键入命令 base。

2. 功能

指定当前图形的基点。

3. 操作及选项说明

命令：_ base
输入基点 <0.0000,0.0000,0.0000>：　　　　　　//指定当前图形新的插入点

三、移动命令

1. 操作方法

（1）单击"修改"工具栏中的 ✛ 按钮。

（2）选择"修改"菜单中的"移动"命令。

（3）键入命令 move（或简写 m）。

2. 功能

将选中的对象移到指定的位置。

3. 操作及选项说明

命令:＿ move

选择对象:　　　　　　　　　　　　　　//选择欲移动的对象

指定基点或[位移(D)]<位移>:　　　　//指定移动时的参考点或直接输入位移

指定第二个点或<使用第一个点作为位移>://输入第二点,系统根据这两个点定义
　　　　　　　　　　　　　　　　　　　一个位移矢量。如果直接按 Enter 键,
　　　　　　　　　　　　　　　　　　　第一点坐标值将认为是移动所需的
　　　　　　　　　　　　　　　　　　　位移

技能操作

步骤 1：根据齿轮啮合的工作原理及其装配关系来选择适当的表达方法、比例和图幅。

步骤 2：绘制 A3 图框,或直接打开已有的 A3 图框。

步骤 3：装配。

根据装配关系分别将已绘制出的齿轮啮合的各个零件的零件图插入 A3 图框文件中。

(1) 先将大齿轮插入一个适当位置,删除原有的尺寸标注,再将视图旋转 -90°。

(2) 插入小齿轮,删除原有的尺寸标注,再根据齿轮啮合的视图表达方法,选好基点,使用移动工具对齐主视图、剖视图。

(3) 按相同的方法分别插入输入轴、输出轴进行装配。

(4) 对零件之间具有装配关系的图形按要求进行编辑和修改。

值得注意的是,每插入一个零件后,都要对其进行适当的编辑和修改,不要把所有的零件都插入后才来修改,这样的话由于图形复杂,图线太多,修改将变得比较困难。当零件图不全时,也可以通过插、画结合的方法来绘制装配图。

步骤 4：标注尺寸。

按装配要求标注必要的尺寸,如与装配体有关的性能、装配、安装、运输等有关尺寸,一般包括：装配尺寸、特性尺寸、外形尺寸、安装尺寸及零件的主要结构尺寸等。

步骤 5：绘制明细栏。

根据零件的数量,在标题栏上方根据要求绘制零件明细栏。

步骤 6：绘制零件序号。

在绘制零件序号时,将标注的序号制作成块,并采用“qleader”命令进行插入。

步骤 7：标注技术要求、明细栏及标题栏。

利用多行文字编辑器填写技术要求、明细栏和标题栏。

步骤 8：检查、修改,并保存图形。

项目小结

利用 AutoCAD 绘制装配图是一件非常复杂的工作,如果需要经常装配,最好能将常用

的标准件、零部件，还有一些专业符号制作成图库，如螺钉、螺栓、轴承、弹簧等标准件。在绘制装配图时，可通过插入块的方式插入装配图中，以提高绘图速度。如果大部分零件图已经通过 AutoCAD 绘制出来，也可以采用插入图形文件的方式拼画装配图。

项目五　叉架类零件图的绘制（机械类）

项目展示

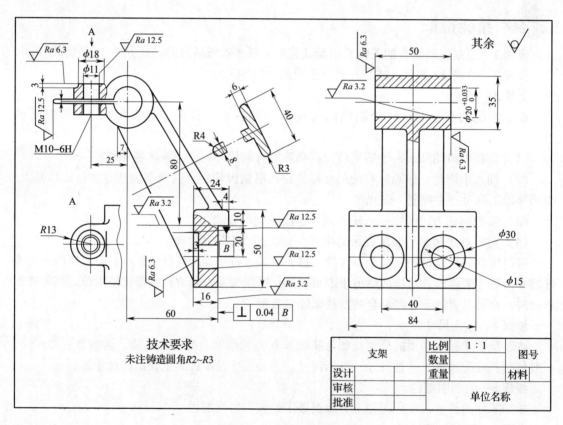

图 5—13　支架零件图

 学习目标

◆ 学会使用样条曲线命令绘制断裂线

◆ 掌握叉架类零件的绘图方法和技巧

◆ 学会绘制局部视图

项目分析

叉架类零件的形状通常比较复杂，在视图安排上，需要两个或两个以上基本视图，往往要用局部视图、断面图等来表达零件的细部结构。如图5—13所示为一支架零件图。

技能操作

步骤1：主视图的绘制。

（1）绘制上部同心圆和下部安装板的轮廓。

设置绘制所需要的图层、线型、颜色和线宽，绘制相应的中心线。再用"圆"和"直线"命令绘制出上部的两个同心圆及下部的轮廓线，如图5—14所示。

（2）绘制安装板上的阶梯孔。用"直线"工具绘制阶梯孔，可以先绘制出一侧的图线，再用"镜像"工具镜像出另一侧的图线，镜像前后的图形如图5—15所示。

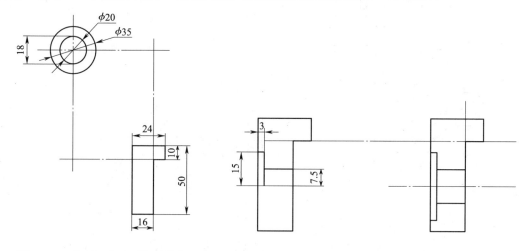

图5—14　绘制上部、下部的轮廓　　　　　　图5—15　镜像前和镜像后的阶梯孔

（3）绘制肋板外形轮廓。用"直线"工具绘制肋板外形两直线，右侧直线与大圆相切处需要"捕捉切点"。再用偏移工具将右侧直线向左侧偏移6，最后用"修剪""圆角"工具编辑修改轮廓线，如图5—16所示。

（4）绘制左上部结构。用"直线"工具绘制左上部的外形轮廓，用"修剪"工具对多余的线条进行修剪，并倒"圆角"，圆角半径为2。

再用"直线"工具绘制上边的通孔。下边M10的螺纹孔，根据国家标准其大径为10，用细实线表示。通过查表可知其小径大约为8.38，如图5—17所示。

（5）绘制局部剖视图。用"样条曲线"工具绘制两处断裂线，并采用细实线层，再"修剪"多余线条。选择"图案填充"工具进行填充，如图5—18所示。

步骤2：A向局部视图的绘制。

（1）绘制多个同心圆。用"圆"工具绘制多个同心圆，尺寸可以从主视图中相应结构尺寸利用"追踪"功能获得，其中螺纹大径圆为3/4细实线圆，如图5—19所示。

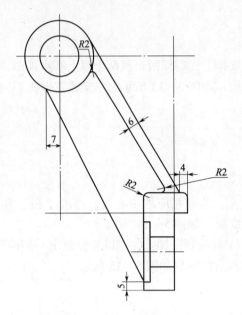

图 5—16　绘制肋板外形轮廓

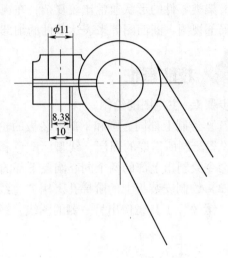

图 5—17　绘制左上部通孔和螺纹孔

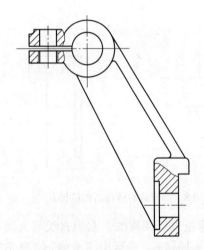

图 5—18　绘制两处局部剖视

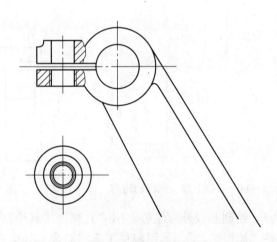

图 5—19　绘制同心圆

（2）绘制其他的轮廓线。用"直线"工具绘制一侧外形轮廓，注意其与主视图中相关结构的对应关系。

用"样条曲线"工具绘制断裂线，并采用细实线层。用"修剪""删除""圆角"等工具编辑修改轮廓线。

以孔的水平中心线为镜像线，用"镜像"工具得到另一侧的轮廓线，完成 A 向局部视图，如图 5—20 所示。

步骤 3：移出断面图的绘制。

（1）绘制断面一侧的轮廓。在"对象捕捉模式"中增设"垂足"和"平行"两个选项，用"直线"工具绘制出与肋板垂直的对称线和一侧的外形轮廓，如图 5—21 所示。

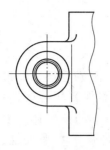

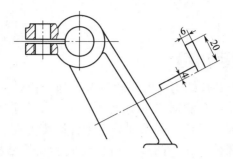

图 5—20 A 向局部视图 图 5—21 绘制断面一侧外形图

（2）完成断面图。用"圆角"工具进行倒圆角，圆角半径分别设置为 3 和 4。用"样条曲线"绘制断裂线，并采用细实线层。将多余线条用"修剪"工具修剪干净。

以对称线作为镜像线，用"镜像"工具将一侧的图形镜像为整个断面图，再用"图案填充"工具进行填充，如图 5—22 所示。

步骤 4：左视图的绘制。

（1）绘制一侧的轮廓线。用"直线"工具绘制左视图中的定位中心线。

图 5—22 移出断面

用"直线"和"圆"工具绘制一侧的轮廓线，尺寸可以从主视图的对应点追踪获得，并将虚线改至虚线层，如图 5—23 所示。

用"直线"工具绘制中间肋板的外形，再用"圆角"工具对肋板及安装板的轮廓进行倒圆角处理。

（2）镜像得到完整图形。以垂直对称线作为镜像线，用"镜像"工具将一侧图形镜像得到完整图形。

用"图案填充"工具进行填充。整理图线，左视图全部内容绘制完成，如图 5—24 所示。

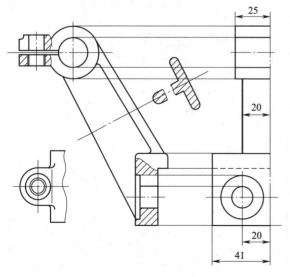

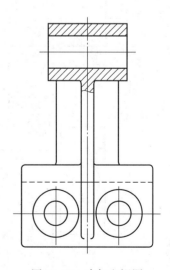

图 5—23 绘制一侧的轮廓线 图 5—24 支架左视图

项目小结

　　叉架类零件结构一般比较复杂，通常由铸造或模锻制成毛坯，经过机械加工而成。一般由工作部分和联系部分组成。工作部分指与其他零件有配合或连接的部分，如套筒、支承板、叉口；联系部分指零件高度方向上尺寸较小的棱柱体，上面常常有凸台、螺纹孔、螺栓过孔、凹坑、销孔和成型孔等结构。零件通常水平放置，选择零件的形状特征比较明显的方向作为主视图的投影方向。常用斜视图表达零件上的倾斜结构，用局部视图、局部剖视图来表示零件上的凹坑、凸台等。筋板、杆体一般用断面图表示其断面形状。

项目六　箱体类零件图的绘制（机械类）

项目展示

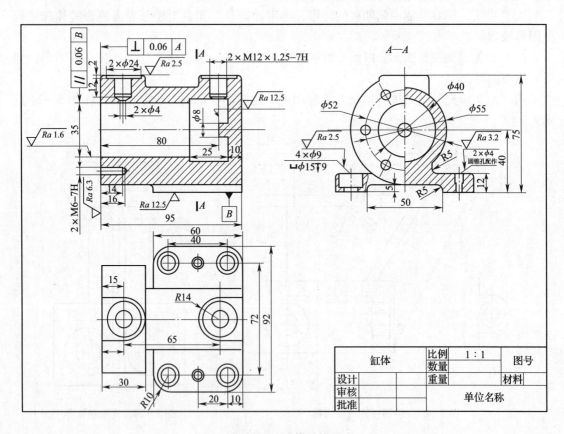

图 5—25　缸体零件图

学习目标

◆ 掌握凸台及螺纹孔的画法
◆ 学会箱体类零件的绘图方法和绘图技巧
◆ 掌握半剖加局部剖视图的绘制方法

 **项目分析**

箱体零件的形状、结构一般都较复杂，通常以垂直于前后对称面作为主视图投影方向，可以用全剖的主视图、半剖加局部剖的左视图和俯视图来分别表示内部结构和外部形状。如图 5—25 所示为一缸体零件图。

 技能操作

由缸体零件图可知，左视图的绘制比较容易，因此，本项目从左视图开始绘制。

步骤 1： 绘制左视图主要轮廓线。

（1）用"直线"工具绘制左视图中缸体内部的水平、垂直两条中心线。用"圆"工具绘制多个同心圆，并将各圆添加到相应图层。

以垂直中心线作为界限，用"修剪"工具修剪各同心圆，如图 5—26 所示。

（2）绘制右侧的外形轮廓。可以采用"直线"工具或"偏移"工具，如图 5—27 所示。

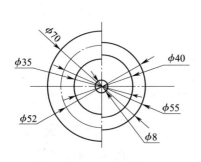

图 5—26 轮廓线

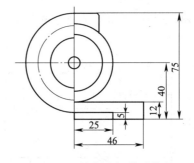

图 5—27 绘制右侧外形轮廓

（3）镜像、整理全部的外形轮廓。以垂直中心线作为镜像线，用"镜像"工具将右侧图形镜像，再用"修剪"工具修剪、整理外形轮廓，如图 5—28 所示。

（4）绘制细小结构

1）螺纹孔的绘制。该螺纹孔大径为 6，查国家标准可知其小径为 5。用"圆"工具绘制螺纹孔，再用"复制"工具将修改后的螺纹孔复制到另外两位置。

2）圆锥孔的绘制。通过查国家标准可知，该圆锥孔小端的直径为 4，大端直径约为 4.48。用"直线"工具绘制一侧锥孔轮廓线，再以该圆锥孔的中心线作为镜像线，用"镜像"工具得到另一侧锥孔轮廓线。

3）沉孔的绘制。用"样条曲线"工具绘制波浪线，用"直线"工具绘制一侧的沉孔轮廓线，再以该孔中心线作为镜像线，镜像后得到另一侧的沉孔轮廓线。

4）填充剖面线。用"图案填充"工具，设置填充图案为"ANSI31"，通过拾取点的方式进行剖面线填充。完成左视图，如图5—29所示。

步骤2：绘制主视图缸体的轮廓线。

（1）外形主要轮廓线。用"直线"工具绘制主视图中缸体的外形轮廓线，尺寸可通过左视图中各对应点利用追踪获得，如图5—30所示。

（2）内腔轮廓线。用"直线"工具绘制主视图中缸体内腔上部的轮廓线，尺寸也可以通过左视图中各个对应点利用追踪获得。用"镜像"工具镜像出内腔下部的轮廓线，用"圆角"工具对内外腔进行倒圆角，如图5—31所示。

（3）绘制主视图中各个螺纹孔。

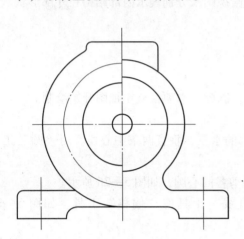

图5—28 镜像后与修剪后的外形轮廓

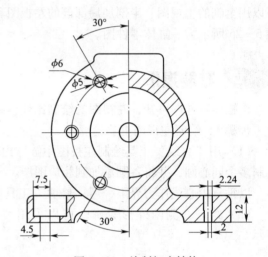

图5—29 绘制细小结构

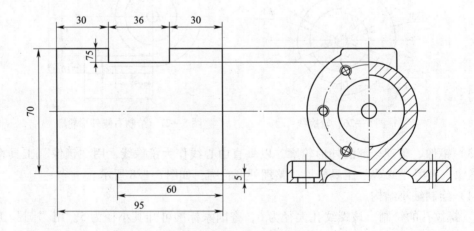

图5—30 绘制外形轮廓线

1）左上部螺纹孔。通过查表可知该螺纹大径为12，小径约为10.6。用"直线"工具绘制一侧的轮廓线，再以该孔中心线作为镜像线，镜像后得到另一侧轮廓线，如图5—32所示。

2）右上部螺纹孔。用"复制"工具将左上部螺纹孔复制到右上部，并用"修剪"和"删除"命令去除多余线条。

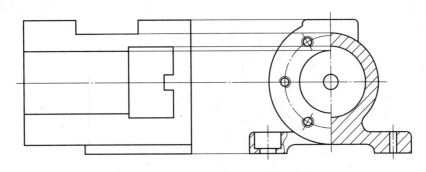

图 5—31　缸体内外腔轮廓线

3）下部螺纹孔。方法同左上部螺纹孔的绘制，如图 5—33 所示。

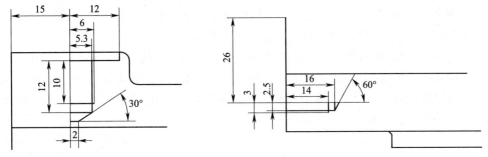

图 5—32　左上部螺纹孔一侧轮廓线　　　图 5—33　左下部螺纹孔一侧轮廓线

填充剖面线，整理图形，主视图内容全部完成，如图 5—34 所示。

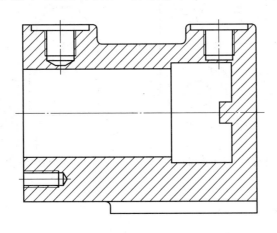

图 5—34　缸体主视图

步骤 3：绘制俯视图。

（1）用"直线"工具绘制俯视图中缸体一侧的外形轮廓线，尺寸可通过主视图中各对应点利用追踪功能获得。

（2）螺纹孔及凸台的绘制。

1）左侧螺纹孔及凸台。用"直线"工具绘制孔定位中心线，用"圆"工具绘制各圆，将螺纹大径修改为 3/4 圆。凸台外形可用"直线"和"圆"工具绘制，再修剪、补绘图线，如图 5—35 所示。

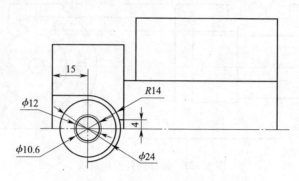

图 5—35　绘制上部左侧螺纹孔及凸台

2）右侧螺纹孔及凸台。用"直线"工具绘制孔定位中心线，再用"复制"工具将所需图线复制到对应位置，最后修剪、补全凸台的外形轮廓。

（3）底板沉孔和圆锥孔的绘制。用"直线"工具绘制各孔的定位中心线，再用"圆"工具分别绘制各圆。设置圆角半径分别为 2 和 10，用"圆角"工具倒圆角，如图 5—36 所示。

（4）镜像得到俯视图。以缸体前后对称面作为镜像线，用"镜像"工具将所需图线进行镜像，得到俯视图的全部图形，如图 5—37 所示。

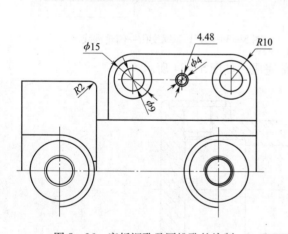

图 5—36　底板沉孔及圆锥孔的绘制

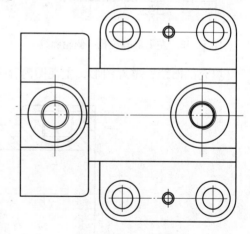

图 5—37　缸体俯视图

项目小结

箱体类零件一般比较复杂，要将其主要结构形状表达清楚，通常需要两个或两个以上的基本视图。主视图的投影方向往往选择最能反映其形状特征和结构之间相对位置的那一面，以自然摆放位置或者工作位置作为主视图的位置。另外，还可以用局部视图、局部剖视图和局部放大图等来表达局部结构。

项目七　简单的建筑平面图（建筑类）

项目展示

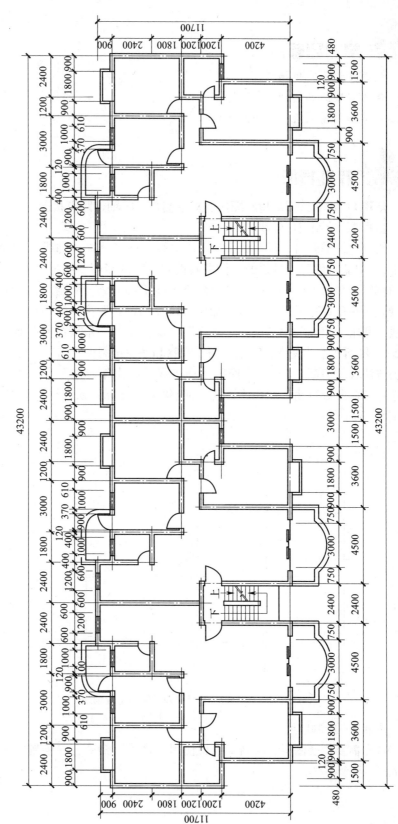

图 5—38　简单的建筑平面图

学习目标

◆ 掌握设置定位轴线
◆ 掌握墙线的绘制
◆ 掌握门窗的绘制、门洞的修正

技能操作

步骤1：设置绘图环境和图层、对象捕捉、极轴追踪等状态。

步骤2：绘制定位轴线。

绘制建筑平面图，首先要绘制定位轴线。首先设置"轴线"图层为当前图层。默认情况下，"对象特性"工具栏的"图层属性列表"的当前图层为"0"图层。然后绘制第一条竖向轴线，在命令行执行"直线"命令，打开"正交"功能，纵向绘制一条长约14 000的直线。再在命令行执行"偏移"命令，设置"偏移距离 = 1 500"，向右偏移生成多条竖向轴线；利用"直线"命令配合"正交"功能，绘制一条贯穿所有竖向轴线的水平轴线，如图5—39a 所示。为使图面简洁、便于观察和减少绘制墙线出错，可将过长的轴线进行裁剪，裁剪方法有"打断"命令、"修剪"命令或"夹点编辑法"等，用户可根据习惯或图形情况选用。在命令行输入"BR"，按 Enter 键后，光标变成方框形，用光标选取打断点即可，如图5—39b 所示。

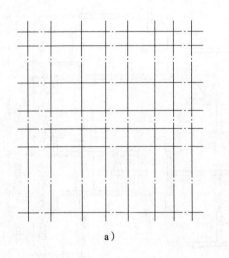
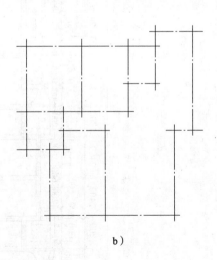

a)　　　　　　　　　　　　　　　b)

图5—39　绘制定位轴线

步骤3：绘制墙线。

首先需要切换图层。绘制墙线将使用"多线"命令，在绘制之前需要设置"比例"和"对正"两个参数。

命令:mline

当前设置:对正=上比例=20.00样式=STANDARD

指定起点或[对正(J)/比例(S)/样式(ST)]:J

输入对正类型[上(T)/无(Z)/下(B)]<上>:Z

当前设置:对正=无比例=20.00样式=STANDARD

指定起点或[对正(J)/比例(S)/样式(ST)]:S

输入多线比例<20.00>:240

当前设置:对正=无比例=240.00样式=STANDARD

指定起点或[对正(J)/比例(S)/样式(ST)]: //配合对象捕捉功能,先绘制外墙线,再绘制内墙线,如图5—40所示

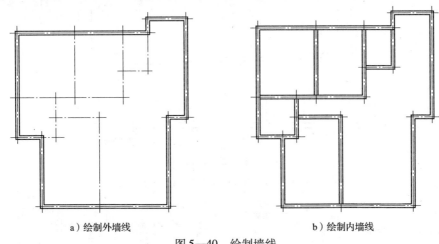

a)绘制外墙线　　　　　　　　　　　　　b)绘制内墙线

图5—40　绘制墙线

　　然后再修改墙角多余的墙线,内外墙以及内墙间交叉处均有多余的线段,需要进行修改。修改方法是利用多线的相应修改命令进行。

　　步骤4: 绘制门窗。

　　(1)首先绘制门洞:绘制门洞同样使用"多线"命令,在绘制之前需要设置"比例"和"对正"两个参数。绘制时用鼠标捕捉墙线交点,在"正交"状态下,拉出门洞绘制方向,然后输入240,按Enter键。再修正门洞的位置,应用"移动"(move)命令将需要做门垛的门洞线进行移动,移动大小为门垛的宽度。最后开门洞,开洞口时需要将所有多线全部"分解(Explode)",然后再利用"修剪(trim)"命令进行修剪。

　　(2)再绘制平开门:选一个房间门,先绘制一个矩形(宽30,长900)作为门扇平面图。再利用对象捕捉方法绘制一个圆弧。最后应用"绘图"工具栏的"创建块"命令创建"门"图块。应用"绘图"工具栏的"插入块"命令配合"对象捕捉"命令完成其他门扇的绘制,如图5—41a所示。对于不同的门宽及开启方向,可在"插入"对话框中采用设置"缩放比例"和"旋转"的方法完成。

　　(3)绘制推拉门:四扇推拉门是由四个矩形构成的,在确定好每扇门的尺寸(厚30,长750)后,可以配合"复制"和"对象捕捉"命令直接绘制,如图5—41b所示。

　　(4)最后绘制窗:和门一样先要开窗洞,应用"多线"命令绘制窗洞线。当窗洞置于

墙中间时，捕捉点设为中点，由房间内墙线向外绘制 240 距离；当窗洞未置于墙中间时，绘制方法同门洞口的绘制。继续应用"多线"命令绘制平面窗多线样式，设捕捉点为中点，多线比例为 80，对正方式为"无"，绘制范围为两条窗洞线间。利用删除、修剪、偏移等多个编辑命令配合多段线可以绘制出飘窗，如图 5—41c 所示。

开门洞效果图如图 5—42a 所示，门窗上位效果如图 5—42b 所示。

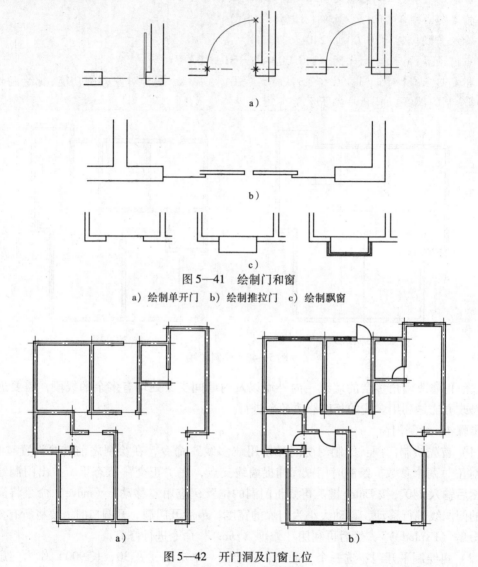

图 5—41　绘制门和窗
a) 绘制单开门　b) 绘制推拉门　c) 绘制飘窗

图 5—42　开门洞及门窗上位
a) 开门洞　b) 门窗上位

步骤 5：绘制阳台。

执行"多线"命令，设"比例"为 240，"对正"为无，绘制阳台矩形平面（外挑 1 500）；执行"圆"命令，设对象捕捉为"中点"，绘制阳台外弧（半径为 4 500）；再执行"移动"和"修剪"命令，使外凸距离为 600，并执行"偏移"命令绘制阳台顶面内边线（距离 240）；执行"分解"命令，将阳台多线分解为直线，再执行"修剪"命令修改阳台平面形式，如图 5—43 所示。

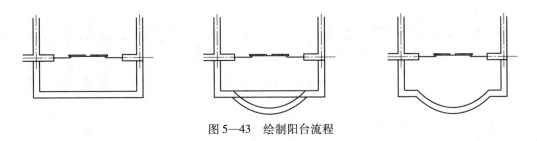

图5—43 绘制阳台流程

步骤6：组合。

平面组合是由套组成单元，再由单元组合成幢的过程。

（1）由套组成单元：利用"镜像"命令组合单元，如图5—44所示。

（2）由单元组成幢：同样利用"镜像"命令组合成幢，如图5—45所示。

（3）创建楼梯平面：创建楼层平台第一条踏步线，选择平台墙，利用"偏移"命令向外平移1 300，得出第一条踏步线。利用第一条踏步线继续向外偏移250，连续做8条踏步线，如图5—46a所示。首先执行"矩形"命令，捕捉第一条踏步线中点为矩形的第一个角点，键入相对坐标"@60，−2000"，按Enter键后，即成梯井线，利用"移动"命令将梯井线向左移动30构成正中设置；其次执行"偏移"命令，向外偏移60，绘制楼梯栏杆扶手，再利用"修剪"命令修改扶手的实际投影效果，如图5—46b所示；第三步是利用"直线"命令和"修剪"命令绘制楼梯剖断线，如图5—46c所示；最后执行"多段线"命令绘制楼梯上下指示箭头。

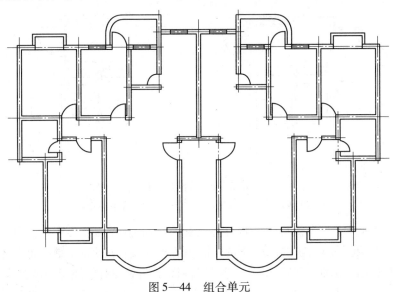

图5—44 组合单元

（4）创建楼梯中间平台栏杆，执行"偏移"命令，以最外一条踏步线为参照向外偏移1 300，再利用刚偏移的平台边线为参照向内偏移60做成栏杆线。

（5）创建其他单元的楼梯平面图，执行"复制"命令，以定位轴线的交点为参照点，将第一单元的楼梯平面复制到第二单元。

步骤7：标注尺寸。

（1）标注轴线尺寸。选择"标注"菜单中的"快速标注"命令，用光标选择要标注的轴线，按Enter键结束选择状态，向下移动鼠标到尺寸线位置，单击鼠标左键，如图5—47所示。

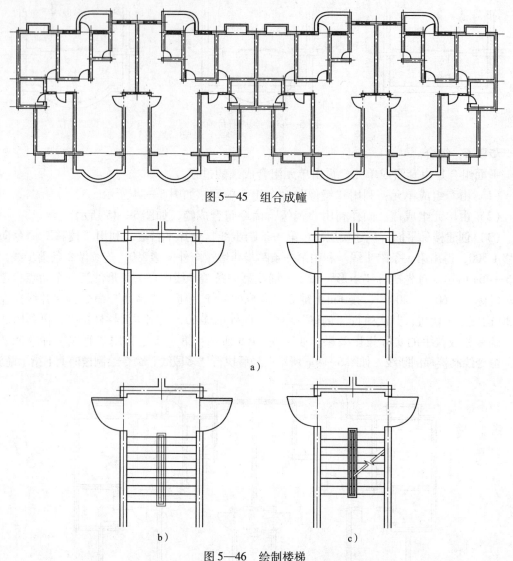

图 5—45　组合成幢

图 5—46　绘制楼梯

a）绘制踏步线　b）绘制楼梯栏杆线　c）绘制楼梯剖断线

（2）标注门窗尺寸。先执行"线性标注"命令，标注第一个尺寸后，再执行"连续标注"命令，连续捕捉外墙门窗的洞边线及同侧的所有轴线，按 Enter 键即可。

（3）标注建筑两端轴线间距离。执行"线性标注"配合对象捕捉即可完成。

（4）标记文字：新建"数字"和"仿宋"两种文字样式，其中"数字"文字样式为"字体 = simplex. shx"，仿宋文字样式为"字体 = 仿宋_ GB2312"。

（5）标注门窗编号。将"数字"设置为当前文字样式。在命令行键入"dt"，按 Enter 键，执行"单行文字"命令。设置字体高度 = 300、旋转角度 = 0，分别点取门窗编号位置，然后输入"M1""M2"等编号名称。

（6）标注房间名称。将"仿宋"设置为当前文字样式。在命令行键入"dt"，按 Enter 键，执行"单行文字"命令。设置字体高度 = 400、旋转角度 = 0，分别点取文字位置，然后输入"卧室、书房、客厅……"等编号名称，如图 5—48 所示。

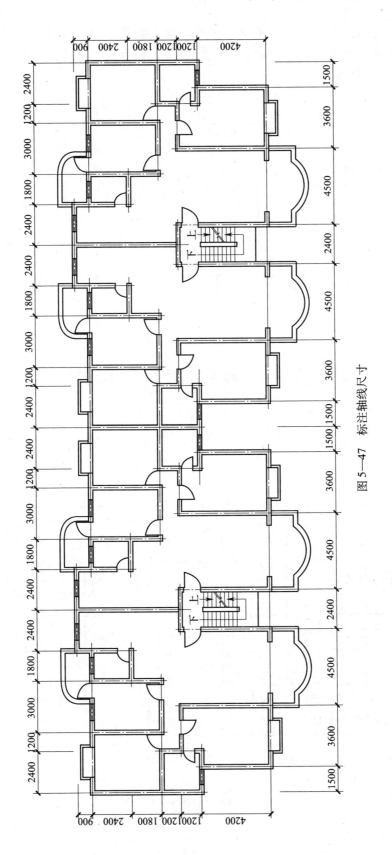

图5—47 标注轴线尺寸

（7）标注定位轴线编号。将当前图层置为"轴线编号"，然后执行"圆"绘制命令，创建直径为800的轴线编号圆圈，再执行"单行文字"命令（文字样式为"罗马体 romant. shx"），为指定的轴线编号。

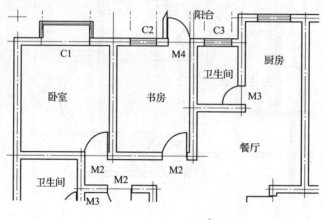

图5—48　标注房间名称

项目八　绘制建筑立面图（建筑类）

项目展示

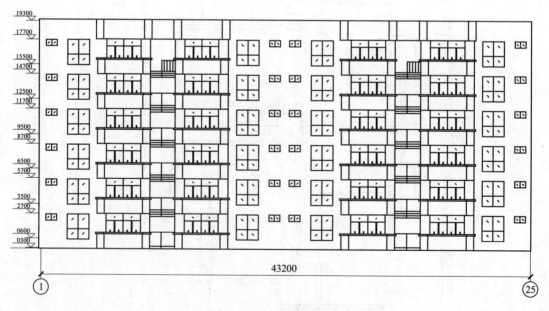

图5—49　建筑立面图

学习目标

◆ 掌握利用"块"做立面图的门窗
◆ 掌握利用"多线"进行局部的绘制

技能操作

步骤1：设置绘图环境和图层。

步骤2：制作标高图块。

先插入上一项目已经做好的平面图。在插入"平面图"图或者"平面图"块后，该图形所具有的图层、文字样式、标注样式同时被复制到当前的"立面图"文件中。单击按钮，在弹出的"图层特性管理器"对话框中，新建"标高""立面门窗""屋顶"图层，并设置"标高"为当前图层。

步骤3：绘制立面图（辅助线）。

绘制立面图的横向和纵向辅助线。

横向：（1）将"0"图层设置为当前图层。

（2）为了使图面更加清晰，将除"墙线""阳台"图层外的所有图层设置为"关"状态。

（3）执行"直线"命令绘制一条水平直线，将该直线向下偏移100和500，向上偏移1 600和2 200，形成5条水平辅助线并调整视图窗口。

纵向：（1）执行"直线"命令，分别捕捉平面图外墙上的门窗洞口的端点，绘制竖向辅助线，如图5—50a所示。

（2）执行"修剪"命令，修剪多余线段，形成门窗的轮廓线，如图5—50b所示。

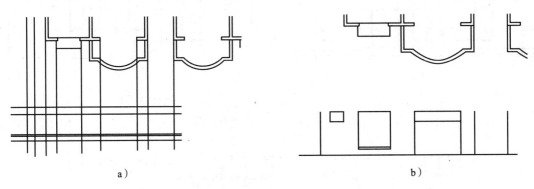

a）　　　　　　　　　　　　　　　　　　　b）

图5—50　绘制立面图（辅助线）

a）绘制横向和纵向辅助线　b）修剪形成门窗轮廓线

步骤4：绘制立面图（门窗图块）。

切换到门窗轮廓线的相应图层，重复步骤3中的操作，将竖向的墙角投影线转换为"墙线"的相应图层。绘制门窗图块步骤如下：

（1）执行"直线"命令，捕捉水平线的中点，绘制一条竖线。

（2）执行"矩形"命令，绘制一个矩形。

（3）执行"直线"命令，在矩形内部及竖线右侧各绘制两条短斜线，表示玻璃示意线。

（4）执行"镜像"命令，将"矩形"镜像，如图5—51所示。

（5）执行"创建块"命令，将绘制好的门窗样式转换为门窗块。

（6）用同样方法完成其他不同大小和样式的立面门窗绘制。

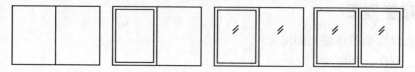

图5—51　门窗绘制流程

步骤5：绘制立面图（阳台部分）。

（1）将最下面的水平辅助线分别向上偏移1 100和1 000、向下偏移300。

（2）执行"直线"命令，捕捉平面图中阳台的端点及拐角点，绘制竖向辅助线，如图5—52a所示。

（3）执行"修剪"命令，将阳台遮挡部分门线进行编辑，如图5—52b所示。

（4）将阳台左右端线及拐角线与压顶线的交点执行"打断于点"命令，然后执行"移动"命令，分别向外移动100，再执行"延伸"进行编辑，如图5—52c所示。

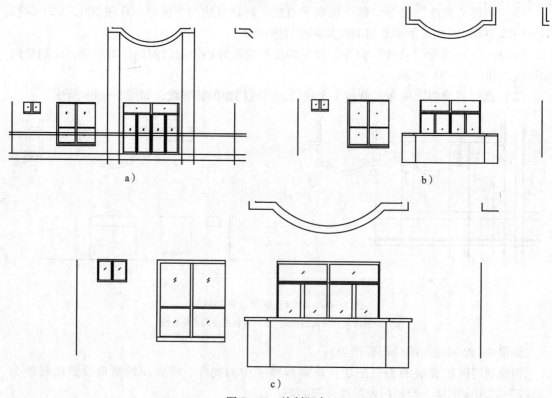

图5—52　绘制阳台

步骤6：绘制立面图（立面楼梯部分）。

（1）切换并设置好图层。

（2）绘制楼梯段边线。执行"偏移"命令，以楼梯右边墙角线为参照，分别向左偏移1 050、1 110和2 160，构成楼梯段边线，如图5—53所示。

（3）绘制楼梯踏步线

1）执行"直线"命令，捕捉端点，从楼梯墙角线底端开始，绘制地面线，然后执行"偏移"命令，以地面线为参照，逐级向上偏移150，共18级，构成楼梯踏步线。

2）执行"修剪"命令，按照楼梯走向，编辑出楼梯踏步立面，如图5—54所示。

（4）绘制扶手

1）执行"偏移"命令，以左边楼梯段边线为参照，向左偏移60，构成踏步段扶手线，并向上"拉伸"900，构成楼层平台处扶手。

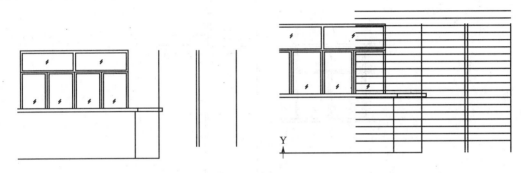

图5—53　绘制楼梯段边线　　　　　图5—54　绘制踏步线流程

2）执行"直线"命令，捕捉直线端点，从扶手顶点向右绘出水平扶手顶面线，再执行"偏移"命令，向下偏移60绘出扶手的下边线。

3）执行"修剪"命令，修剪出扶手的垂直投影线，最后进一步整理，如图5—55所示。

（5）绘制楼梯平台栏板

1）以平台地面线为参照，向上偏移1 100和1 000，向下偏移300，再执行"修剪"命令，得出栏板立面图线。

2）再执行"修剪"与"删除"命令，得出楼梯立面图。

3）绘制楼层平台处栏杆扶手。执行"偏移"和"延伸""修剪""复制"等命令，完成高于楼层地面900的栏杆扶手，如图5—56所示。

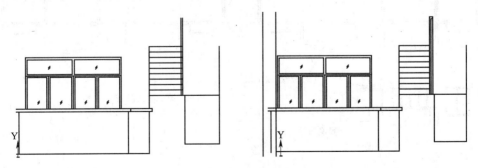

图5—55　绘制扶手流程

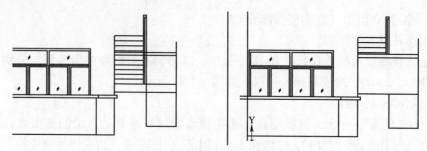

图 5—56　绘制平台栏板流程

（6）整理楼梯梁立面：执行"偏移"与"延伸""修剪"等命令，绘制梁高为 300 的立面线，如图 5—57 所示。

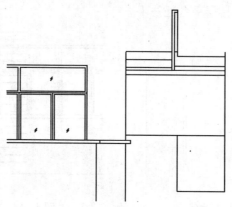

图 5—57　绘制楼梯梁立面

步骤 7：生成建筑立面图。

（1）图层设置，如图 5—58 所示。

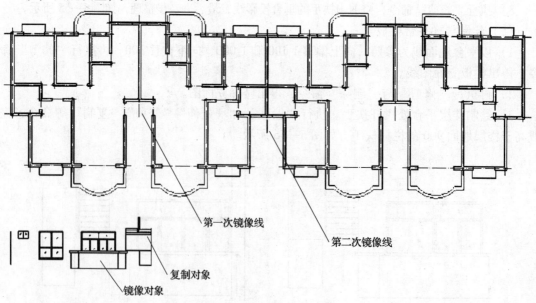

图 5—58　生成立面准备

（2）镜像生成单元立面：执行"镜像"命令。以第一条镜像线为轴，将镜像对象（门、窗、阳台）镜像到右边形成左边单元立面，如图 5—59 所示。

（3）生成楼层立面

1）执行"镜像"命令。以第二条镜像线为轴，将左边单元立面镜像到右边形成右边单元立面。

2）右单元楼梯立面生成。将左边楼梯立面复制生成右单元楼梯立面。

（4）阵列生成建筑立面：执行"阵列"命令，选择楼层立面为阵列对象，如图 5—60 所示。

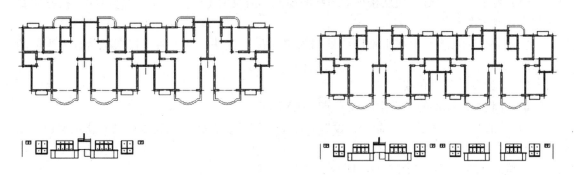

图 5—59　镜像生成单元立面

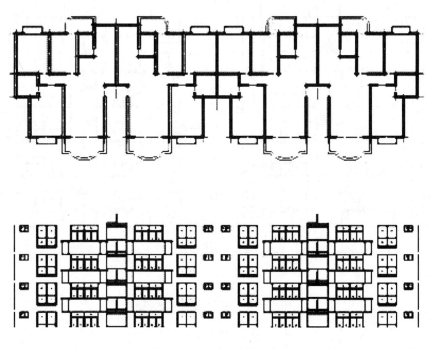

图 5—60　阵列生成建筑立面

（5）删除平面图：作为参考的"平面图"现在已经没有存在的意义，可以删除掉。首先将所有图层设置为"开"状态，除只保留两端山墙处的轴线及其编号外，删除平面图中的其他图形对象，然后执行"移动"命令，将"山墙轴线及其编号"向下移动。

（6）绘制室外地坪线

1）执行"多段线"命令，设置"线宽 = 100"，捕捉山墙端点绘制室外地坪线。

2）向下移动 300，并向外拉伸室外地坪线。

（7）绘制屋顶

1）删除顶层楼梯立面，并整理立面形式。

2）将"屋顶"图层设置为当前图层，绘制屋顶。

（8）绘制立面台阶：底层楼梯做 300 的高差，需设两个台阶，高度均为 150，执行"直线"命令与"偏移"命令完成。

（9）标注标高：在原水平辅助线处插入"标高"图块。插入时，根据提示输入当前的标高值。

（10）绘制建筑外包线

1）先将似虚线形的两端山墙线延伸至地坪线。

2）然后执行"多段线"命令，设置"线宽 = 100"，捕捉山墙底端点沿着建筑屋顶绘制建筑外包线。

完整的建筑立面图如图 5—61 所示。

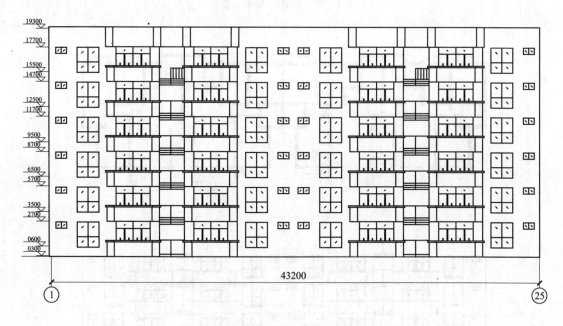

图 5—61　完整的建筑立面图

项目九　绘制建筑剖面图（建筑类）

项目展示

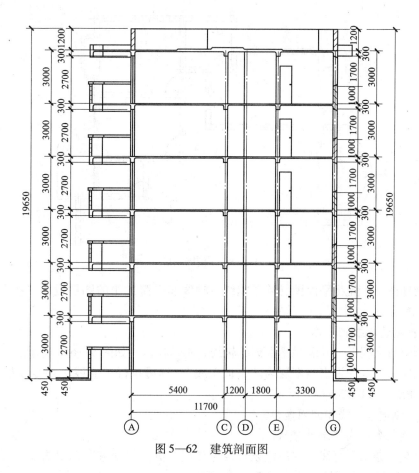

图 5—62　建筑剖面图

 学习目标

◆ 掌握平面图的角度调整

◆ 掌握建筑平面图中剖切线的绘制

◆ 掌握建筑剖面图后期编辑程序

 技能操作

步骤1：设置绘图环境和图层。

步骤2：做剖面图前期准备。

（1）调出平面图。用户调出的必须是首层平面图，本项目以"平面图"为例。

（2）执行"多段线"命令，设置"线宽=60"，绘制剖切线。

（3）执行"单行文字"命令，标注剖切编号并保存平面图。

（4）设置好保存路径和状态。

（5）为了方便绘制剖面图，将剖切线右边的图形全部删除，将尺寸设为"关"状态，最后将整个图形顺时针方向旋转90°，如图5—63所示。

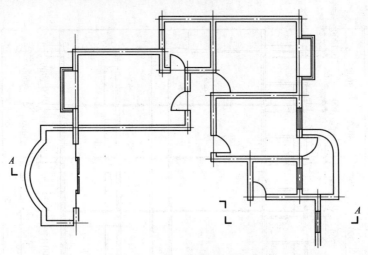

图5—63　旋转图形

（6）创建图层。先将平面图（除了墙线、轴线和门窗）中的图层设为"关"状态，然后创建剖面图层。

步骤3：创建轴线和墙体。

（1）调整放大视图，并利用平面图的轴线，将其拉伸，如图5—64a所示。

（2）绘制墙线。先设当前图层为"剖面墙线"，然后执行"直线"命令，捕捉墙角点，绘制可视墙角线，如图5—64b所示。

步骤4：创建地面线和剖面楼板。

（1）设当前图层为"剖面楼板"。

（2）绘制一条水平直线，并以此条直线为参照，执行"偏移"和"复制"命令，创建其他楼层剖面楼板和底层地面，如图5—65a所示。

（3）创建剖面梁。先将当前图层设置为"剖面梁"图层，然后执行"矩形"命令，根据结构需要捕捉矩形插入点，应用坐标法绘制剖面梁。

（4）执行"修剪"命令，完成的剖面结果如图5—65b所示。

步骤5：绘制剖面门窗与立面门窗。

（1）将当前图层设置为"剖面门窗"图层。

（2）执行"多线"命令绘制剖面门窗，执行"矩形"命令绘制立面门窗，配合"直线""移动""偏移""修剪"等命令完成剖面门窗和立面门窗的创建，如图5—66a所示。

（3）执行"阵列"命令，完成其他楼层剖面门窗与立面门窗的绘制，如图5—66b所示。

步骤6：绘制剖面阳台。

（1）将当前图层设置为"剖面阳台"图层。

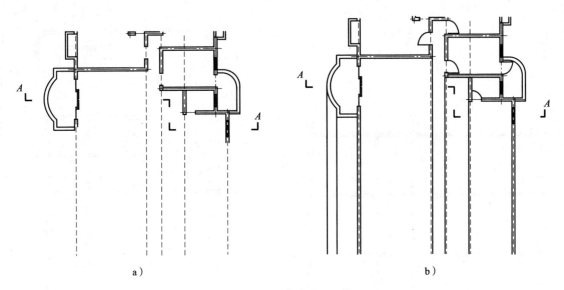

a)

b)

图 5—64 创建轴线和墙体

a）创建轴线 b）绘制墙线

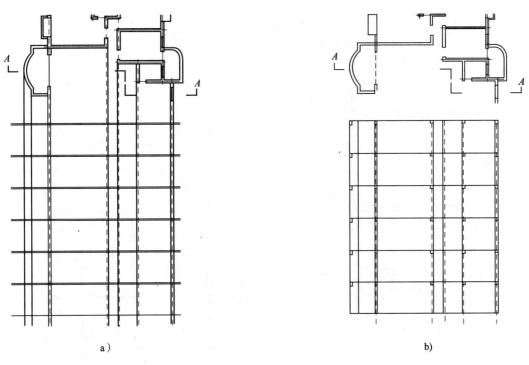

a)

b)

图 5—65 创建地面线和剖面楼板

（2）绘制栏板。执行"直线"命令绘制栏板外边线，执行"偏移"命令绘制栏板内边线，执行"矩形"命令绘制栏板压顶（执行"移动"命令调整其位置），执行"图案填充"命令绘制栏板材料样例，执行"直线"命令绘制阳台其他可视线，结果如图 5—67a 所示。

（3）执行"阵列"命令，完成其他楼层的阳台绘制，如图 5—67b 所示。

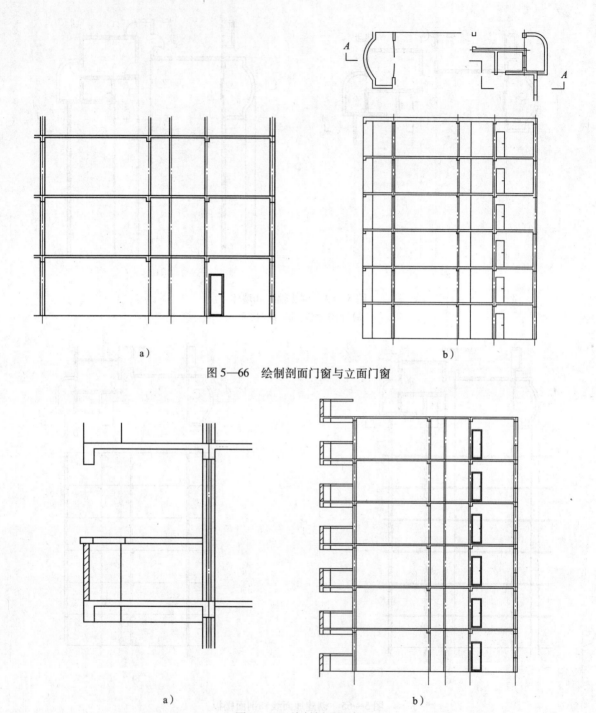

图 5—66   绘制剖面门窗与立面门窗

图 5—67   绘制剖面阳台

步骤 7： 绘制室外地面。

（1）将当前图层设置为"剖面楼板"图层。

（2）执行"偏移"命令，将室内地面线向下偏移 450 作为室外地面线，整理后，如图 5—68 所示。

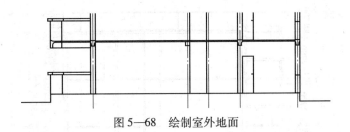

图 5—68　绘制室外地面

步骤 8：绘制屋面女儿墙。

（1）将当前图层设置为"剖面屋顶"。

（2）执行"直线"命令，绘制屋面女儿墙并填充。

（3）执行"多段线"命令，绘制屋面找坡及防水结构层，填充图案，如图 5—69a 所示。

步骤 9：图案填充。

（1）图层设置。先将前面填充的图案变成"剖面填充"图层，再将当前图层设置为"剖面填充"图层。

（2）选择所有剖面梁、板，填充灰黑色图案。

（3）选择所有剖面墙体，填充砖墙样例图案，如图 5—69b 所示。

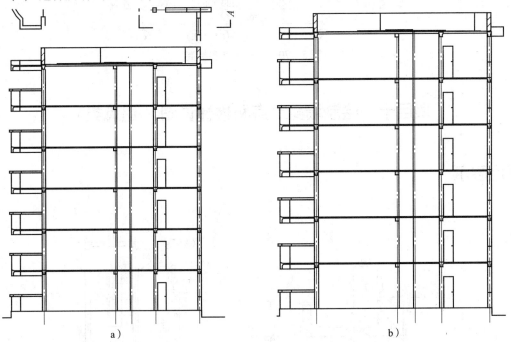

a）　　　　　　　　　　　　　　　　　b）

图 5—69　绘制屋面女儿墙和图案填充
a）绘制屋面女儿墙　b）图案填充

步骤 10：标注尺寸和标高。

（1）将当前图层设置为"剖面尺寸"图层。

（2）执行"线性标注"和"连续标注"命令，完成竖向尺寸标注。

（3）将关闭的"尺寸"图层打开，利用现有的进深尺寸和轴线编号作为剖面图的水平方向尺寸，如图 5—70 所示。

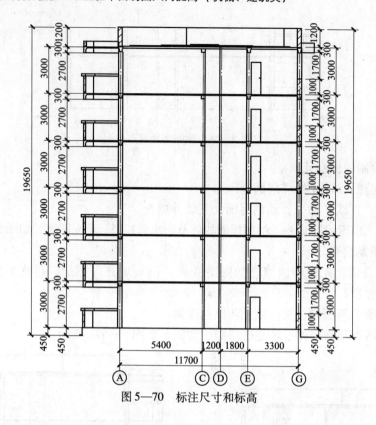

图 5—70　标注尺寸和标高

项目十　绘制墙身节点和楼梯详图（建筑类）

项目展示

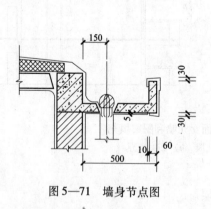

图 5—71　墙身节点图

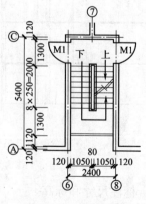

图 5—72　楼梯详图

 学习目标

◆ 了解如何绘制墙身节点

◆ 理解楼梯详图的绘制事项

技能操作

步骤 1：绘制墙身节点详图。

（1）确定绘图比例。一般来说，详图比例有 1:20、1:10、1:5 和 1:1 等几种。

（2）绘制辅助线。先绘制一条竖直线作为墙体的轴线；再绘制一条水平线作为室内地面线，并以此地面线为参照，执行"偏移"命令向上、向下绘制楼层地面线、屋面线和室外地面线各一条辅助线（有不同墙厚、楼板结构及地面做法时另外增加）。

（3）绘制墙线及墙面装饰层。根据详图比例及墙面构造做法，执行"偏移"命令完成。

（4）绘制地面线及屋面线。根据详图比例及地面、屋面构造做法，执行"偏移"命令完成。

（5）其他。当前面三个步骤完成后，其他线条可根据做法需要执行"绘图"和"修改"工具栏命令完成。

（6）标注文字。

（7）标注构造尺寸。

（8）整理。相同构造且同为水平段或垂直段的，可以设置双剖断线以缩短其绘图长度。墙身节点详图如图 5—73 所示。

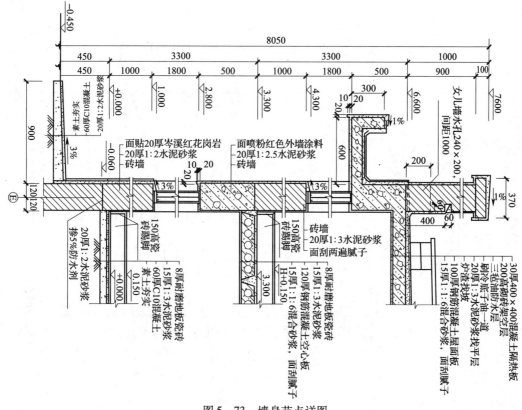

图 5—73 墙身节点详图

步骤2：绘制楼梯详图。

（1）绘制楼梯平面详图。楼梯平面详图的绘制是直接将建筑平面图中的楼梯平面图复制过来进行整理放大而成的。例如，建筑平面图绘制时的比例为1∶100，变成楼梯平面详图时放大2倍，则绘图比例为1∶50。经过整理并标注尺寸后，平面详图如图5—74所示。

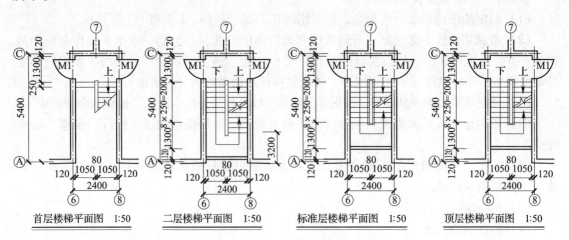

图5—74　楼梯平面详图

（2）绘制楼梯剖面图。绘制楼梯剖面图的方法有些类似墙身节点详图，如图5—75所示。

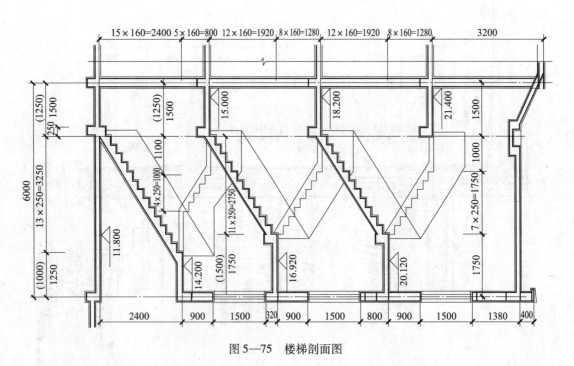

图5—75　楼梯剖面图

项目十一　综 合 训 练

1. 根据图 5—76 至图 5—78 所给图形分别补画三视图。
2. 绘制如图 5—79 所示图形。

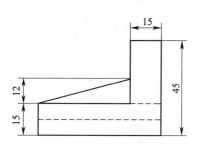
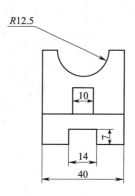

图 5—76　综合训练图 1

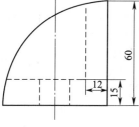

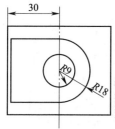
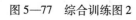
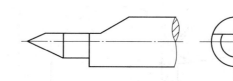

图 5—77　综合训练图 2　　　　图 5—78　综合训练图 3（尺寸自定）

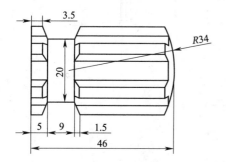
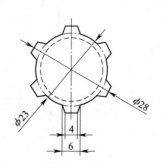

图 5—79　综合训练图 4

3. 绘制如图 5—80 所示图形。

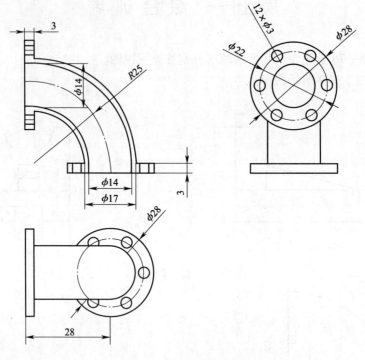

图 5—80　综合训练图 5

4. 绘制如图 5—81 所示图形。

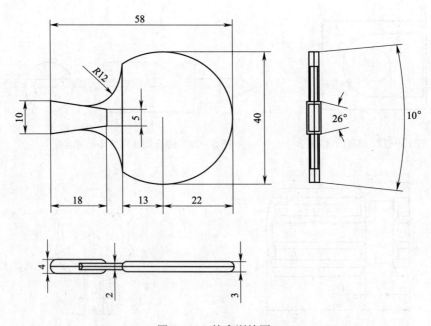

图 5—81　综合训练图 6

5．绘制如图 5—82 所示图形。

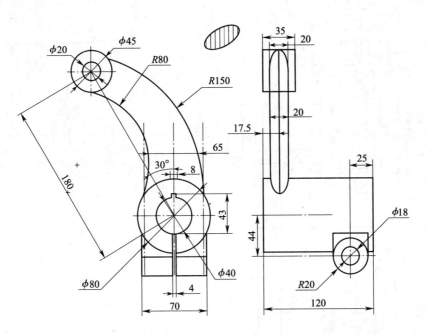

图 5—82　综合训练图 7

6．绘制如图 5—83 所示图形。

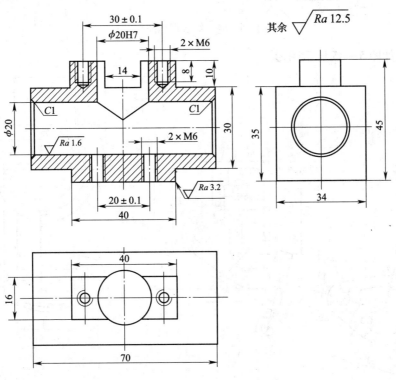

图 5—83　综合训练图 8

7. 绘制如图 5—84 所示图形。

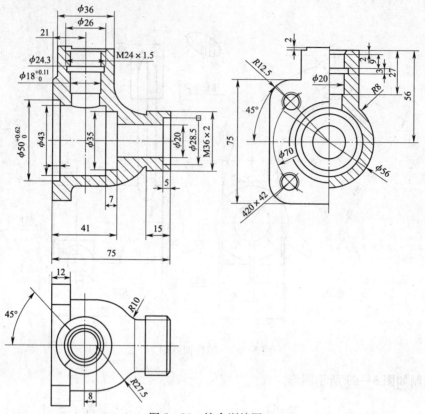

图 5—84　综合训练图 9

8. 绘制如图 5—85 所示图形。

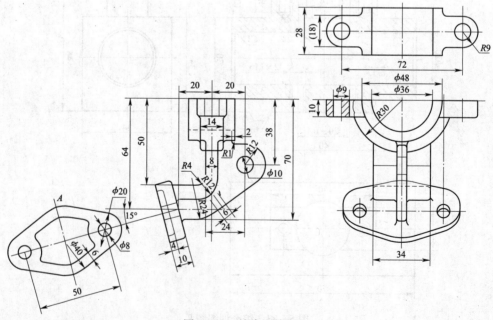

图 5—85　综合训练图 10

9. 绘制如图 5—86 所示图形（螺钉长 10，带螺纹直径为 8）。

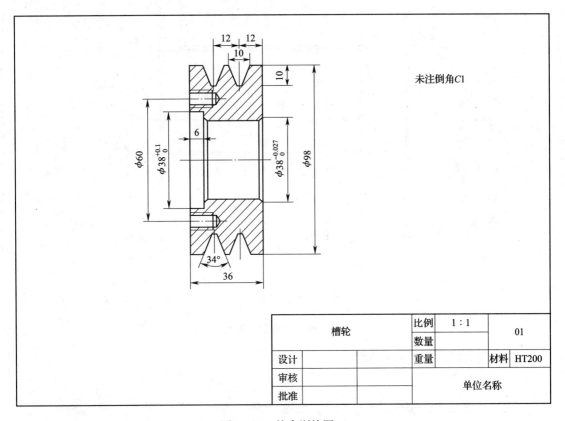

未注倒角C1

槽轮		比例	1：1	01
		数量		
设计		重量		材料	HT200
审核		单位名称	
批准			

图 5—86　综合训练图 11

10. 绘制如图 5—87 所示图形（自定义尺寸）。

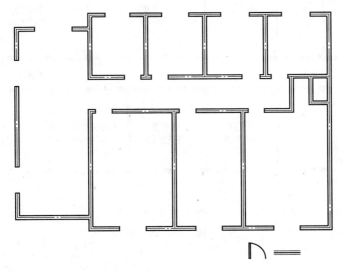

图 5—87　综合训练图 12

11. 绘制如图 5—88 所示图形（自定义尺寸）。

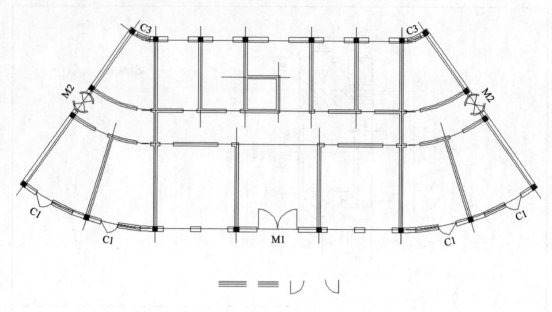

图 5—88　综合训练图 13

12. 绘制如图 5—89 所示图形。

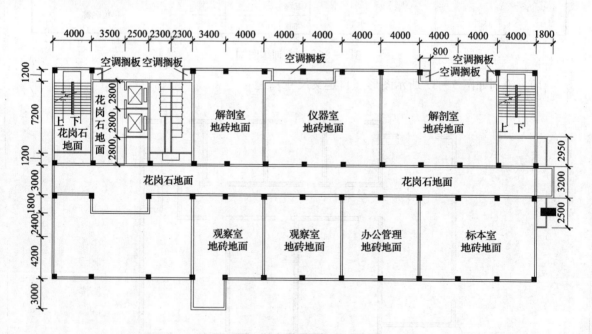

图 5—89　综合训练图 14

13. 绘制如图 5—90 所示图形。

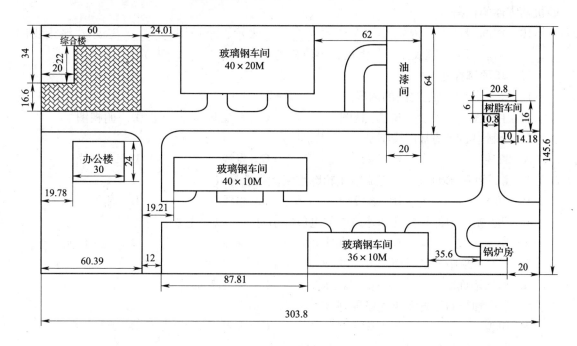

图 5—90　综合训练图 15

练 习 题

一、填空题

1. 纸幅面按尺寸大小可分为＿＿＿＿种，图纸幅面代号分别为＿＿＿＿＿＿＿＿＿。图框＿＿＿＿＿＿角必须要有一标题栏，标题栏中的文字方向为＿＿＿＿＿＿＿。

2. 图样中，机件的可见轮廓线用＿＿＿＿＿＿画出，不可见轮廓线用＿＿＿＿＿＿画出，尺寸线和尺寸界线用＿＿＿＿＿画出来，对称中心线和轴线用＿＿＿＿＿＿＿画出。虚线、细实线和细点画线的图线宽度约为粗实线的＿＿＿＿＿＿。

3. 机械图纸的图样中书写的汉字、数字和字母，必须做到＿＿＿＿＿＿＿＿＿＿＿，汉字应用＿＿＿＿＿＿体书写。

4. 标注尺寸的三要素是＿＿＿＿＿＿＿、＿＿＿＿＿＿＿＿＿、＿＿＿＿＿＿＿。

5. 图纸中标注中的符号：R 表示＿＿＿＿＿＿，ϕ 表示＿＿＿＿＿＿＿，$S\phi$ 表示＿＿＿＿＿。

6. 符号"$\angle 1:10$"表示＿＿＿＿＿＿＿，符号"$\triangleleft\, 1:5$"表示＿＿＿＿＿＿＿。

7. 已知定形尺寸和定位尺寸的线段叫＿＿＿＿＿＿＿＿；有定形尺寸，但定位尺寸不全的线段叫＿＿＿＿＿＿＿；只有定形尺寸没有定位尺寸的线段叫＿＿＿＿＿＿＿。

8. 主视图所在的投影面称为＿＿＿＿＿＿＿，简称＿＿＿＿＿，用字母＿＿＿＿＿＿＿表示。俯视图所在的投影面称为＿＿＿＿＿＿＿，简称＿＿＿＿＿，用字母＿＿＿＿＿＿＿表示。左视图所在的投影面称为＿＿＿＿＿＿＿，简称＿＿＿＿＿，用字母＿＿＿＿＿＿＿表示。

9. 零件图是表达单个零件_____、_____和_____的图样，是生产中制造和检验机器零件的根据。

10. 在剖视图中，内螺纹的大径用_____表示，小径用_____表示，终止线用_____表示。不可见螺纹孔，其大径、小径和终止线都用_____表示。

二、单项选择题

1. （   ）不是三视图的内容。

A. 主视图　　　　　B. 左视图　　　　　C. 右视图　　　　　D. 俯视图

2. 绘制中心线的常用线型是（   ）。

A. 直线　　　　　　B. 虚线　　　　　　C. 点线　　　　　　D. 点画线

3. 考虑到制图的效率，完成墙体轮廓绘制优先选择（   ）。

A. 直线　　　　　　B. 多段线　　　　　C. 多线　　　　　　D. 曲线

4. 机械制图中的粗糙度和建筑中的电位等信息，可以优先考虑用（   ）绘制。

A. 块　　　　　　　B. 具体的图元　　　C. 标注　　　　　　D. 文字说明

5. 下面选项中不是断面图分类的是（   ）。

A. 移出断面图　　　B. 重合断面图　　　C. 补充断面图

6. 定位轴线的设置需要先设置好（   ）。

A. 单位　　　　　　B. 图层　　　　　　C. 位置　　　　　　D. 块

7. 建筑的外包线一般是由（   ）命令绘制的。

A. 直线　　　　　　B. 多线　　　　　　C. 多段线　　　　　D. 曲线

8. 不需要确定绘图比例的是（   ）。

A. 建筑立面图　　　B. 机械装配图　　　C. 三视图　　　　　D. 楼梯平面图

三、判断题

1. 对齐命令可常用在机械和建筑类的绘图中。　　　　　　　　　　　（　　　）

2. 局部剖视图是剖视图的一种。　　　　　　　　　　　　　　　　　（　　　）

3. 镜像命令仅适用于可轴对称的图像单元。　　　　　　　　　　　　（　　　）

4. 从剖视图就可以得出图形的基本形状。　　　　　　　　　　　　　（　　　）

5. 建筑中的平面组合是由套组成单元，再由单元组合成幢的过程。　　（　　　）

6. 楼梯一般梯高为 160 mm。　　　　　　　　　　　　　　　　　　（　　　）

7. 绘制立面台阶不用偏移命令更有效率。　　　　　　　　　　　　　（　　　）

8. 建筑剖面图的绘制无须创建轴线和墙体。　　　　　　　　　　　　（　　　）

9. 建筑视图无须填充。　　　　　　　　　　　　　　　　　　　　　（　　　）

四、简答题

1. 三视图的投影规律是什么？

2. 剖视图可分为哪三类？

3. 装配图内容的四大部分是什么？

4. 简述绘制门窗立面图的步骤。

5. 简述生成建筑立面图的步骤。

6. 墙身节点图的绘制步骤有哪些？

第六章　简单的三维图形绘制

项目一　三维绘图前期准备

AutoCAD 除具有强大的二维绘图功能外，还具备基本的三维造型能力。若物体并无复杂的外表曲面及多变的空间结构关系，则使用 AutoCAD 可以很方便地建立物体的三维模型。

学习目标

◆ 了解三维几何模型
◆ 理解三维坐标系
◆ 掌握三维建模空间和常用工具

知识点

一、三维几何模型分类

在 AutoCAD 中，用户可以创建 3 种类型的三维模型：线框模型、表面模型及实体模型。这 3 种模型在计算机上的显示方式是相同的，即以线架结构显示出来，但用户可用特定命令使表面模型及实体模型的真实性表现出来。

1. 线框模型

线框模型是一种轮廓模型，它是用线（3D 空间的直线及曲线）表达三维立体，不包含面及体的信息。不能使该模型消隐或着色。又由于其不含有体的数据，用户也不能得到对象的质量、重心、体积、惯性矩等物理特性，不能进行布尔运算。图 6—1 显示了立体的线框模型，在消隐模式下也能看到后面的线。但线框模型结构简单，易于绘制。

2. 表面模型

表面模型是用物体的表面表示物体。表面模型具有面及三维立体边界信息。表面不透明，能遮挡光线，因而表面模型可以被渲染及消隐。对于计算机辅助加工，用户还可以根据零件的表面模型形成完整的加工信息。但是不能进行布尔运算。如图 6—2 所示是两个表面模型的消隐效果，前面的薄片圆筒遮住了后面长方体的一部分。

3. 实体模型

实体模型具有线、表面、体的全部信息。对于此类模型，可以区分对象的内部及外部，可以对它进行打孔、切槽和添加材料等布尔运算，对实体装配进行干涉检查，分析模型的质

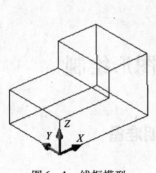

图 6—1　线框模型

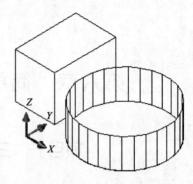

图 6—2　表面模型

量特性，如质心、体积和惯性矩。对于计算机辅助加工，用户还可利用实体模型的数据生成数控加工代码，进行数控刀具轨迹仿真加工等。如图 6—3 所示是实体模型。

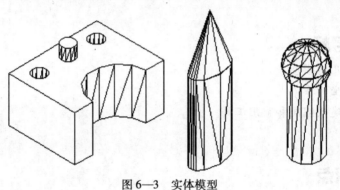

图 6—3　实体模型

二、三维坐标系

AutoCAD 的坐标系统是三维笛卡儿直角坐标系，分为世界坐标系（WCS）和用户坐标系（UCS）。图 6—4 所示是两种坐标系下的图标。图中"X"或"Y"的箭头方向表示当前坐标轴 X 轴或 Y 轴的正方向，Z 轴正方向用右手定则判定。

缺省状态时，AutoCAD 的坐标系是世界坐标系。世界坐标系是唯一的，固定不变的，对于二维绘图，在大多数情况下，世界坐标系就能满足作图需要，但若是创建三维模型，就不

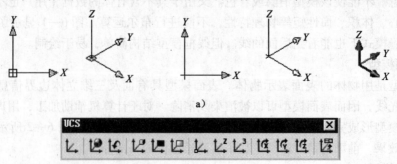

a)

b)

图 6—4　三维坐标系

a）世界坐标系　b）UCS 工具栏

太方便了，因为用户常常要在不同平面或是沿某个方向绘制结构。例如，绘制图6—5所示的图形，在世界坐标系下是不能完成的。此时需要以绘图的平面为 XY 坐标平面，创建新的坐标系，然后再调用绘图命令绘制图形。

在 UCS 命令中有许多选项：各选项功能如下：

1. 新建（N）

创建一个新的坐标系，选择该选项后，AutoCAD 继续提示：

> 指定新 UCS 的原点或[Z 轴（ZA）/三点（3）/对象（OB）/面（F）/视图（V）/X/Y/Z]＜0,0,0＞：

（1）指定新 UCS 的原点：将原坐标系平移到指定原点处，新坐标系的坐标轴与原坐标系的坐标轴方向相同。

（2）Z 轴（ZA）：通过指定新坐标系的原点及 Z 轴正方向上的一点来建立坐标系。

（3）三点（3）：用三点来建立坐标系，第一点为新坐标系的原点，第二点为 X 轴正方向上的一点，第三点为 Y 轴正方向上的一点。

（4）对象（OB）：根据选定三维对象定义新的坐标系。此选项不能用于下列对象：三维实体、三维多段线、三维网格、视口、多线、面域、样条曲线、椭圆、射线、构造线、引线、多行文字。对于非三维面的对象，新 UCS 的 XY 平面与绘制该对象时生效的 XY 平面平行，但 X 轴和 Y 轴可作不同的旋转。如选择圆为对象，则圆的圆心成为新 UCS 的原点。X 轴通过选择点。

（5）面（F）：将 UCS 与实体对象的选定面对齐。在选择面的边界内或面的边上单击，被选中的面将亮显，UCS 的 X 轴将与找到的第一个面上的最近的边对齐。

（6）视图（V）：以垂直于观察方向的平面为 XY 平面，建立新的坐标系。UCS 原点保持不变。

（7）X/Y/Z：将当前 UCS 绕指定轴旋转一定的角度。

2. 移动（M）

通过平移当前 UCS 的原点重新定义 UCS，但保留其 XY 平面的方向不变。

3. 正交（G）

指定 AutoCAD 提供的六个正交 UCS 之一。这些 UCS 设置通常用于查看和编辑三维模型，如图6—6所示。

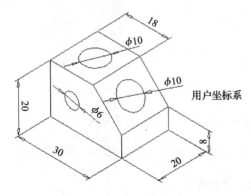

图6—5　在用户坐标系下绘图

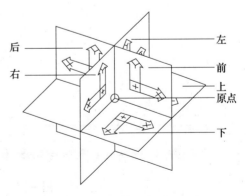

图6—6　AutoCAD 提供的正交 UCS

4. 上一个（P）

恢复上一个 UCS。AutoCAD 保存创建的最后 10 个坐标系。重复"上一个"选项逐步返回上一个坐标系。

5. 恢复（R）

恢复已保存的 UCS 使它成为当前 UCS；恢复已保存的 UCS 并不重新建立在保存 UCS 时生效的观察方向。

6. 保存（S）

把当前 UCS 按指定名称保存。

7. 删除（D）

从已保存的用户坐标系列表中删除指定的 UCS。

8. 应用（A）

其他视口保存有不同的 UCS 时，将当前 UCS 设置应用到指定的视口或所有活动视口。

列出用户定义坐标系的名称，并列出每个保存的 UCS 相对于当前 UCS 的原点以及 X、Y 和 Z 轴。

9. 世界（W）

将当前用户坐标系设置为世界坐标系。

三、三维建模工作空间

三维建模可以在 AutoCAD 经典空间中进行，也可以在三维建模工作空间中进行。如从"工作空间"工具栏的下拉列表中选择"三维建模"选项，则打开三维建模工作界面，如图6—7 所示。

图6—7　三维建模工作界面

工作空间的切换如图 6—8 所示。

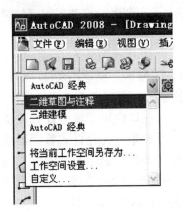

图 6—8 工作空间的切换

四、三维建模常用工具

1. 视图

在绘制三维图形过程中，常常要从不同方向观察图形。AutoCAD 的默认视图是 *XY* 平面，方向为 *Z* 轴的正方向，看不到物体的高度。AutoCAD 提供了多种创建 3D 视图的方法沿不同的方向观察模型，比较常用的是用标准视点观察模型和三维动态旋转方法。这里只介绍这两种常用方法。标准视点观察实体工具栏如图 6—9 所示。

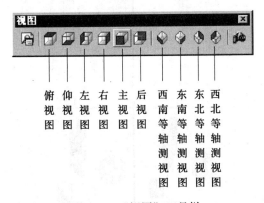

俯视图 仰视图 左视图 右视图 主视图 后视图 西南等轴测视图 东南等轴测视图 东北等轴测视图 西北等轴测视图

图 6—9 "视图"工具栏

2. 三维动态观察器

单击"动态观察"工具栏（见图 6—10）上的"三维动态观察"按钮，激活三维动态观察器视图时，屏幕上出现弧线圈，当光标移至弧线圈内、外和四个控制点上时，会出现不同的光标形式：

（1）：光标位于观察球内时，拖动鼠标可旋转对象。

（2）：光标位于观察球外时，拖动鼠标可使对象绕通过观察球中心且垂直于屏幕的轴转动。

图 6—10 "动态观察"
工具栏

（3）：光标位于观察球上下小圆时，拖动鼠标可使视图绕通过观察球中心的水平轴旋转。

（4）⊕：光标位于观察球左右小圆时，拖动鼠标可使视图绕通过观察球中心的垂直轴旋转。

3．视觉样式

"视觉样式"工具栏如图6—11所示。视觉样式是一组设置，用来控制视口中边和着色的显示，更改视觉样式的特性，而不是使用命令和设置系统变量。一旦应用了视觉样式或更改了其设置，就可以在视口中查看效果。视觉样式管理器将显示图形中可用的视觉样式的样例图像。选定的视觉样式用黄色边框表示，其设置显示在样例图像下方的面板中，如图6—12所示。

图6—11　"视觉样式"工具栏

（1）二维线框：用直线和曲线表示边界的对象。光栅和OLE对象、线型和线宽均可见。

（2）三维线框（见图6—12a）：显示用直线和曲线表示边界的对象。

（3）三维隐藏（见图6—12b）：显示用三维线框表示的对象并隐藏表示后向面的直线。

（4）真实（见图6—12c）：着色多边形平面间的对象，并使对象的边平滑化。将显示已附着到对象的材质。

（5）概念（见图6—12d）：着色多边形平面间的对象，并使对象的边平滑化。着色使用古氏面样式，一种冷色和暖色之间的过渡而不是从深色到浅色的过渡。效果缺乏真实感，但是可以更方便地查看模型的细节。

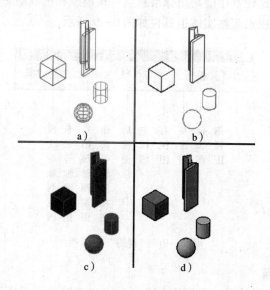

图6—12　视觉样式

4．实体编辑

"实体编辑"工具栏如图6—13所示。

图6—13　"实体编辑"工具栏

5. 三维建模

"建模"工具栏（见图6—14）为用户提供了常用的建模方式和三维操作。建模方式依次是：多段体、长方体、楔体、圆锥体、球体、圆柱体、圆环体、棱锥面、螺旋体和平面曲面。三维操作包括：拉伸、拖动、扫掠、旋转、放样、并集、差集、交集、三维移动、三维旋转和三维对齐。

图6—14 "建模"工具栏

项目二 三维实体建模

项目展示

如图6—15所示，长方体长50，宽20，高30；楔体长40，宽20，高30；长方体上的球体半径为5，且位置与西南视图中的长方体顶面和左侧面的补面相切；楔体上斜面的圆环（圆环内半径为2）位置为放置于斜面（与斜面相切）。

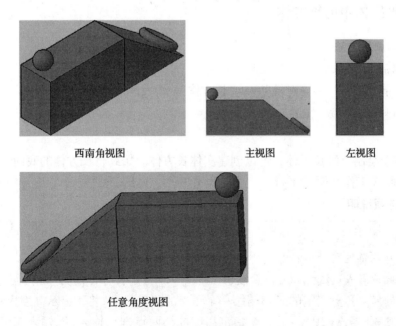

西南角视图　　　　　　　　主视图　　　　　　左视图

任意角度视图

图6—15 三维实体建模项目图

学习目标

◆ 掌握三维实体中长方体的绘制
◆ 掌握三维实体中楔体的绘制
◆ 掌握三维实体中圆锥体的绘制
◆ 掌握三维实体中球体的绘制
◆ 掌握三维实体中圆柱体的绘制
◆ 掌握三维实体中圆环体的绘制
◆ 了解三维实体中螺旋体的绘制
◆ 了解三维实体中多段体的绘制
◆ 了解三维实体中棱锥面的绘制

项目分析

项目图形包括了三维实体的长方体、球体、楔体和圆环体，同时特别需要注意的是圆环的位置需要新建用户坐标系（UCS）来确定与斜面相切的关系，整个图形没有整合，所以无须考虑用"集"的概念来表达。

知识点

一、三维实体中的长方体

1. 命令的调用方法

（1）键盘命令：box。

（2）菜单："绘图"→"建模"→"长方体"。

（3）工具栏："建模"工具栏的 ⬛ 按钮。

2. 作用

该命令用于绘制三维长方体，可以创建实体长方体。始终将长方体的底面绘制为与当前 UCS 的 XY 平面（工作平面）平行。

3. 相关选项说明

> 命令:box
>
> 指定第一个角点或[中心(C)]：　　//指定点或输入 c 指定中心点
>
> 指定其他角点或[立方体(C)/长度(L)]：　　//指定长方体的另一角点或输入选项。如果长方体的另一角点指定的 Z 值与第一个角点的 Z 值不同,将不显示高度提示
>
> 指定高度或[两点(2P)]：　　//指定高度或为两点选项输入2P。输入正值将沿当前 UCS 的 Z 轴正方向绘制高度,输入负值将沿 Z 轴负方向绘制高度

（1）中心：使用指定的中心点创建长方体，如图6—16所示。

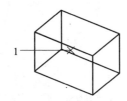

图6—16 使用指定的中心点（点1）创建长方体

指定中心： //指定点1

指定其他角点或[立方体(C)/长度(L)]： //指定点或输入选项

指定高度或[两点(2P)] <默认值>： //指定高度或为两点选项输入2P

1）立方体：创建一个长、宽、高相同的长方体。

指定长度： //输入值或拾取点以指定 XY 平面上长方体的长度和旋转角度

2）长度：按照指定长、宽、高创建长方体。长度与 X 轴对应，宽度与 Y 轴对应，高度与 Z 轴对应，如图6—17所示。

指定长度： //输入值或拾取点以指定 XY 平面上长方体的长度和旋转角度

指定宽度： //指定距离

指定高度： //指定距离

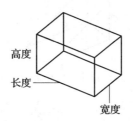

图6—17 按指定长、宽、高创建长方体

（2）立方体：创建一个长、宽、高相同的长方体。

指定长度： //输入值或拾取点以指定 XY 平面上长方体的长度和旋转角度,长度的设置就确定了长、宽、高的值

（3）长度：按照指定长、宽、高创建长方体。如果输入值，长度与 X 轴对应，宽度与 Y 轴对应，高度与 Z 轴对应。如果拾取点来指定长度，也要指定 XY 平面上的旋转角度。

指定长度： //输入值或拾取点以指定 XY 平面上长方体的长度和旋转角度

指定宽度： //指定距离

指定高度： //指定距离

（4）两点：指定长方体的高度为两个指定点之间的距离。

指定第一个点： //指定点

指定第二个点： //指定点

二、三维实体中的楔体

1. 命令的调用方法

（1）键盘命令：wedge。

（2）菜单："绘图"→"建模"→"楔体"。

（3）工具栏："建模"工具栏的 ⬙ 按钮。

2. 作用

可以创建实体楔体，将楔体的底面绘制为与当前 UCS 的 XY 平面平行，斜面正对第一个角点。楔体的高度与 Z 轴平行。如果在创建楔体时使用了"立方体"或"长度"选项，则还可以在单击以指定长度时指定楔体在 XY 平面中的旋转角度。

3. 相关选项说明

> 命令：wedge
> 指定第一个角点或［中心（C）］：
> 指定其他角点或［立方体（C）/长度（L）］：
> 指定高度或［两点（2P）］＜0.000＞：

（1）中心：使用指定的中心点创建楔体，如图 6—18 所示。

图 6—18　使用指定中心点（点 1）

> 指定中心点：　　//指定点 1
> 指定其他角点或［立方体（C）/长度（L）］：　　//指定点或输入选项
> 指定高度或［两点（2P）］＜默认值＞：　　//指定高度或为"两点"选项输入 2P

1）立方体：创建等边楔体。

> 指定长度：　　//输入值或拾取点以指定 XY 平面上楔体的长度和旋转角度，长度的设置就确定了楔体长、宽、高的值

2）长度：按照指定长、宽、高创建楔体。长度与 X 轴对应，宽度与 Y 轴对应，高度与 Z 轴对应。如果拾取点以指定长度，则还要指定在 XY 平面上的旋转角度。

> 指定长度：　　//输入值或拾取点以指定 XY 平面上楔体的长度和旋转角度
> 指定宽度：　　//指定距离
> 指定高度：　　//指定距离

（2）立方体：创建等边楔体。（同上）

（3）长度：按照指定长、宽、高创建楔体。长度与 X 轴对应，宽度与 Y 轴对应，高度

与 Z 轴对应，如图 6—19 所示。

> 指定长度： //输入值或拾取点以指定 XY 平面上楔体的长度和旋转角度
> 指定宽度： //指定距离
> 指定高度： //指定距离

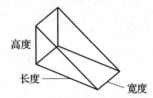

图 6—19 按指定长、宽、高创建楔体

（4）两点：指定楔体的高度为两个指定点之间的距离。

> 指定第一个点： //指定点
> 指定第二个点： //指定点

三、三维实体中的圆锥体

1. 命令的调用方法

（1）键盘命令：cone。

（2）菜单："绘图"→"建模"→"圆锥体"。

（3）工具栏："建模"工具栏的 按钮。

2. 作用

可以以圆或椭圆为底面、将底面逐渐缩小到一点来创建实体圆锥体。也可以通过逐渐缩小到与底面平行的圆或椭圆平面来创建圆台。默认情况下，圆锥体的底面位于当前 UCS 的 XY 平面上，圆锥体的高度与 Z 轴平行。

3. 相关选项说明

> 命令：cone
> 指定底面的中心点或[三点(3P)/两点(2P)/相切、相切、半径(T)/椭圆(E)]：
> 指定底面半径或[直径(D)]：
> 指定高度或[两点(2P)/轴端点(A)/顶面半径(T)]<167.9439>：

（1）默认条件的"底面中心点"：使用"顶面半径"选项创建圆台。最初，默认底面半径未设置任何值，绘制图形时，底面半径的默认值始终是先前输入的任意实体图元的底面半径值，如图 6—20 所示。

图 6—20 底面中心点和底面半径

（2）三点：通过指定三个点来定义圆锥体的底面周长和底面。

```
指定第一个点：      //指定点
指定第二个点：      //指定点
指定第三个点：      //指定点
指定高度或[两点(2P)/轴端点(A)/顶面半径(T)]<默认值>：      //指定高度、输
入选项或按 Enter 键指定默认高度值
```

最初，默认高度未设置任何值。绘制图形时，高度的默认值始终是先前输入的任意实体图元的高度值。

1）两点：指定圆锥体的高度为两个指定点之间的距离。

2）轴端点：指定圆锥体轴的端点位置。轴端点是圆锥体的顶点，或圆台的顶面中心点（"顶面半径"选项）。轴端点可以位于三维空间的任何位置。轴端点定义了圆锥体的长度和方向。

3）顶面半径：创建圆台时指定圆台的顶面半径。

```
指定顶面半径<默认值>：      //指定值或按 Enter 键指定默认值
```

最初，默认顶面半径未设置任何值。绘制图形时，顶面半径的默认值始终是先前输入的任意实体图元的顶面半径值。

（3）两点：通过指定两个点来定义圆锥体的底面直径。

```
指定直径的第一个端点：      //指定点
指定直径的第二个端点：      //指定点
指定高度或[两点(2P)/轴端点(A)/顶面半径(T)]<默认值>：
//指定高度、输入选项或按 Enter 键指定默认高度值
```

最初，默认高度未设置任何值。绘制图形时，高度的默认值始终是先前输入的任意实体图元的高度值。下列选项同"三点"选项一致。

1）两点：指定圆锥体的高度为两个指定点之间的距离。

2）轴端点：指定圆锥体轴的端点位置。轴端点是圆锥体的顶点，或圆台的顶面中心点（"顶面半径"选项）。轴端点可以位于三维空间的任何位置。轴端点定义了圆锥体的长度和方向。

3）顶面半径：创建圆台时指定圆台的顶面半径。

（4）TTR（相切、相切、半径）：定义具有指定半径且与两个对象相切的圆锥体底面。

```
指定对象上的点作为第一个切点：      //选择对象上的点
指定对象上的点作为第二个切点：      //选择对象上的点
指定圆的半径<默认值>：      //指定底面半径或按 Enter 键指定默认的底面半径值
```

有时会有多个底面符合指定的条件。程序将绘制具有指定半径的底面，其切点与选定点的距离最近。下列选项同"三点"选项一致。

> 指定高度或［两点(2P)/轴端点(A)/顶面半径(T)］＜默认值＞：
> //指定高度、输入选项或按 Enter 键指定默认高度值

（5）椭圆：指定圆锥体的椭圆底面。

> 指定第一个轴的端点或［中心(C)］：　　//指定点
> 指定第一个轴的另一个端点：　　//指定点
> 指定第二个轴的端点：　　//指定点
> 指定高度或［两点(2P)/轴端点(A)/顶面半径(T)］＜默认值＞：
> //指定高度、输入选项或按 Enter 键指定默认高度值

1）中心：使用指定的中心点创建圆锥体的底面。

> 指定中心点：　　//指定点
> 指定到第一个轴的距离＜默认值＞：　　//指定距离或按 Enter 键指定默认的距离值
> 指定第二个轴的端点：　　//指定点
> 指定高度或［两点(2P)/轴端点(A)/顶面半径(T)］＜默认值＞：
> //指定高度、输入选项或按 Enter 键指定默认高度值

2）其余选项同"三点"选项一致。
（6）直径：指定圆锥体的底面直径。

> 指定圆锥体的底面直径：

其余选项同"三点"选项一致。

四、三维实体中的球体

1. 命令的调用方法

（1）键盘命令：sphere。

（2）菜单："绘图"→"建模"→"球体"。

（3）工具栏："建模"工具栏的 ⬤ 按钮。

2. 作用

可以创建实体球体。

3. 相关选项说明

> 命令：sphere
> 指定中心点或［三点(3P)/两点(2P)/相切、相切、半径(T)］：
> 指定半径或［直径(D)］＜100.6213＞：

（1）中心点：指定球体的中心点。指定中心点后，将放置球体以使其中心轴与当前用户坐标系（UCS）的 Z 轴平行，纬线与 XY 平面平行，如图6—21所示。

> 指定半径或［直径(D)］：　　//指定距离或输入 d

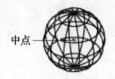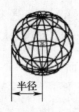

图6—21　中心点、半径、直径

1）半径：定义球的半径。

2）直径：定义球的直径。

（2）三点（3P）：通过在三维空间的任意位置指定三个点来定义球体的圆周。三个指定点也可以定义圆周平面。

> 指定第一点：　　//指定点1
> 指定第二点：　　//指定点2
> 指定第三点：　　//指定点3

（3）两点（2P）：通过在三维空间的任意位置指定两个点来定义球体的圆周。第一点的 Z 值定义圆周所在平面。

> 指定直径的第一个端点：　　//指定点1
> 指定直径的第二个端点：　　//指定点2

（4）TTR（相切、相切、半径）：通过指定半径定义可与两个对象相切的球体。指定的切点将投影到当前 UCS。最初，默认半径未设置任何值。在绘制图形时，半径默认值始终是先前输入的任意实体图元的半径值。

> 指定对象上的点作为第一个切点：　　//在对象上选择一个点
> 指定对象上的点作为第二个切点：　　//在对象上选择一个点
> 指定半径＜默认值＞：　　//指定半径或按 Enter 键以指定默认的半径值

五、三维实体中的圆柱体

1. 命令的调用方法

（1）键盘命令：cylinder。

（2）菜单："绘图"→"建模"→"圆柱体"。

（3）工具栏："建模"工具栏的 按钮。

2. 作用

可以创建以圆或椭圆为底面的实体圆柱体。

3. 相关选项说明

> 命令：cylinder
> 指定底面的中心点或［三点(3P)/两点(2P)/相切、相切、半径(T)/椭圆(E)］：

> 指定底面半径或[直径(D)]<89.4836>：
>
> 指定高度或[两点(2P)/轴端点(A)]<148.8563>：

（1）指定底面的中心点：选择底面圆心位置，最初，默认底面半径未设置任何值。绘制图形时，底面半径的默认值始终是先前输入的任意实体图元的底面半径值，如图6—22所示。

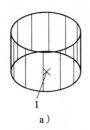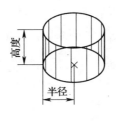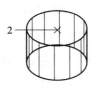

图6—22　圆柱体绘制

（2）三点：通过指定三个点来定义圆柱体的底面周长和底面。

> 指定第一个点：　　//指定点
>
> 指定第二个点：　　//指定点
>
> 指定第三个点：　　//指定点
>
> 指定高度或[两点(2P)/轴端点(A)]<默认值>：　　//指定高度、输入选项或按Enter键指定默认高度值

1）两点：指定圆柱体的高度为两个指定点之间的距离。

2）轴端点：指定圆柱体轴的端点位置。此端点是圆柱体的顶面中心点。轴端点可以位于三维空间的任何位置。轴端点定义了圆柱体的长度和方向。

（3）两点：通过指定两个点来定义圆柱体的底面直径。

> 指定直径的第一个端点：　　//指定点
>
> 指定直径的第二个端点：　　//指定点
>
> 指定高度或[两点(2P)/轴端点(A)]<默认值>：　　//指定高度、输入选项或按Enter键指定默认高度值

"两点"和"轴端点"选项同"三点"选项。

（4）TTR（相切、相切、半径）：定义具有指定半径，且与两个对象相切的圆柱体底面。

> 指定对象上的点作为第一个切点：　　//选择对象上的点
>
> 指定对象上的点作为第二个切点：　　//选择对象上的点
>
> 指定底面半径<默认值>：　　//指定底面半径，或按Enter键指定默认的底面半径值

有时会有多个底面符合指定的条件。程序将绘制具有指定半径的底面，其切点与选定点的距离最近。

> 指定高度或[两点(2P)/轴端点(A)]<默认值>：　　//指定高度、输入选项或按 En-
> ter 键指定默认高度值

最初，默认高度未设置任何值。绘制图形时，高度的默认值始终是先前输入的任意实体图元的高度值。

"两点"和"轴端点"选项同"三点"选项。

（5）椭圆：指定圆柱体的椭圆底面。最初，默认高度未设置任何值。绘制图形时，高度的默认值始终是先前输入的任意实体图元的高度值。

> 指定第一个轴的端点或[中心(C)]：　　//指定点
> 指定第一个轴的另一个端点：　　//指定点
> 指定第二个轴的端点：　　//指定点
> 指定高度或[两点(2P)/轴端点(A)]<默认值>：　　//指定高度、输入选项或按 En-
> ter 键指定默认高度值

1）中心：使用指定的中心点创建圆柱体的底面。

> 指定中心点：　　//指定点
> 指定到第一个轴的距离<默认值>：　　//指定距离或按 Enter 键指定默认的距离值
> 指定第二个轴的端点：　　//指定点

2）其余选项同"三点"选项。

（6）直径：指定圆柱体的底面直径，如图6—23所示。

> 指定直径<默认值>：　　//指定直径或按 Enter 键指定默认值

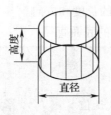

图6—23　指定直径

六、三维实体中的圆环体

1. 命令的调用方法

（1）键盘命令：torus。

（2）菜单："绘图"→"建模"→"圆环体"。

（3）工具栏："建模"工具栏的 按钮。

2. 作用

该命令用于创建环形实体。圆环体由两个半径值定义，一个是圆管的半径，另一个是从圆环体中心到圆管中心的距离，将圆环体绘制为与当前 UCS 的 *XY* 平面平行，且被该平面平分。

另外圆环可能是自交的。自交的圆环没有中心孔，因为圆管半径比圆环半径的绝对值大。

3．相关选项说明

> 命令：torus
> 指定中心点或[三点(3P)/两点(2P)/相切、相切、半径(T)]：
> 指定半径或[直径(D)]：
> 指定圆管半径或[两点(2P)/直径(D)]：

（1）中心点：指定中心点后，将放置圆环体以使其中心轴与当前用户坐标系（UCS）的 Z 轴平行。圆环体与当前工作平面的 XY 平面平行且被该平面平分。最初，默认半径未设置任何值。在绘制图形时，半径默认值始终是先前输入的任意实体图元的半径值，如图 6—24 所示。

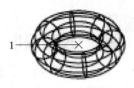

图 6—24　圆环体中心点

（2）三点（3P）：用指定的三个点定义圆环体的圆周。三个指定点也可以定义圆周所在平面。

> 指定第一点：　　//指定点1
> 指定第二点：　　//指定点2
> 指定第三点：　　//指定点3

（3）两点（2P）：用指定的两个点定义圆环体的圆周。第一点的 Z 值定义圆周所在平面。

> 指定直径的第一个端点：　　//指定点1
> 指定直径的第二个端点：　　//指定点2

（4）TTR（相切、相切、半径）：使用指定半径定义可与两个对象相切的圆环体。指定的切点将投影到当前 UCS。

> 指定对象上的点作为第一个切点：　　//在对象上选择一个点
> 指定对象上的点作为第二个切点：　　//在对象上选择一个点
> 指定半径<默认值>：　　//指定半径或按 Enter 键以指定默认的半径值

（5）半径：定义圆环体的半径（从圆环体中心到圆管中心的距离）。负的半径值创建形似美式橄榄球的实体。

> 指定圆管半径或[直径(D)]<默认值>：　　//指定距离或输入 d

1）半径：定义圆管半径。

2）直径：定义圆管直径。

（6）直径：定义圆环体直径，如图 6—25 所示。

> 指定直径<默认值>：　　//指定距离
> 指定圆管半径或[直径(D)]：　　//指定距离或输入 d

1）半径：定义圆管半径。

2）直径：定义圆管直径。

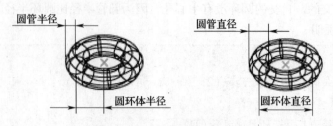

图6—25　圆管和圆环体的半径和直径

 技能操作

检查绘图环境，设置好三维绘图的环境和工具条件。

步骤1：调整三维绘图环境，观察绘图条件。

步骤2：绘制长方体，长50，宽20，高30，如图6—26a所示。

> 命令：_box
> 指定第一个角点或[中心(C)]：
> 指定其他角点或[立方体(C)/长度(L)]：@50,20,30　　//对应 X、Y、Z 的坐标来确定长方体的长、宽、高
> 命令：'_pan　　//调整图形位置
> //按 Esc 或 Enter 键退出，或单击右键显示快捷菜单
> 命令：_ - view 输入选项[?/删除(D)/正交(O)/恢复(R)/保存(S)/设置(E)/窗口(W)]：_swiso 正在重生成模型　　　　//将 X - Y 平面视图切换至西南角度视图

步骤3：绘制楔体长40，宽20，高30，如图6—26b所示。

> 命令：_wedge
> 指定第一个角点或[中心(C)]：　　　　　　　　　　　//选取长方体的右下点为第一角点
> 指定其他角点或[立方体(C)/长度(L)]：@40,20　　　　//确定楔体的地面长宽为40×20
> 指定高度或[两点(2P)]<30.0000>：　　　　　　　　//确定楔体高度为30

步骤4：绘制长方体上的球体（半径为5），如图6—26c所示。

> 命令：_sphere
> 指定中心点或[三点(3P)/两点(2P)/相切、相切、半径(T)]：from　　//捕捉长方体左上边中点为基准点
> 基点：<偏移>：@5,0,5　　　　　　　　　　　　//选取的圆心位置相对基准点偏移量
> 指定半径或[直径(D)]：5　　　　　　　　//球体半径为5

步骤5：绘制楔体斜面上的圆环，考虑到斜面与原 X、Y、Z 平面有夹角，要绘制带角度的图形需要先切换坐标系，可以优先考虑用该斜面做一新的坐标系，如图6—26d所示。

当前 UCS 名称：＊世界＊

指定 UCS 的原点或[面(F)/命名(NA)/对象(OB)/上一个(P)/视图(V)/世界(W)/
X/Y/Z/Z 轴(ZA)] ＜世界＞：_fa　　//选择面

选择实体对象的面：

输入选项[下一个(N)/X 轴反向(X)/Y 轴反向(Y)] ＜接受＞：N

输入选项[下一个(N)/X 轴反向(X)/Y 轴反向(Y)] ＜接受＞：

再绘制圆环（圆环内半径为 2），如图 6—26e 所示。

命令：_torus

指定中心点或[三点(3P)/两点(2P)/相切、相切、半径(T)]：from　　//取楔体斜面
的下边中点为基准点

基点：＜偏移＞：@ -10,0,2

指定半径或[直径(D)] ＜0.0000＞：8

指定圆管半径或[两点(2P)/直径(D)] ＜0.9416＞：2

步骤 6：切换原 UCS，切换视觉样式、切换不同视觉查看完成的图形，如图 6—26f 所示。

当前 UCS 名称：＊没有名称＊

指定 UCS 的原点或[面(F)/命名(NA)/对象(OB)/上一个(P)/视图(V)/世界(W)/
X/Y/Z/Z 轴(ZA)] ＜世界＞：_w

命令：_vscurrent

输入选项[二维线框(2)/三维线框(3)/三维隐藏(H)/真实(R)/概念(C)/其他(O)]
＜二维线框＞：_C

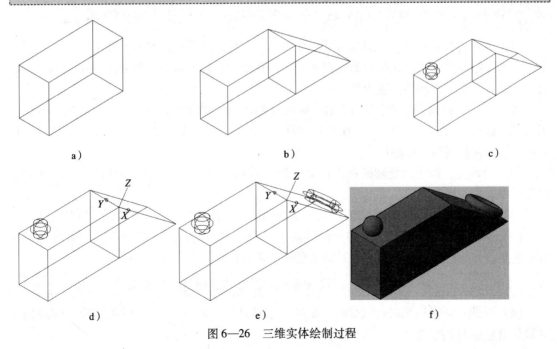

a)　　　　　　　　　b)　　　　　　　　　c)

d)　　　　　　　　　e)　　　　　　　　　f)

图 6—26　三维实体绘制过程

项目小结

通过该项目的练习要求掌握各类常用实体创建，要注意每个实体编辑所涉及的参数以及所对应坐标系放置的原始位置。另外要灵活地掌握坐标系的切换和设定。

项目拓展练习

一、三维实体中的螺旋体

1. 命令的调用方法

（1）键盘命令：helix。

（2）菜单："绘图"→"建模"→"螺旋体"。

（3）工具栏："建模"工具栏的 ▧ 按钮。

2. 作用

该命令用于创建开口的二维或三维螺旋。

3. 相关选项说明

> 命令：helix
>
> 圈数 = 3.0000   扭曲 = CCW
>
> 指定底面的中心点：
>
> 指定底面半径或[直径(D)] <1.0000>：
>
> 指定顶面半径或[直径(D)] <265.9507>：
>
> 指定螺旋高度或[轴端点(A)/圈数(T)/圈高(H)/扭曲(W)] <1.0000>：

（1）底面半径：最初，默认底面半径设置为1。绘制图形时，底面半径的默认值始终是先前输入的任意实体图元或螺旋的底面半径值。顶面半径的默认值始终是底面半径的值。底面半径和顶面半径不能都设置为0。

（2）直径（底面和顶面）：用于指定螺旋底面的直径和螺旋顶面的直径。最初，默认底面直径设置为2。绘制图形时，底面直径的默认值始终是先前输入的底面直径值。顶面直径的默认值始终是底面直径的值。

（3）轴端点：指定螺旋轴的端点位置。轴端点可以位于三维空间的任意位置。轴端点定义了螺旋的长度和方向。

（4）圈：指定螺旋的圈（旋转）数。螺旋的圈数不能超过500。圈数的默认值为3。

（5）圈高：指定螺旋内一个完整圈的高度，当指定圈高值时，螺旋中的圈数将相应地自动更新。如果已指定螺旋的圈数，则不能输入圈高的值。

> 指定圈间距 <默认值>：   //输入数值以指定螺旋中每圈的高度

（6）扭曲：指定以顺时针（CW）方向还是逆时针方向（CCW）绘制螺旋。螺旋扭曲的默认值是逆时针方向。

输入螺旋的扭曲方向[顺时针(CW)/逆时针(CCW)]<逆时针>： //指定螺旋的扭曲方向

二、三维实体中的多段体

1. 命令的调用方法

（1）键盘命令：polysolid。

（2）菜单："绘图"→"建模"→"多段体"。

（3）工具栏："建模"工具栏的 按钮。

2. 作用

可以使用该命令绘制实体，方法与绘制多段线一样。

3. 相关选项说明

命令：polysolid 高度 = 80.0000，宽度 = 5.0000，对正 = 居中
指定起点或[对象(O)/高度(H)/宽度(W)/对正(J)]<对象>：
指定下一个点或[圆弧(A)/放弃(U)]：

（1）对象：指定要转换为实体的对象。可以转换为直线、圆弧、二维多段线和圆。

（2）高度：指定实体的高度。高度默认设置为当前设置。

指定高度<默认>： //指定高度值，或按 Enter 键指定默认值。指定的高度值将更新设置

（3）宽度：指定实体的宽度。默认宽度设置为当前设置。

指定宽度<当前>：
//通过输入值或指定两点来指定宽度的值，或按 Enter 键指定当前宽度值。指定的宽度值将更新设置

（4）对正：使用命令定义轮廓时，可以将实体的宽度和高度设置为左对正、右对正或居中。对正方式由轮廓的第一条线段的起始方向决定。

输入对正方式[左对正(L)/居中(C)/右对正(R)]<居中>： //输入对正方式的选项或按 Enter 键指定居中对正

（5）下一点：

指定下一点或[圆弧(A)/闭合(C)/放弃(U)]： //指定实体轮廓的下一点、输入选项或按 Enter 键结束命令

1）圆弧：将弧线段添加到实体中。圆弧的默认起始方向与上次绘制的线段相切。可以使用"方向"选项指定不同的起始方向。

2）闭合：通过从指定的实体的上一点到起点创建直线段或弧线段来闭合实体。必须至少指定 3 个点才能使用该选项。

（6）圆弧：将弧线段添加到实体中。圆弧的默认起始方向与上次绘制的线段相切。可以使用"方向"选项指定不同的起始方向。

指定圆弧的端点或[闭合(C)/方向(D)/直线(L)/第二个点(S)/放弃(U)]：　　//指定端点或输入选项

1）闭合：通过从实体的上一顶点到起始点创建线段或弧线段来闭合实体。

2）方向：指定弧线段的起始方向。

3）直线：退出"圆弧"选项并返回初始 polysolid 命令提示。

4）第二个点：指定三点弧线段的第二个点和端点。

三、三维实体中的棱锥面

1. 命令的调用方法

（1）键盘命令：pyramid。

（2）菜单："绘图"→"建模"→"棱锥面"。

（3）工具栏："建模"工具栏的 按钮。

2. 作用

该命令用于绘制三维棱锥。

3. 相关选项说明

命令：pyramid
4个侧面　外切
指定底面的中心点或[边(E)/侧面(S)]：
指定底面半径或[内接(I)]：（或者可以选择成：指定底面半径或[外切(C)]：）
//执行绘图任务时,底面半径的默认值始终是先前输入的任意实体图元的底面半径值
指定高度或[两点(2P)/轴端点(A)/顶面半径(T)]：　　//使用"顶面半径"来创建棱锥平截面

（1）边：指定棱锥面底面一条边的长度；拾取两点。

指定边的第一个端点：　　//指定点
指定边的第二个端点：　　//指定点

（2）侧面：指定棱锥面的侧面数。可以输入 3～32 之间的数。最初，棱锥面的侧面数设置为4。执行绘图任务时，侧面数的默认值始终是先前输入的侧面数的值。

指定侧面数<默认>:指定直径或按 Enter 键指定默认值

（3）内接或外切：内接是指定棱锥面底面内接于（在内部绘制）棱锥面的底面半径。外切是指定棱锥面外切于（在外部绘制）棱锥面的底面半径。

（4）两点：将棱锥面的高度指定为两个指定点之间的距离。

（5）轴端点：指定棱锥面轴的端点位置。该端点是棱锥面的顶点。轴端点可以位于三维空间中的任何位置。轴端点定义了棱锥面的长度和方向。

（6）顶面半径：指定棱锥面的顶面半径，并创建棱锥体平截面。

四、三维实体中的曲面

1. 命令的调用方法

（1）键盘命令：planesurf。

（2）菜单："绘图"→"建模"→"平面曲面"。

（3）工具栏："建模"工具栏的 📐 按钮。

2. 作用

该命令用于绘制平面曲面。

3. 相关选项说明

> 命令：planesurf
>
> 指定第一个角点或［对象（O）］＜对象＞：
>
> 指定其他角点：

使用 planesurf 命令，用户可以通过两种方式创建平面曲面：选择构成一个或多个封闭区域的一个或多个对象；通过命令指定矩形的对角点。

通过命令指定曲面的角点时，将创建平行于工作平面的曲面。

"对象"选项指通过对象选择来创建平面曲面或修剪曲面。可以选择构成封闭区域的一个闭合对象或多个对象。与 region 命令类似，有效对象包括直线、圆、圆弧、椭圆、椭圆弧、二维多段线、平面三维多段线和平面样条曲线。

项目三　三维实体编辑

项目展示

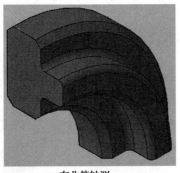

东北等轴测

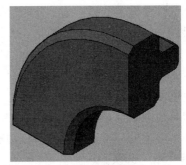

东南等轴测

图 6—27　三维实体编辑项目图

学习目标

◆ 掌握三维实体倒角
◆ 掌握三维实体圆角
◆ 掌握三维实体镜像和阵列
◆ 掌握三维实体旋转和拉伸
◆ 理解放样创建实体和扫掠创建实体

项目分析

该项目中用到了三维旋转、三维倒角和三维圆角。需要注意三维倒角和三维圆角的设置步骤。

知识点

一、实体的倒角

1. 功能

将实体结合面的边缘进行倒角。该命令与二维倒角命令一样，只是在命令栏中输入选择对象时选取的是三维实体，因此，命令提示为三维倒角操作提示。

2. 命令的输入

实体的倒角命令可用下列方法之一输入：

（1）单击"编辑"工具栏中的"倒角"按钮。

（2）单击菜单栏中的"修改"→"倒角"命令。

（3）从键盘输入"chamfer"。

3. 命令的操作

（1）输入命令后，系统提示：选择边、多段线、距离、角度、方式等。

（2）选择三维实体上的某一边，此时该边所在的一个平面被选中，并以虚线显示。

（3）如果用选择的平面作为基面，则直接按 Enter 键确认，

否则，选择"下一个"选项。

（4）指定基面。

（5）指定基面的倒角距离。

（6）指定其他面的倒角距离。

（7）选择基面上的一条边，即可对该边进行倒角。

（8）选择"环"选项。

（9）此时选择基面上的一条边，AutoCAD 会对基面的各条棱

线进行倒角，效果如图6—28所示。

图6—28 实体的倒角

二、实体的圆角

1．功能

使用圆角命令，将实体结合面边缘做出圆角。该命令与二维圆角命令一样，只是在命令栏中输入选择对象时选取的是三维实体，命令提示也为三维圆角操作提示。

2．命令的输入

实体的圆角命令可用下列方法之一输入：

（1）单击"修改"工具栏中的"圆角"按钮。

（2）单击菜单栏中的"修改"→"圆角"命令。

（3）从键盘输入"fillet"。

3．命令的操作

（1）输入命令。

（2）选择第一个对象。

（3）输入圆角半径。

（4）选择要圆角的边后，即可对实体进行圆角。

提　示

要选择多条首尾相连的边时，可以选择"链"选项。要重新设置半径时可以选择"半径"选项。

三、三维镜像

1．功能

将实体按照指定平面进行镜像，常用三点法确定镜像平面的位置，也可以选择坐标平面或实体所在面等作为镜像面。

2．命令的输入

三维镜像命令可用下列方法之一输入：

（1）单击菜单栏中的"修改"→"三维操作"→"三维镜像"命令。

（2）从键盘输入"mirror3d"。

3．命令的操作

（1）输入命令。

（2）选择对象后系统提示："指定镜像平面（三点）的第一个点或［对象（O）/最近的（L）/Z轴（Z）/视图（V）/XY平面（XY）/YZ平面（YZ）/ZX平面（ZX）/三点（3）］＜三点＞:"。

（3）在镜像平面上能够指定点"1"后，系统提示："在镜像平面上指定第二点:"。

（4）在镜像平面上能够指定点"2"后，系统提示："在镜像平面上指定第三点:"。

（5）在镜像平面上能够指定点"3"后，系统提示："是否删除源对象？［是（Y）/否（N）］＜否＞:"。

（6）选择"否"选项，结果如图6—29所示。

镜像前   镜像后

图 6—29 三维镜像

四、三维阵列

1. 功能

三维阵列是指将选定的对象在三维空间进行阵列，快捷方便地绘制有规律排列的相同实体。

2. 命令的输入

三维阵列命令可用下列方法之一输入：

（1）单击菜单栏中的"修改"→"三维操作"→"三维阵列"命令。

（2）从键盘输入"3darray"。

3. 命令的操作

（1）输入命令后，系统提示："选择对象"。

（2）选择对象后，系统提示："输入阵列类型［矩形（R）/环形（P）］＜矩形＞："。

（3）输入矩形阵列后，系统将依次提示输入行数、列数、层数和指定行间距、列间距、层间距。

（4）分别输入行数、列数、层数和指定行间距、列间距、层间距后即可进行三维矩形阵列，如图 6—30 所示。

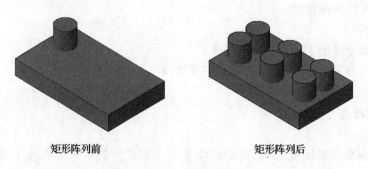

矩形阵列前   矩形阵列后

图 6—30 三维矩形阵列

说明：

①行间距是指沿着 Y 轴方向的尺寸，列间距是指沿着 X 轴方向的尺寸，层间距是指沿着 Z 轴方向的尺寸。

②选择"环形"选项后，系统依次提示输入阵列中的项目数、指定要填充的角度、是否旋转阵列对象、指定阵列的中心点、指定旋转轴上的第二点，根据提示作出响应，即可进行三维环形阵列，如图 6—31 所示。

环形阵列前　　　　　　　　　　　环形阵列后

图6—31　三维环形阵列

五、创建拉伸实体

1. 功能

通过拉伸二维封闭的线框，如圆、椭圆、矩形、多边形、闭合的样条曲线或多段线、面域以及由二维线段转换成的多段线等，创建三维实体。

2. 命令的输入

创建拉伸实体命令可用下列方法之一输入：

（1）单击"建模"工具栏中的"拉伸"　按钮。

（2）单击菜单栏中的"绘图"→"建模"→"拉伸"命令。

（3）从键盘输入"extrude"。

3. 命令的操作

绘制如图6—32b所示图形。操作步骤如下：

（1）用正多边形命令绘制一正五边形，如图6—32a所示。

（2）单击"拉伸"命令后，系统提示："当前线框密度：　ISOLINES＝4　选择要拉伸的对象："。

（3）选取绘制的正五边形，确认后，系统又提示："指定拉伸的高度或［方向（D）／路径（P）／倾斜角（T）］："。

（4）指定拉伸高度，即可建立拉伸实体五棱柱，如图6—32b所示。

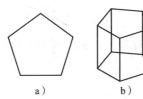

a）　　　　　　　　　　b）

图6—32　拉伸实体

a）拉伸前　b）拉伸后

说明：选择"路径"选项可以沿着指定路径拉伸二维对象生成三维实体。可以作为路径的元素有直线、圆弧、椭圆、多段线和样条曲线等，但路径不能与拉伸对象在同一平面内。

绘制如图6—33所示图形。

操作步骤如下：

①在"俯视"视口绘制一圆。

②在"主视"视口中绘制一圆弧，圆弧起点选择圆心。

③单击"建模"工具栏中的"拉伸"　按钮。

④拾取圆作为拉伸对象。

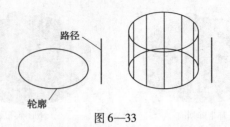

图 6—33

⑤选择"路径"选项，并指定圆弧作为路径，即得所示图形。

六、创建旋转实体

1. 功能

将二维封闭线框，如圆、椭圆、封闭的多段线、样条曲线、多边形、矩形、环和面域等，绕一根指定的轴线旋转生成三维实体。

2. 命令的输入

创建旋转实体命令可用下列方法之一输入：

（1）单击"建模"工具栏中的"旋转" 🔳 按钮。

（2）单击菜单栏中的"绘图"→"建模"→"旋转"命令。

（3）从键盘输入"revolve"。

3. 命令的操作

绘制如图 6—34b 所示实体。操作步骤如下：

（1）用多段线命令绘制封闭二维图形及中心线，如图 6—34a 所示。

（2）输入旋转命令后，系统提示："当前线框密度：ISOLINES =4 选择要旋转的对象:"。

（3）选择要旋转的二维闭合对象后，系统提示："指定轴起点或根据以下选项之一定义轴［对象（O）/X/Y/Z］＜对象＞:"。

（4）指定实体旋转轴的起点和端点后系统提示："指定旋转角度或［起点角度（ST）］＜360＞:"。

（5）按 Enter 键确认旋转 360°后，即可创建旋转实体。

（6）单击 ◈ 按钮，并选择"概念"视觉样式后，即得如图 6—34b 所示实体。

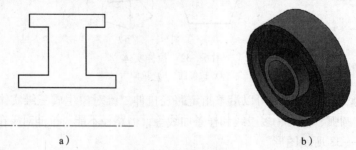

a）　　　　　　　　　　　　　　　　　　b）

图 6—34　旋转实体

a）旋转前　b）旋转后

说明：可以选择"对象""X 轴""Y 轴"选项创建旋转实体，其含义如下。

①对象：选择现有的直线或多段线中的单线段作为旋转轴。

②X 轴：指定当前坐标系的 X 轴作为旋转轴。

③Y 轴：指定当前坐标系的 Y 轴作为旋转轴。

 技能操作

检查绘图环境，设置好三维绘图的环境和工具条件。

步骤1：调整三维绘图环境，观察绘图条件。

步骤2：用直线绘制如图6—35所示图形（或用多段线也可），绘制完成后须将图形整合成一面域（请读者思考为什么要整合成面域，尝试整合面域和不整合面域的两种情况）。

> 命令：LINE
> 指定第一点：
> 指定下一点或［放弃(U)］：
> ……
> 命令：region
> 选择对象：指定对角点：找到8个
> 选择对象：
> 已提取1个环。
> 已创建1个面域。
> 命令：line　　　　　　　　　　　//做一辅助直线(右端)用于下一步旋转的轴
> 指定第一点：from
> 基点：＜偏移＞：@60,0
> 指定下一点或［放弃(U)］：

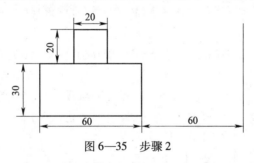

图6—35　步骤2

步骤3：做三维旋转（保留旋转轨迹和面的类型），如图6—36所示。

> 命令：revolve
> 当前线框密度：　ISOLINES＝4
> 选择要旋转的对象：找到1个　　　　　　　　//选择上一步骤中创建的面域
> 选择要旋转的对象：
> 指定轴起点或根据以下选项之一定义轴［对象(O)/X/Y/Z］＜对象＞：
> 指定轴端点：
> 指定旋转角度或［起点角度(ST)］＜360＞：90
> 命令：
> 命令：_. erase 找到1个　　　　　　　　　　//删除辅助的轴线

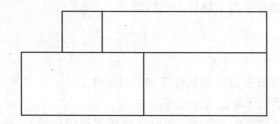

图6—36　步骤3

步骤4： 作倒角（$c = 5$），如图6—37所示。

二维线框在切换视图后显得比较杂乱，建议切换视觉样式后再进行图形的编辑。

命令：_ - view 输入选项[？/删除（D）/正交（O）/恢复（R）/保存（S）/设置（E）/窗口（W）]：_neiso 正在重生成模型　　//切换视图

命令：_ vscurrent

输入选项[二维线框（2）/三维线框（3）/三维隐藏（H）/真实（R）/概念（C）/其他（O）]<二维线框>：_C

命令：_chamfer　　//切换视觉样式

（"修剪"模式）当前倒角距离1 = 0.0000,距离2 = 0.0000

选择第一条直线或[放弃（U）/多段线（P）/距离（D）/角度（A）/修剪（T）/方式（E）/多个（M）]：d

指定第一个倒角距离<0.0000>：5

指定第二个倒角距离<0.0000>：5

选择第一条直线或[放弃（U）/多段线（P）/距离（D）/角度（A）/修剪（T）/方式（E）/多个（M）]：m

选择第一条直线或[放弃（U）/多段线（P）/距离（D）/角度（A）/修剪（T）/方式（E）/多个（M）]：

基面选择...　　　　　　//选择基面,如图6—37a所示

输入曲面选择选项[下一个（N）/当前（OK）]<当前（OK）>：OK

指定基面的倒角距离<0.0000>：5

指定其他曲面的倒角距离<0.0000>：5

选择边或[环（L）]：

选择边或[环（L）]：　　　//选择做倒角的边,如图6—37b所示

选择第一条直线或[放弃（U）/多段线（P）/距离（D）/角度（A）/修剪（T）/方式（E）/多个（M）]：

……：

基面选择...

输入曲面选择选项[下一个（N）/当前（OK）]<当前（OK）>：OK

指定基面的倒角距离<5.0000>：

指定其他曲面的倒角距离<5.0000>：

选择边或[环(L)]:

选择边或[环(L)]:

选择第一条直线或[放弃(U)/多段线(P)/距离(D)/角度(A)/修剪(T)/方式(E)/多个(M)]:

…… //以同样的方法做完4个倒角

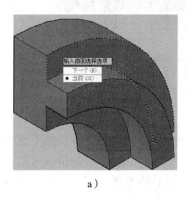

a)

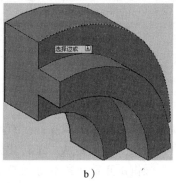

b)

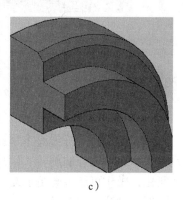

c)

图6—37 步骤4

步骤5：做圆角（$r=4$），如图6—38所示。

命令:fillet

当前设置:模式=修剪,半径=0.0000

选择第一个对象或[放弃(U)/多段线(P)/半径(R)/修剪(T)/多个(M)]:r

指定圆角半径<0.0000>:4

选择第一个对象或[放弃(U)/多段线(P)/半径(R)/修剪(T)/多个(M)]:m

选择第一个对象或[放弃(U)/多段线(P)/半径(R)/修剪(T)/多个(M)]:

//选择如图6—38a所示

输入圆角半径<4.0000>:

选择边或[链(C)/半径(R)]: //选择如图6—38b所示

已拾取到边

选择边或[链(C)/半径(R)]:

已选定1个边用于圆角

……

当前设置:模式=修剪,半径=4.0000

选择第一个对象或[放弃(U)/多段线(P)/半径(R)/修剪(T)/多个(M)]:m

输入圆角半径<4.0000>:

选择边或[链(C)/半径(R)]:

已拾取到边

选择边或[链(C)/半径(R)]:

已选定4个边用于圆角

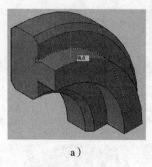
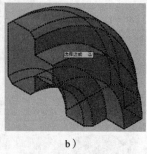
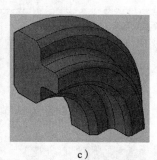

a)　　　　　　　　　b)　　　　　　　　　c)

图6—38　步骤5

 项目小结

通过该项目的练习要求掌握对三维图形的编辑操作。有些操作是二维的继承，如不保留原对象和运动轨迹的旋转、倒角、圆角等。但是从二维转化到三维，设置参数的情况可能有所变化，操作可能也会更加复杂。操作不正确可能会导致整个图形达不到要求。下面举个倒角的例子供读者揣摩学习。

情况1：

命令：　CHAMFER

（"修剪"模式）当前倒角距离1＝5.0000，距离2＝5.0000

选择第一条直线或［放弃（U）/多段线（P）/距离（D）/角度（A）/修剪（T）/方式（E）/多个（M）］：

基面选择...

输入曲面选择选项［下一个（N）/当前（OK）］＜当前（OK）＞：OK

指定基面的倒角距离＜5.0000＞：2

指定其他曲面的倒角距离＜5.0000＞：2选择边或［环（L）］：选择边或［环（L）］：选择边或［环（L）］：

上述的操作中，在"选择边"的时候点选了两条边，倒角的结果是整个面都进行了倒角，如图6—39c所示。

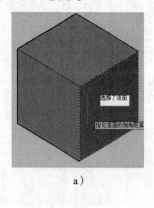
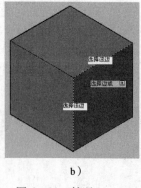
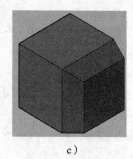

a)　　　　　　　　　b)　　　　　　　　　c)

图6—39　情况1

情况2：

> 命令：chamfer
> （"修剪"模式）当前倒角距离1 = 5.0000, 距离2 = 5.0000
> 选择第一条直线或[放弃(U)/多段线(P)/距离(D)/角度(A)/修剪(T)/方式(E)/多个(M)]:
> 基面选择...
> 输入曲面选择选项[下一个(N)/当前(OK)] < 当前(OK) >:OK
> 指定基面的倒角距离 <5.0000 >:2
> 指定其他曲面的倒角距离 <5.0000 >:2
> 选择边或[环(L)]:选择边或[环(L)]:

上述操作中，在"选择边"的时候点选如图6—40b所示的一条边，倒角的结果是单边的倒角，如图6—40c所示。

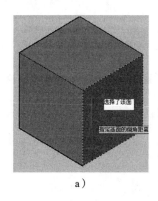 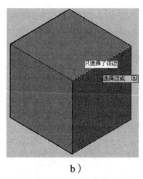 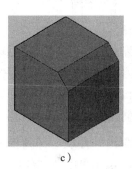

a)　　　　　　　b)　　　　　　　c)

图6—40　情况2

项目拓展练习

一、放样创建实体

1. 功能

放样是指通过一系列代表横截面轮廓的曲线生成的三维实体。

2. 命令的输入

放样创建实体命令可用下列方法之一输入：

（1）单击"建模"工具栏中的"放样"按钮。

（2）单击菜单中的"绘图"→"建模"→"放样"命令。

（3）从键盘输入"loft"。

3. 命令的操作

绘制如图6—41b所示实体，操作步骤如下：

（1）在"俯视"视口中绘制一圆。

（2）在"主视"视口中选择该圆，利用复制命令，并通过导航复制出 5 个圆。

（3）利用夹点改变各圆直径。

（4）在"西南等轴侧"视口中的结果如图 6—41a 所示。

（5）单击"放样"按钮 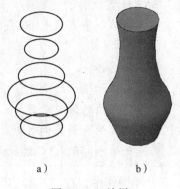，系统提示："按放样次序选择横截面"。

（6）按放样次序自下而上选择各圆后单击右键确定，系统提示："输入选项［导向（G）/路径（P）/仅横截面（C）］＜仅横截面＞:"。

（7）选择"仅横截面"选项，AutoCAD 弹出"放样设置"对话框。

（8）单击对话框中"确定"按钮后，在"视觉样式"下拉列表中选择"概念"视觉样式，即得如图 6—41b 所示实体。

a）   b）

图 6—41　放样

a）放样前　b）放样后

二、扫掠创建实体

1. 功能

将二维封闭线框，如圆、椭圆、封闭的多段线、样条曲线、多边形、矩形、面域等，按照指定的路径扫掠生成三维实体。

2. 命令的输入

扫掠创建实体命令可用下列方法之一输入：

（1）单击"建模"工具栏中的"扫掠"按钮 。

（2）单击菜单中的"绘图"→"建模"→"扫掠"命令。

（3）从键盘输入"sweep"。

3. 命令的操作

绘制如图 6—42b 所示弹簧，要求弹簧中径为 50，高度为 100，节距为 20，弹簧丝直径为 10。操作步骤如下：

（1）单击"绘图"菜单中的"螺旋"命令，系统提示："指定底面的中心点:"。指定底面的中心点后，系统提示："指定圆的半径或［直径（D）]"。指定底面的半径为 25 后，系统提示："指定圆的半径或［直径（D）]"。

（2）直接按 Enter 键，确认顶面的半径也是 25，系统提示："指定螺旋高度或［轴端点（A）/圈数（T）/圈高（H）/扭曲（W）]"。

（3）选择"圈高"选项后，系统提示："指定圈间距"。指定圈间距为 20 后，系统提示："指定螺旋高度或［轴端点（A）/圈数（T）/圈高（H）/扭曲（W）]"。

（4）指定螺旋高度 100，即可绘制出螺旋线。

（5）绘制一直径为 10 的圆。单击"扫掠"按钮，系统提示："当前线框密度：ISO-LINES＝4　选择要扫掠的对象:"。

（6）选择直径为 10 的圆，系统提示："选择扫掠路径或［对齐（A）/基点（B）/比例（S）/扭曲（T）]"。

（7）选择"对齐"选项，系统提示："扫掠前对齐垂直于路径的扫掠对象［是（Y）／否（N）］＜是＞"。

（8）选择"是"选项后，系统提示："选择扫掠路径或［对齐（A）／基点（B）／比例（S）／扭曲（T）］"。

（9）选择螺旋线后，即可绘制出所需弹簧。

（10）单击按钮，并选择"概念"视觉样式后，即得如图6—42b所示弹簧。

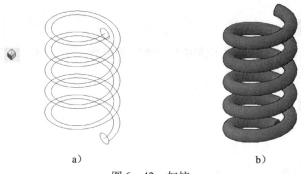

a)   b)

图6—42　扫掠

注意

若扫掠的对象不垂直于路径将无法扫掠。通过选择"比例"选项可以扫掠从起点到终点不是统一比例的实体。

项目四　集

项目展示

图6—43　项目四要绘制的图形

学习目标

◆ 掌握并集
◆ 掌握差集
◆ 掌握交集

项目分析

项目图形（见图6—43）利用了建模中"集"的概念，从图中不难看出多次应用了差集。

知识点

一、并集

1. 命令的调用方法

（1）键盘命令：union。

（2）菜单："修改"→"实体编辑"→"并集"。

（3）工具栏："实体编辑"工具栏中的 ⊙ 按钮。

2. 作用

该命令用于合并三维实体。选择集可包含位于任意多个不同平面中的面域或实体。这些选择集分成单独连接的子集。实体组合在第一个子集中。第一个选定的面域和所有后续共面面域组合在第二个子集中。下一个不与第一个面域共面的面域以及所有后续共面面域组合在第三个子集中，依此类推，直到所有面域都属于某个子集。

3. 相关选项说明

> 命令：union
> 选择对象：找到1个
> 选择对象：找到1个,总计2个

如图6—44所示为合并前后样式。

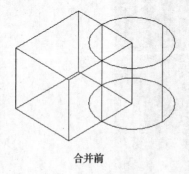

合并前

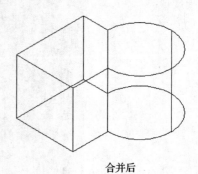

合并后

图6—44 并集

得到的复合实体包括所有选定实体所封闭的空间。得到的复合面域包括子集中所有面域所封闭的面积。

二、差集

1.　命令的调用方法

（1）键盘命令：suntract。

（2）菜单："修改"→"实体编辑"→"差集"。

（3）工具栏："实体编辑"工具栏中的 ◎ 按钮。

2.　作用

从第一个选择集中的对象减去第二个选择集中的对象，然后创建一个新的实体或面域。执行减操作的两个面域必须位于同一平面上。但是，通过在不同的平面上选择面域集，可同时执行多个 subtract 操作。程序会在每个平面上分别生成减去的面域。如果没有其他选定的共面面域，则该面域将被拒绝。

3.　相关选项说明

> 命令：subtract 选择要从中减去的实体或面域...
>
> 选择对象：找到1个
>
> 选择对象：选择要减去的实体或面域..
>
> 选择对象：找到1个

如图 6—45 所示为差集前后样式。

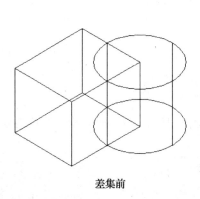
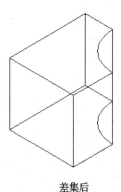

差集前　　　　　　　　　　　　　　　差集后

图 6—45　差集

三、交集

1.　命令的调用方法

（1）键盘命令：intersect。

（2）菜单："修改"→"实体编辑"→"交集"。

（3）工具栏："实体编辑"工具栏中的 ◎ 按钮。

2.　作用

只能选择面域和实体与 intersect 一起使用。intersect 计算两个或多个现有面域的重叠面积和两个或多个现有实体的公共体积。选择集可包含位于任意多个不同平面中的面域或实体。intersect 将选择集分成多个子集，并在每个子集中测试相交部分。第一个子集包含选择集中的所有实体。第二个子集包含第一个选定的面域和所有后续共面的面域。第三个子集包含下一个与第一个面域不共面的面域和所有后续共面面域，如此直到所有的面域分属各个子集为止。

3. 相关选项说明

> 命令：intersect
> 选择对象：找到1个
> 选择对象：找到1个,总计2个

如图 6—46 所示为交集前后样式。

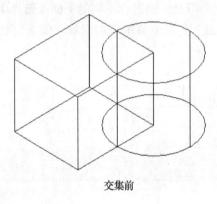

交集前　　　　　　　　　　　交集后

图 6—46　交集

 技能操作

检查绘图环境，设置好绘图状态和三维绘图环境。

步骤 1： 调整三维绘图环境，观察绘图条件。

步骤 2： 在 X、Y 平面上绘制一正方体，正方体边长为100。绘制完成再切换至任意三维视角，如图 6—47a 所示。

> 命令：_box
> 指定第一个角点或[中心(C)]：　　//取空间中任意一合适的点为长方体建模的第一角点
> 指定其他角点或[立方体(C)/长度(L)]:@100,100,100　　//利用 X、Y、Z 的相对坐标确定正方体的边长
> 命令：_ -view 输入选项[?/删除(D)/正交(O)/恢复(R)/保存(S)/设置(E)/窗口(W)]:_neiso 正在重生成模型。

步骤 3： 取任意一角点绘制边长 20 的小正方体，如图 6—47b 所示。

> 命令：_box
> 指定第一个角点或[中心(C)]：

指定其他角点或[立方体(C)/长度(L)]:l

指定长度:20

指定宽度:20

指定高度或[两点(2P)] <20.0000 >:20

步骤4:做边长20小正方体的阵列,X、Y、Z方向各3个,距离均为40,如图6—47c所示。

命令:_3darray

选择对象:找到1个

选择对象:

输入阵列类型[矩形(R)/环形(P)] <矩形 >:r

输入行数(- - -) <1 >:3

输入列数(| | |) <1 >:3

输入层数(...) <1 >:3

指定行间距(- - -):40

指定列间距(| | |):40

指定层间距(...):40

步骤5:用差集去掉边长20的小正方体,要用不同视角才能去除所有小正方体,如图6—47d所示。

命令:_subtract 选择要从中减去的实体或面域...

选择对象:找到1个

选择对象:选择要减去的实体或面域..

选择对象:找到1个

选择对象:找到1个,总计2个

选择对象:找到1个,总计3个

......

选择对象:找到1个,总计26个

步骤6:切换到概念视觉样式和真实视觉样式,进行观察和动态观察,如图6—47e、图6—47f所示。

命令:_vscurrent

输入选项[二维线框(2)/三维线框(3)/三维隐藏(H)/真实(R)/概念(C)/其他(O)] <真实 >:_C

命令:_vscurrent

输入选项[二维线框(2)/三维线框(3)/三维隐藏(H)/真实(R)/概念(C)/其他(O)] <概念 >:_R

命令:'_3DFOrbit 按 ESC 或 Enter 键退出,或者单击鼠标右键显示快捷菜单

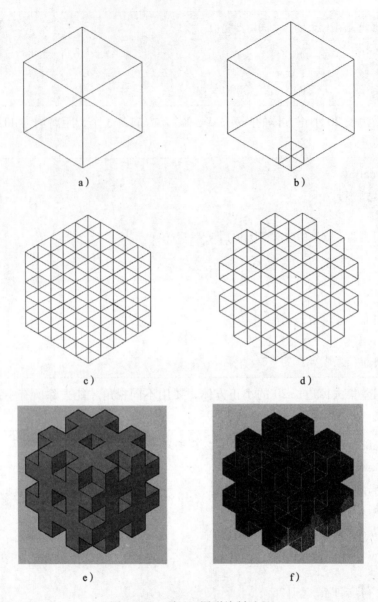

a)   b)

c)   d)

e)   f)

图 6—47　项目四图形绘制过程

项目小结

通过该项目的练习要求掌握"集"的概念和在实体编辑中如何正确地使用"集"。

项目拓展练习

一、知识点

三维"实体编辑"工具栏如图 6—48 所示。

图6—48 "实体编辑"工具栏

之前已经介绍了"实体编辑"工具栏的重点命令，这里简单介绍其他编辑操作中的"倾斜面"。

> 命令：_solidedit
> 实体编辑自动检查： SOLIDCHECK = 1
> 输入实体编辑选项[面(F)/边(E)/体(B)/放弃(U)/退出(X)] <退出>：_face
> 输入面编辑选项
> [拉伸(E)/移动(M)/旋转(R)/偏移(O)/倾斜(T)/删除(D)/复制(C)/颜色(L)/材质(A)/放弃(U)/退出(X)] <退出>：_taper
> 选择面或[放弃(U)/删除(R)]：

实体编辑中的"倾斜面"功能是按一个角度将面进行倾斜。倾斜角的旋转方向由选择基点和第二点（沿选定矢量）的顺序决定。

> 选择面或[放弃(U)/删除(R)]：选择一个或多个面,或输入选项

有关"放弃""删除""添加"和"全部"选项的说明与"拉伸"中相应选项的说明相同。选择面或输入选项后，将显示以下提示：

> 选择面或[放弃(U)/删除(R)/全部(ALL)]： //选择一个或多个面(1)、输入选项或按 Enter 键
> 指定基点： //指定点(2)
> 指定沿倾斜轴的另一个点： //指定点(3)
> 指定倾斜角： //指定介于 -90° ~ +90°的角度

正角度将往里倾斜选定的面，负角度将往外倾斜面。默认角度为0，可以垂直于平面拉伸面。选择集中所有选定的面将倾斜相同的角度，如图6—49所示。

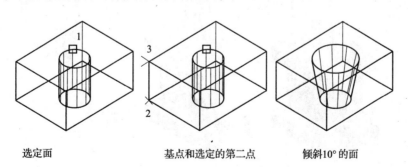

选定面　　　　　　基点和选定的第二点　　　　　倾斜10°的面

图6—49 倾斜面

二、操作练习

根据如图 6—50 所示三视图绘制出三维图形。

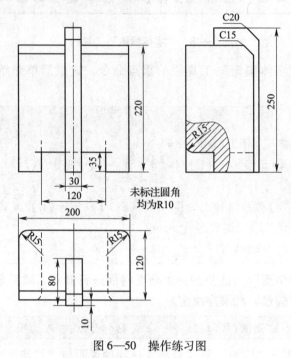

未标注圆角
均为R10

图 6—50　操作练习图

项目五　渲染、着色、抽壳

编辑实体的面——复制面、着色面

项目展示

将图 6—51a 所示的实体模型修改成图 6—51b、图 6—51c 所示的图形。

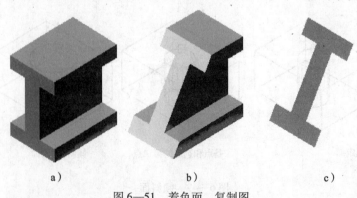

a)　　　　　　　　　b)　　　　　　　　c)

图 6—51　着色面、复制图

◆ 学习着色面、复制面命令的使用

拉伸、旋转面命令。

步骤1：创建图6—51a所示实体（步骤略）。

步骤2：调用"倾斜面"命令，选择实体的"工"字形端面，以侧边为轴，以30°角旋转端面，得到倾斜面。

步骤3：调用着色面命令：

（1）"实体编辑"工具栏： 。

（2）菜单："修改"→"实体编辑"→"着色面"。

> 命令：_solidedit
> 实体编辑自动检查： SOLIDCHECK＝1
> 输入实体编辑选项［面（F）/边（E）/体（B）/放弃（U）/退出（X）］＜退出＞：_face
> 输入面编辑选项［拉伸（E）/移动（M）/旋转（R）/偏移（O）/倾斜（T）/删除（D）/复制（C）/着色（L）/放弃（U）/退出（X）］＜退出＞：_color
> 选择面或［放弃（U）/删除（R）］：选择倾斜的端面找到一个面
> 选择面或［放弃（U）/删除（R）/全部（ALL）］：　　//弹出选择颜色对话框,选择合适的颜色,单击确定

再按Esc键，结束命令。

在面着色或体着色的模式下观察图形，结果如图6—51b所示。

步骤4：调用复制面命令：

（1）"实体编辑"工具栏： 。

（2）菜单："修改"→"实体编辑"→"复制面"。

> 命令：_solidedit
> 实体编辑自动检查： SOLIDCHECK＝1
> 输入实体编辑选项［面（F）/边（E）/体（B）/放弃（U）/退出（X）］＜退出＞：_face
> 输入面编辑选项［拉伸（E）/移动（M）/旋转（R）/偏移（O）/倾斜（T）/删除（D）/复制（C）/着色（L）/放弃（U）/退出（X）］＜退出＞：_copy
> 选择面或［放弃（U）/删除（R）］：选择倾斜端面找到1个面
> 选择面或［放弃（U）/删除（R）/全部（ALL）］：

指定基点或位移：	//选择左下角点
指定位移的第二点：	//选择目标点

再按 Esc 键，结束命令。

结果如图 6—51c 所示。

编辑三维实体——抽壳、复制边、对齐、着色边

项目展示

创建如图 6—52 所示实体。

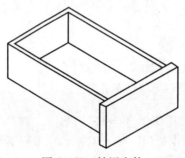

图 6—52　抽屉实体

 学习目标

◆ 学习抽壳、复制边、着色边命令的使用

◆ 了解 from 命令

 知识点

拉伸、UCS、布尔运算。

 技能操作

步骤 1：创建长方体。

新建一个图形，调用长方体命令，绘制长 400、宽 250、高 120 的长方体。

步骤 2：抽壳。

以下面任意一种方法调用抽壳命令：

（1）"实体编辑"工具栏：▣。

（2）菜单："修改" → "实体编辑" → "抽壳"。

命令:_solidedit

实体编辑自动检查：　SOLIDCHECK = 1

输入实体编辑选项[面(F)/边(E)/体(B)/放弃(U)/退出(X)]＜退出＞:_body

输入体编辑选项[压印(I)/分割实体(P)/抽壳(S)/清除(L)/检查(C)/放弃(U)/退出(X)]＜退出＞:_shell

　选择三维实体：　//选择长方体

　删除面或[放弃(U)/添加(A)/全部(ALL)]:　　//找到一个面,已删除1个。选择长方体上表面

　删除面或[放弃(U)/添加(A)/全部(ALL)]:　　//找到一个面,已删除1个。选择长方体前表面

　删除面或[放弃(U)/添加(A)/全部(ALL)]:✓

　输入抽壳偏移距离:18✓

　已开始实体校验

　已完成实体校验

结果如图 6—53 所示。

步骤 3：复制边。

以下面任意一种方法调用复制边命令：

(1) "实体编辑"工具栏：　。

(2) 菜单："修改"→"实体编辑"→"复制边"。

命令:_solidedit

实体编辑自动检查：　SOLIDCHECK = 1

输入实体编辑选项[面(F)/边(E)/体(B)/放弃(U)/退出(X)]＜退出＞:_edge

输入边编辑选项[复制(C)/着色(L)/放弃(U)/退出(X)]＜退出＞:_copy

选择边或[放弃(U)/删除(R)]:　　//选择 AB 边

选择边或[放弃(U)/删除(R)]:　　//选择 AC 边

选择边或[放弃(U)/删除(R)]:　　//选择 CD 边

选择边或[放弃(U)/删除(R)]:✓

指定基点或位移：　　//选择点 A

指定位移的第二点：　　//选择目标点

再按 Esc 键，结束命令。

得到复制的边框线 A_1B_1、A_1C_1、C_1D_1，如图 6—53 所示。

步骤 4：创建抽屉面板。

(1) 新建 UCS，将原点置于 A_1 点，A_1C_1 作为 OX 轴方向，A_1B_1 作为 OY 轴方向。

(2) 调用偏移命令，将直线 A_1B_1、A_1C_1、C_1D_1 向外偏移 20，如图 6—54 所示。

得 EF、EH、HG，再编辑成矩形，创建成面域。

(3) 调用拉伸命令，给定高度 20，拉伸成长方体。

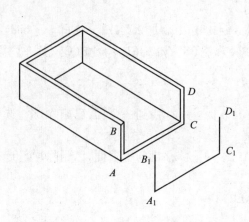

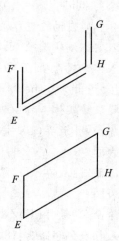

图6—53 抽壳、复制边

图6—54 制作抽屉面

步骤5：对齐。

用菜单调用着色边对齐命令："修改"→"三维操作"→"对齐"。

命令：_align

选择对象：   //找到1个选择面板

选择对象：✔

指定第一个源点：   //选择 *FG* 中点

指定第一个目标点：   //选择 *BD* 中点

指定第二个源点：   //选择 *E* 点

指定第二个目标点：   //选择 *A* 点

指定第三个源点或＜继续＞：   //选择 *G* 点

指定第三个目标点：   //选择 *D* 点

如图6—55所示。

步骤6：布尔运算。

（1）删除辅助线 *BD*。

（2）调用"并集"运算命令，选择抽壳体和面板，合并成一个实体。

步骤7：着色边。

AutoCAD 可以改变实体边的颜色，这样为在线框模式和消隐模式下编辑实体时区分不同面上的线提供了方便。调用命令的方法如下：

（1）"实体编辑"工具栏： 。

（2）菜单："修改"→"实体编辑"→"着色边"。

执行结果同着色面。

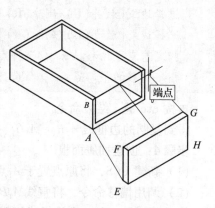

图6—55 对齐面

注 意

（1）对齐命令在二维和三维下均可以使用。

（2）如果只指定了一点对齐，则把源对象从第一个源点移动到第一个目标点。

（3）如果指定两个对齐点，则相当于移动、缩放。

（4）当指定三个对齐点时，则命令结束后，3 个源点定义的平面将与 3 个目标点定义的平面重合，并且第一个源点要移动到第一个目标点位置。

项目六　其他三维图形转 AutoCAD 二维

UG NX 文件转 DWG 文件（CGM→DWG）

项目展示

如图 6—56 所示。

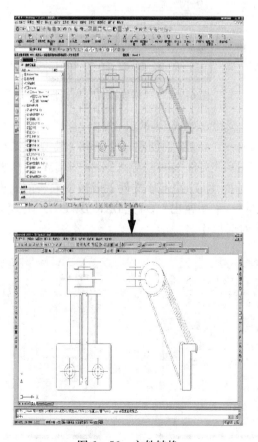

图 6—56　文件转换

学习目标

◆ 了解如何将 UG NX 6.0 中 Drafting 的投影图转换成 DWG 格式文件

技能操作

步骤1：在 UG NX 6.0 中，打开要转换的零部件，进入 Drafting。

步骤2：选择"文件"→"导出"→"CGM"，这时出现"转换设置"对话框，如图 6—57 所示。

步骤3：选择要转换的图纸名称，如图 6—57 中的 Sheet 1。设置 CGM 文件的保存路径和名称如图 6—57 所示，其余选项默认。

图 6—57 "转换设置"对话框

步骤4：单击"确定"按钮，生成 CGM 文件。

步骤5：选择"文件"→"新建"，创建一个 Part（模型）文件。

步骤6：在新文件中选择"文件"→"导入"→"CGM"，选择前面所建立的文件名为 1 的 CGM 文件，并确定，前面生成的 CGM 文件 1 就被引入当前的模型文件中。

步骤7：选择"文件"→"导出"→"DXF/DWG"，出现转换设置的对话框，如图 6—58 所示，按图设置对话框中各选项。

图 6—58 转换设置

单击"类选择"按钮，单击"全选"按钮，如图6—59所示。

图6—59　全选对象

步骤8：单击"确定"按钮，这样就生成了DWG文件。

项目七　综 合 训 练

1. 按尺寸绘制出图6—60所示三维实体。

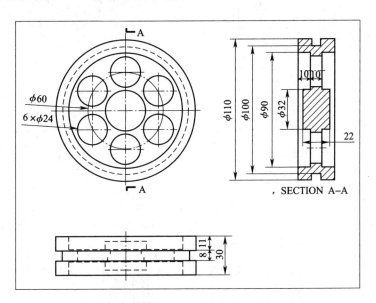

图6—60　综合训练图1

2. 按尺寸绘制出图6—61的三维实体。5个顶点到底面中心的距离均为100，最高点到底面的距离为20。

3. 按尺寸绘制出图6—62的三维实体。

4. 按尺寸绘制出图6—63的三维实体。

5. 自拟绘制一手柄图，带三视图和尺寸。

6. 自拟用三维绘制一简单的内屋，可以开屋顶。

图 6—61　综合训练图 2

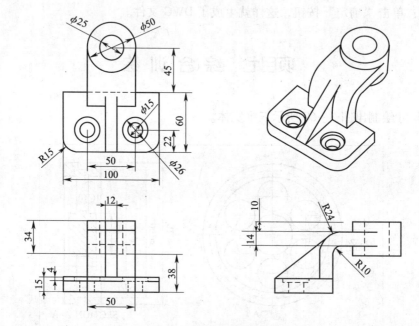

图 6—62　综合训练图 3

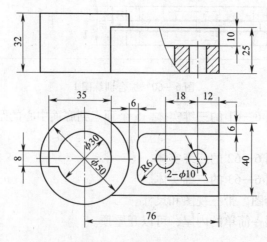

图 6—63　综合训练图 4